国家出版基金项目
NATIONAL PUBLICATION FOUNDATION

有色金属理论与技术前沿丛书

地下矿山岩体结构解构理论方法及应用

THEORY AND METHODS OF DECONSTRUCTION ON
ROCKMASS STRUCTURE FOR UNDERGROUND MINE

陈庆发　古德生　著
Chen Qingfa　Gu Desheng

U0332131

中南大学出版社
www.csupress.com.cn

中国有色集团

内容简介

Introduction

　　本书首次提出岩体结构解构概念，系统阐述地下矿山岩体结构解构理论、方法及其应用。其内容主要包括：岩体结构解构理论形成、地下矿山结构面实测新方法、结构面连通性原理与判别方法、连通性结构面查询软件；空场法与崩落法开采岩体结构解构方法、结构体可移动性分析方法、结构体稳定性计算方法；裂隙矿岩崩落法开采凿岩巷道顶板回采失稳机制；裂隙岩体环境下巷道轴向优化方法。研究成果试图架起一座复杂裂隙环境下岩石力学与采矿工艺连通的桥梁，可为地下矿山复杂裂隙岩体环境下工程结构参数选择、采矿工艺优化及工程地质灾害预防提供相应的理论与技术支撑。

　　本书可供采矿工程、隧道工程、岩土工程及其他岩石地下工程等领域的科研与工程技术人员、高等院校的教师、高年级本科生和研究生参考使用。

作者简介 /

About the Authors

陈庆发 男，1979 年 7 月生，河南郸城人，博士，教授，硕士生导师。1998—2002 年在南方冶金学院采矿工程专业学习，获学士学位；2002—2005 年在武汉理工大学采矿工程专业学习，获硕士学位；2007—2009 年在中南大学安全技术及工程专业学习，获博士学位。2010—2012 年为中南大学矿业工程博士后流动站和广西华锡集团股份有限公司博士后工作站博士后研究人员，指导老师为古德生院士。

现任广西大学资源与冶金学院副院长，中国有色金属学会矿山信息化智能化专业委员会委员，广西水土保持学会理事，广西安全生产专家，广西岩石力学与工程学会副秘书长，广西高校矿物工程重点实验室副主任等。

目前主要从事非传统采矿理论与工艺、岩土力学、工程灾害防治等方面的研究工作，先后提出"协同开采"重大采矿技术命题和"同步充填"采矿技术理念，系统开展了采空区隐患资源协同开采理论、柔性隔离层作用下散体介质流理论和地下矿山岩体结构解构理论等研究。主持和承担国家级与省部级科研课题 20 余项；出版学术专著 4 部，在国内外学术期刊上发表论文 50 多篇，其中被 SCI、EI 检索 40 余篇；授权国家发明专利 2 项；获省部级科技进步一等奖 1 项，二等奖 2 项，三等奖 2 项，2012 年获湖南省优秀博士学位论文奖。

古德生，男，汉族，1937年10月生，广东省梅县人。现任中南大学教授、博士生导师，湖南省政协委员、全国政协委员。中国工程院院士。

　　长期从事采矿设备和工艺的教学、科研工作。创立了以振能有效作用范围、受振矿石性态、振能耗散规律及振机埋设参数优化等内容为核心的振动出矿原理，和以采矿连续工艺系统、连续作业的大块管理及连续作业机组优化配套为主要内容的采矿连续工艺优化理论。创立的振动出矿技术和地下矿连续开采技术具有重大的工程意义和社会经济效益。先后荣获中国有色金属工业"劳动模范""国家级中青年有突出贡献专家"，国务院"政府特殊津贴"。在"七五"和"九五"的国家科技攻关中，两次荣获国家科技部、国家财政部、国家计委和国家经贸委联合颁发的"国家重大科技攻关突出贡献者"奖牌。

学术委员会

Academic Committee

国家出版基金项目
有色金属理论与技术前沿丛书

主　任

王淀佐　中国科学院院士　中国工程院院士

委　员（按姓氏笔画排序）

于润沧	中国工程院院士	古德生	中国工程院院士
左铁镛	中国工程院院士	刘业翔	中国工程院院士
刘宝琛	中国工程院院士	孙传尧	中国工程院院士
李东英	中国工程院院士	邱定蕃	中国工程院院士
何季麟	中国工程院院士	何继善	中国工程院院士
余永富	中国工程院院士	汪旭光	中国工程院院士
张文海	中国工程院院士	张国成	中国工程院院士
张懿	中国工程院院士	陈景	中国工程院院士
金展鹏	中国科学院院士	周克崧	中国工程院院士
周廉	中国工程院院士	钟掘	中国工程院院士
黄伯云	中国工程院院士	黄培云	中国工程院院士
屠海令	中国工程院院士	曾苏民	中国工程院院士
戴永年	中国工程院院士		

编辑出版委员会

总序 / Preface

当今有色金属已成为决定一个国家经济、科学技术、国防建设等发展的重要物质基础，是提升国家综合实力和保障国家安全的关键性战略资源。作为有色金属生产第一大国，我国在有色金属研究领域，特别是在复杂低品位有色金属资源的开发与利用上取得了长足进展。

我国有色金属工业近30年来发展迅速，产量连年来居世界首位，有色金属科技在国民经济建设和现代化国防建设中发挥着越来越重要的作用。与此同时，有色金属资源短缺与国民经济发展需求之间的矛盾也日益突出，对国外资源的依赖程度逐年增加，严重影响我国国民经济的健康发展。

随着经济的发展，已探明的优质矿产资源接近枯竭，不仅使我国面临有色金属材料总量供应严重短缺的危机，而且因为"难探、难采、难选、难冶"的复杂低品位矿石资源或二次资源逐步成为主体原料后，对传统的地质、采矿、选矿、冶金、材料、加工、环境等科学技术提出了巨大挑战。资源的低质化将会使我国有色金属工业及相关产业面临生存竞争的危机。我国有色金属工业的发展迫切需要适应我国资源特点的新理论、新技术。系统完整、水平领先和相互融合的有色金属科技图书的出版，对于提高我国有色金属工业的自主创新能力，促进高效、低耗、无污染、综合利用有色金属资源的新理论与新技术的应用，确保我国有色金属产业的可持续发展，具有重大的推动作用。

作为国家出版基金资助的国家重大出版项目，"有色金属理论与技术前沿丛书"计划出版100种图书，涵盖材料、冶金、矿业、地学和机电等学科。丛书的作者荟萃了有色金属研究领域的院士、国家重大科研计划项目的首席科学家、长江学者特聘教授、国家杰出青年科学基金获得者、全国优秀博士论文奖获得者、国家重大人才计划入选者、有色金属大型研究院所及骨干企业的顶尖专家。

国家出版基金由国家设立，用于鼓励和支持优秀公益性出版项目，代表我国学术出版的最高水平。"有色金属理论与技术前沿丛书"瞄准有色金属研究发展前沿，把握国内外有色金属学科的最新动态，全面、及时、准确地反映有色金属科学与工程技术方面的新理论、新技术和新应用，发掘与采集极富价值的研究成果，具有很高的学术价值。

中南大学出版社长期倾力服务有色金属的图书出版，在"有色金属理论与技术前沿丛书"的策划与出版过程中做了大量极富成效的工作，大力推动了我国有色金属行业优秀科技著作的出版，对高等院校、研究院所及大中型企业的有色金属学科人才培养具有直接而重大的促进作用。

2010 年 12 月

序 / Preface

　　矿业是国民经济的基础产业,矿产资源是国民经济和社会发展的物质基础。随着我国建设事业的发展,矿产资源开发利用的规模越来越大,预计今后 20~30 年将是我国矿产资源消耗强度的高峰期。我国金属矿山 80% 以上为地下开采,且呈逐年增长趋势,随之而来的矿产资源高效开采与岩体工程安全的矛盾日益加剧。岩石力学作为解决这一矛盾的重要手段,是采矿技术从经验向科学过渡的桥梁。

　　在裂隙矿岩环境中,结构面交错切割形成大量结构体,结构面与结构体排列组合形式(岩体结构)很大程度上控制了矿岩体工程稳定性,在复杂岩体结构的影响下,矿产资源回收困难,灾害事故频发,严重制约了裂隙环境下矿产资源的安全高效开发利用。遗憾的是,目前人们对地下矿山岩体结构的认识还受限于观察空间、技术水平、工具手段等因素制约,有关研究仍处于初期阶段。

　　为了刻画岩体结构单元形态、阐明裂隙岩体结构力学特性,作者努力探索岩体结构与采矿工艺、工程的关联性,首次提出了"岩体结构解构"的概念,系统阐述了地下矿山岩体结构解构理论与方法;精细刻画了结构面在岩体内的空间位置与交切形式;揭示了结构面的连通特性与展布规律,以及结构体在岩体内的空间形态与分布特征;结合不同采矿方法的特点,剖析结构体在采矿过程的移动特性与稳定状态,并据此开展一系列应用研究。研究成果对地下矿山复杂裂隙岩体环境下的工程结构参数选择、采矿工艺优化及工程地质灾害预防具有重要指导意义。

　　本书集成了作者近年来的研究成果,全面阐述了岩体结构的基础知识与理论、岩体结构解构概念与理论形成、地下矿山结构面实测新方法、结构面连通性基本原理与判别方法、连通性结构面查询软件等内容;系统介绍了空场法开采矿块单元结构体嵌套形式、巷道围岩危险结构体解算与显现、采场结构体解构及回采可移动性分析、矿柱结构体解构等内容；详细探索了介绍崩落法开采凿岩巷道顶板危险区域确定方法、凿岩巷道顶板回采失稳机制以及裂隙岩体环境下巷道轴向优化方法等内容。

　　本书内容丰富，逻辑性强，重点突出，具有较高的学术价值和实用性。愿该书的付梓问世，能为我国裂隙环境下矿产资源的安全高效开发利用提供借鉴与启迪。

中南大学教授
中国工程院院士
2016 年 1 月

前言 / Foreword

　　岩体是在地质历史时期形成的具有一定组分和结构的地质体，存在于岩体内的断层、软弱层面、大多数节理、软弱片理和软弱带等众多结构面，将其切割成各种规模、形态的块体，因此严格意义上人们通常说的岩体应当称之为裂隙岩体。

　　裂隙岩体力学特性及工程稳定性最早受到 L. Muller，Stini 等奥地利学者的关注，他们提倡重视岩体裂隙性质，极大地推动了人们对岩体内部结构性质的研究。20 世纪 60 年代，谷德振院士、孙玉科教授先后提出了岩体结构的术语与概念，为岩体结构理论的形成奠定了基础。20 世纪 80 年代，孙广忠教授建立了完整的岩体结构力学理论体系，自此人们对岩体的认识进入了岩体结构阶段。岩体结构的基本单元是结构面与结构体，结构面空间展布形式、结构体三维赋存形态很大程度控制了岩体的力学性质及工程稳定性，因此对结构单元在岩体内三维排列组合形式的精细描述显得尤为重要。为刻画岩体结构单元形态、阐明裂隙岩体结构力学特性，本书引入"解构"一词，首次提出岩体结构解构概念。

　　我国金属矿山 80% 以上为地下开采，为国民经济和社会发展提供了大部分的物质资源。但在地下矿山开采过程中，由于矿体与围岩裂隙发育等原因，造成了大量矿产资源浪费，不同危害程度的工程地质灾害事故也频繁发生，人们对地下矿山的岩体结构及其危害性的认识不足严重制约了裂隙岩体环境下矿产资源的安全高效开发利用。正如蔡美峰院士指出"采矿是一门复杂的系统科学工程，其复杂性既在于开采结构的复杂性，也在于开采条件和环境的复杂性"。以此可见，有必要充分融合采矿工程的工艺与环境特点，开展地下矿山裂隙环境下岩体结构解构理论、方法及其应用研究，强化人们对复杂采矿环境的认识，优化采矿工艺，从而保障复杂裂隙岩体环境下的矿产资源的安全、顺利开采。遗憾的是，目前人们对地下矿山的认识还受限于观察空间、技术水平、工具手段等因素制约，还很难全面掌握相关地质信息,有关研究仍处于初期阶段。

本书系统阐述了地下矿山裂隙岩体结构解构理论与方法,精细刻画结构面在岩体内的空间位置、交切形式,准确判断结构面的连通特性、展布规律,详细解算结构体在岩体内的空间形态、分布特征,结合不同采矿方法回采工艺特点,深入剖析岩体结构与采矿工艺关系,揭示结构体在采矿过程的移动特性与稳定状态,并据此开展一系列应用研究。研究成果对地下矿山复杂裂隙岩体环境下的工程结构参数选择、采矿工艺优化及工程地质灾害预防具有重要指导意义。

广义上说,充填采矿法充填前采矿工艺与空场法相近,充填开采条件下岩体结构解构与空场法类似,故本书着重对空场法和崩落法开采条件下的岩体结构解构研究成果进行详细介绍。全书共 14 章,其中第 1~4 章为地下矿山岩体结构解构的公共基础理论与方法,主要介绍岩体结构基础知识与理论发展、岩体结构解构概念与理论形成、地下矿山结构面实测新方法、结构面连通性基本原理与判别方法、连通性结构面查询软件等内容;第 5~9 章为空场法开采岩体结构解构研究成果,主要介绍空场法开采矿块单位结构体嵌套形式、巷道围岩危险结构体解算与显现、采场结构体解构及回采可移动性分析、矿柱结构体解构等内容;第 10~14 章为崩落法开采岩体结构解构研究成果。主要介绍崩落法开采凿岩巷道顶板危险区域确定的解构法、凿岩巷道顶板回采失稳机制以及裂隙岩体环境下巷道轴向优化方法等内容。

全书篇章结构由陈庆发教授策划,中国工程院院士古德生教授终审。参加本书撰写的有:陈庆发(第 1~3 章、第 13 章),吴桂才、张敏(第 4 章),罗先伟(第 5 章),陈德炎(第 6 章),牛文静(第 7~9 章),张绍国(第 10 章),郑文师(第 11 章),刘俊广(第 12 章)。

本书的研究工作获得了国家自然科学基金(4142306)、广西自然科学基金重点项目(2014GXNSFDA118034)、广西科学研究与技术开发计划项目(桂科攻 14251011)的资助,得到了古德生院士、苏家红教授、周科平教授和蔡明海研究员的指导,易丽军副教授、胡运金副教授参与了全书部分文字的校对工作,在此一并表示感谢!

由于作者水平有限,本书作为学术探讨,难免存在错误和不妥之处,恳请读者批评指正!

著 者
2016 年 1 月于广西大学

目录 / Contents

第 1 章　绪　论

1.1　岩体结构概念及分类

（1）岩石、岩体与岩体结构

岩石是由矿物或岩屑在地质作用下按一定的规律聚集而形成的自然物体。岩石中的矿物成分和性质、结构、构造等的存在和变化，均会对岩石物理力学性质产生影响。岩石的物理力学性能指标是在实验室里用一定规格试件试验测定的，这种岩石试件是在钻孔中获得岩芯或是在工程中通过其他方法获得的岩块加工制成。岩石中虽存在孔隙和微裂纹，但不包含显著弱面，仍可作为一种连续介质及均质体看待。岩石常被当作一种材料进行研究，因此岩石又有岩石材料之称。

岩体与完整的岩石材料不同，它是以岩石材料为基础组分，在地质历史时期形成的具有一定组分和结构的复杂地质体。岩体赋存于一定地质环境之中，并随着地质环境的演化而不断地变化。由于岩体的复杂性，人们始终无法完全了解复杂岩体的力学性质。受各种自然力的作用，岩体内产生了大量的节理、裂隙、断层、破碎带等弱面。国际岩石力学学会将赋存于岩体内的断层、软弱层面、大多数节理、软弱片理和软弱带等破裂面和破裂带等定义为结构面。结构面的存在破坏了岩体本身的完整性，严重影响岩体的力学性质及工程稳定性。存在于岩体内的众多结构面将其切割成各种形态的块体(又称结构体)，因此严格意义上人们通常说的岩体应当称之为裂隙岩体。

赋存于裂隙岩体内的结构面与结构体组成岩体结构。岩体结构在一定程度上影响岩体的变形与破坏机制，是岩体力学研究的基础。岩体强度是不同排列组合形式下结构体的残余强度。岩体变形不单是岩石材料变形，更多的是结构的变形，取决于组成岩体的结构面性质和结构体活动性。

（2）岩体结构分类

结构面与结构体为岩体的结构单元，不同类型的结构单元在岩体内排列组合为不同的岩体结构。基于结构单元组合形式并结合其他特征因素，可将岩体结构分为不同的类型。

目前，岩体结构分类标准较多，不同行业领域因研究重点不同，对岩体结构的划分标准也不尽相同。代表性分类标准主要有：谷德振[1]提出的整体块状结构、层状结构、碎裂结构和散体结构的划分标准；孙广忠[2]提出的块裂结构、板裂结构、完整结构、断续结构、碎裂结构和散体结构的划分标准；张倬元[3]提出的整块状结构、块状或层状结构、碎裂(碎块)状结构和散体结构的划分标准。

(3)结构面分类

结构面按地质成因，分为原生结构面、次生结构面和构造结构面；按力学成因，分为张性结构面和剪性结构面；按结合特征，分为开裂结构面和闭合结构面；按充填状况和力学属性分为软弱结构面和坚硬结构面。

上述分类均针对于真实存在于岩体内的结构面。在工程实际研究中，常根据需要添加一些假想结构面，对研究区域的岩体边界进行界定，例如将研究区域的岩体边界假想设定为固定面，以便开展后续研究，此时固定结构面即为假想结构面。区别于假想结构面，天然存在于岩体内的节理、裂隙、断层、破碎带等结构面称之为真实结构面。

(4)结构面的连通性与连通率

由于天然露头或人工开挖面的局限性，人们很难对岩体结构面几何参数进行全面测定。实际工程中，客观存在的同一结构面可能在若干地段不同点被重复量测，从而得到两组或多组结构面参数，如何判断这些参数所表达的结构面是否为同一结构面是岩体工程中的一个重要技术问题，即结构面连通性[4]。

连通率是反映随机结构面在岩体中贯通程度大小的一个重要参数，对评价工程岩体的稳定性起着关键的控制作用。由于结构面在空间发育上具有很强的不确定性和不均匀性，加上实际测量范围的局限性，正确估计随机结构面连通率仍然是一个难题[5]。

(5)结构面间距、张开度和连续性分级

结构面间距是反映结构面发育密集程度的基本参数之一，指同一组结构面法线方向上相邻结构面的平均间距。

结构面两壁面一般呈点接触或局部接触，其间的垂直距离即为张开度，张开度对岩体的渗透性等有较大的影响。

结构面的连续性对岩体的变形、破坏、渗透性等有很大的影响，反映了结构面在一定工程范围内的延展性，其连续程度常由一定方向上结构面连续段的长度确定[6]。

结构面间距、张开度大小和连续性程度，对裂隙岩体工程质量具有重要的影响。国际岩石力学学会对结构面的间距、连续性和张开宽度进行了分级[7]，分别如表1-1、表1-2和表1-3所示。

表 1-1 结构面间距分级表

描述	间距/mm
极密集间距	小于 20
很密的间距	20 ~ 60
密集的间距	60 ~ 200
中等的间距	200 ~ 600
宽的间距	600 ~ 2000
很宽的间距	2000 ~ 6000
极宽的间距	大于 6000

表 1-2 结构面张开度分级表

描述	结构面张开度/mm	张开度定性
很紧密	小于 0.1	
紧密	0.1 ~ 0.25	闭合结构面
部分张开	0.25 ~ 0.5	
张开	0.5 ~ 2.5	
中等宽	2.5 ~ 10	裂开结构面
宽	10 ~ 20	
很宽	20 ~ 100	
极宽	100 ~ 1000	张开结构面
似洞穴	大于 1000	

表 1-3 结构面连续性分级表

描述	迹长/m
很低连续性	小于 1
低的连续性	1 ~ 3
中等连续性	3 ~ 10
高连续性	10 ~ 20
很高连续性	大于 20

（6）结构体分类

结构体为结构面切割圈闭形成的岩石块体，但结合真实工程背景对岩体结构进行研究时，需要考虑因工程开挖或者扰动产生的临空面，以及为研究某一区域而对岩体设立的边界假想面，这些真实结构面、临空面和假想结构面互相交错，共同切割，形成了更多类型的结构体。

①从结构面类型方面，结构体可分为埋藏结构体、出露结构体。

埋藏结构体：埋藏于岩体内，既不存在固定面又不含自由面，完全由真实结构面切割圈闭形成的结构体。

出露结构体：在工程开挖面出露或假想出露，含有临空面或固定面，由真实结构面、固定面、临空面等切割圈闭形成的结构体。

②从有无固定面方面，结构体可分为固定结构体、非固定结构体。

固定结构体：固定结构体即为存在固定面的结构体。固定结构体实为无限块体，由于研究过程中对固定面假想的切割而导致假想面与结构面圈闭形成的固定结构体。

非固定结构体：埋藏于岩体内或出露于工程开挖面，由真实结构面、临空面切割圈闭形成的结构体。

③从移动性方面，结构体可分为可移动结构体和不可移动结构体。

可移动结构体：由矢量或力学方法判断出，将产生或潜在产生滑动、掉落等移动形式的结构体。

不可移动结构体：由矢量或力学方法判断出，不会产生滑动、掉落等移动形式的结构体。

④从稳定性方面，结构体可分为稳定结构体与不稳定结构体。

稳定结构体：不可移动结构体或受周围结构体夹制而不发生移动的可移动结构体，称之为稳定结构体。

不稳定结构体：会产生移动或产生潜在移动的结构体，称为不稳定结构体。实际工程中，对于稳定性系数小于 1.3 的结构体，通常也被视为不稳定结构体。

（7）危险结构体

一般块体理论中的不稳定结构体与可移动的稳定结构体是工程实际中的主要关注对象。由于结构面天然摩擦力和黏聚力的不确定性，不稳定结构体具有较大的危险性，可移动稳定结构体也可能由于人工扰动、应力转移等不利因素影响可能诱发失稳，具有潜在的危险性。为促进矿山本质安全化生产，本书将这两类存在潜在失稳破坏并对岩体工程造成危害的结构体定义为危险结构体。

1.2 岩体结构理论发展

1.2.1 岩体结构理论形成

人们对岩体的认识分三个阶段，即岩石材料阶段、碎裂岩体阶段和岩体结构阶段[8]。岩体力学形成初期，岩体被看作岩石材料，广泛应用连续介质理论解决岩体的相关问题。1946 年 Terzgh[9]从工程角度观点指出，岩体中存在的地质缺陷（结构面）和强度（密集度）类型，可能远比岩石类型自身更加重要。20 世纪 50 年代，以 L. Muller，Stini 等[10]为代表的奥地利学派最早认识到结构面的岩体力学特性及其对工程稳定性的控制作用，开始重视岩体的裂隙性质，将岩体的认识推动到碎裂岩体阶段。随着岩体工程的发展，人们针对结构面来研究岩体力学特性及工程稳定性控制方面的问题越来越多，发展和衍生出众多有关结构面的理论。1963 年谷德振[11]首先提出了"岩体结构"术语，奠定岩体结构理论形成的基础。1965 年孙玉科[12]明确提出岩体结构的概念。1974 年 L. Broili 等[13]提出了岩体力学地质定理，阐明岩体结构控制岩体力学特性的基础依据。继而，孙广忠[14]建立了完整的岩体结构力学理论体系，自此全面进入岩体结构阶段。

1979 年，谷德振[15]撰写第一部关于"岩体结构"的专著《岩体工程地质力学基础》，提出结构面的种类、成因和组合关系，根据结构面的规模对其进行了五级划分，对岩体的结构进行分类、对岩体质量系数进行确定。

20 世纪 80 年代，孙广忠[16]提出"岩体结构控制论"，应用该理论研究了岩体变形机制、岩体破坏机制和岩体力学性质。研究发现，岩体的变形和破坏受岩体结构和岩体材料的共同作用；岩体的力学性质受岩体结构、岩体材料和环境因素的共同作用。岩体中由于结构面的存在，使得岩体的完整性受到破坏，进而严重影响到岩体的力学特性和工程稳定性，主要的表现形式为：结构面互相交错切割，形成了大量复杂的结构体；受人类工程活动影响，结构体系统中原有的平衡将被破坏。失去平衡的部分结构体形成运动条件，可能发生掉落、滑动等失稳破坏，甚至发生连锁反应造成大量结构体产生移动和失稳破坏。结构体的失稳破坏对岩体工程活动产生不利影响，甚至使工程活动无法正常进行。

岩体结构阶段，众多国内外学者开展了相关研究工作。Goodman[17, 18]通过对岩体裂隙网络的研究，认为裂隙网络对岩体的影响与矿物组成产生的作用同等重要，甚至更具决定性；各结构面可能从根本上改变岩体的力学性能。J. A. Hudson[19]应用实例阐明了岩体结构力学的研究方法，提出对岩体结构工程力学的研究不仅需包括岩体几何形状、岩性特征及地质力学机理，还要包括岩体工程设计中的过程模型和力学判据。A. Gaich[20]在数码相机采样的基础上，借助

JointMetriX 3D 系统建立了岩体三维图形，获取了岩体结构的基本信息。

随着岩体工程的发展，越来越多的学者将岩体结构理论作为岩体工程的基础理论，全面、系统地应用于各类工程领域的岩体变形、破坏以及岩体力学性质基本规律的研究中。作为岩体结构基本单元的结构面和结构体首当其冲成为了衍生的研究对象，受众多学者关注。例如，黄润秋[21]等基于结构面的系统研究，提出复杂岩体结构精细描述原理与方法，并将其成功应用到工程实际中。人们对结构面产状、大小、间距、连通性、密度等几何特性，结构面力学特性，结构面网络模拟的研究，对结构体识别、结构体移动性分析、结构体稳定性计算的研究等，大大推动岩体结构理论的发展[22-24]。

1.2.2　结构面研究进展

1978 年国际岩石力学学会规定了用于定量描述结构面的 10 个指标[25]，分别为产状、间距、延展性、粗糙度、起伏度、充填情况、侧壁抗压强度、渗流、组数和结构体大小。此后，结构面几何特性、结构面网络模拟等的研究得以迅速发展。

（1）结构面几何特性研究

①结构面产状

1941 年 K. J. Arnord 对球状概率分布特点的研究，奠定了结构面产状研究的数学基础[26]；R. J. Shanley 等[27]基于施密特投影图划分了结构面优势组；Gaziev 等[28]通过对结构面产状的统计分析，提出结构面倾向和倾角服从正态分布；Miller 和 Borgman 等[29]通过研究提出结构面产状服从正态分布或指数分布。

②结构面大小与迹长

目前结构面大小尚无法获取，一般通过结构面的测量迹长进行估算。1970 年 Robertson[30]提出结构面在走向与倾向方向的长度基本相当，为结构面形状的确立奠定了基础。1978 年 Beacher[31]提出了结构面圆盘模型，并研究出半径与迹长有 $r \geqslant l/2$ 的关系。此后众多学者在 Beacher 研究的基础上开展大量的研究工作，如伍法权[32]依据概率统计规律推导出结构面平均半径与平均迹长具有 $\bar{r} = 2\bar{l}/\pi$ 的关系，但至目前尚未有学者得出单一结构面半径与其迹长的确定公式[33,34]。1986 年 Kulatilake[35]建立了结构面迹长与直径的关系。20 世纪 70 年代末至 80 年代初，Cruden、Priest 和 Hudson 等[36]提出了结构面平均迹长的估算公式；1982 年 Laslett[37]利用极大似然估计法估计结构面的平均迹长；1984 年 Kulatilake 等[38]修正极大似然公式，提出结构面平均迹长的估算方法，并用概率密度函数表示迹长与结构面大小的相互关系；1998 年黄润秋[39]等通过建立结构面测量迹长与测量窗口尺度间的关系，推导了结构面中点服从均匀分布条件下的迹长估算公式。

③结构面连通性

结构面连通性的研究较少，多通过连通率的形式对连通性进行研究。王川婴等[40]通过数字钻孔图像对结构面连通性问题进行分析；郭强等[41]将钻孔摄影方法推广到多孔结构面连通中，从结构面产状、地质特征等角度提出了连通性判别依据；陈庆发等[42-45]通过分析空间上任意结构面共面条件及其地质特征相似条件，阐明了结构面连通性基本原理，提出结构面连通性判断条件，提出了区域井巷工程结构面连通性识别方法，实现对区域连通性结构面数据的搜索与程序实现。

④结构面间距与密度

1976 年 R. D. Call, S. D. Priest 等[46]提出结构面间距测量精度的估计方法，并通过对结构面间距的统计得出结构面间距服从负指数分布；Bridge[47]，Cruden[48]等通过对结构面间距的统计得出结构面间距服从对数正态分布。结构面密度主要通过概率论和统计学的方法进行研究，代表性的研究有：1967 年Deere[49]提出用测线法测量岩体表面结构面的密度；1969 年 Denness，Skemopton和 Fockes 等[21]提出用单位体积内结构面的个数表示结构面密度；1998 年金曲生、范建军和王思敬等[50,51]基于结构面与测窗的交接关系，提出一种求解结构面密度的新方法。

⑤结构面张开度

众多学者对结构面张开度的分布特征进行研究，代表性的有 Snow[52]提出的正态分布；Barton[53]提出的负指数分布；周创兵[54]提出的单参数 Gamma 分布等。

⑥结构面粗糙度

Barton[55]通过对结构面粗糙度的研究，率先定义结构面粗糙度系数，并提出确立粗糙度系数的 10 条标准剖面；杜时贵[56]和 Patton[57]针对标准剖面的不足，发展多种结构面粗糙度的测量方式；谢和平、王歧和周创兵等[58]从不同角度提出了结构面粗糙度的表达式。

（2）结构面网络模拟

结构面的产状、长度、间距以及内摩擦角、黏聚力等具有随机发育的特点，因而由结构面切割而成的结构体形态、大小、空间分布及稳定性必然具有随机性。然而，目前进行工程分析时，一般要求结构面的几何及力学性质是确定的，以便于对结构体的类型、形态及稳定性进行分析。因此，需要将随机问题简化为确定性问题进行处理。1989 年潘别桐[59,60]系统阐明了二维岩体结构面概率模拟的原理与方法，此后提出结构面网络模拟的 Monte - Carlo 法。随着计算机技术的飞速发展，陈剑平等[61]提出结构面三维网络模拟的基本原理。目前，在结构面的地质统计分析中，常通过极点等密度图、测线法、统计窗法、正交测线网法等获得随机分布规律和统计函数，并在此基础上，通过 Monte - Carlo 模拟，随机生成结构面三维网络[62-64]。

1.2.3　结构体研究进展

人们对结构体各类性质的研究取得了丰硕成果，形成较多的理论成果，具有代表性的有极限平衡分析法、连续介质分析法、离散单元法、块体理论、弹黏塑性块体理论、块体弹簧模型等。块体理论是基于极限平衡理论，并借助拓扑学、集合论、几何学和矢量代数学建立起的科学理论，其数学结构十分严谨。与其他理论相比，块体理论在解决岩体稳定性分体方面具有科学、合理、便捷的优势，因此，该理论应用最为广泛。

块体理论集拓扑学、集合论、几何学和矢量代数学为一体，是用于岩体稳定性分析的一种基础理论。块体理论是由 Goodman 和 Shi 于 1985 年创立[65-68]，又称为关键块体理论。该理论一经提出，便受到国内外众多学者的认可。刘锦华和吕祖珩[69]将块体理论引入我国，引起了巨大反响，目前被广泛应用于边坡、隧道、地下矿山等各类岩体工程中的不稳定块体识别与稳定性评价[70-74]中。具有代表性的研究有：Hoerger[75]将块体理论用于受开挖影响的关键块体分析；Kusmaul[76]将块体理论用于预测关键块体的大小和规模；Chan[77]将块体理论用于岩体开挖工程的地点选择和方案优化中。

关键块体理论假定岩体结构面为平面、结构体（块体）为刚体，不考虑块体本身的强度破坏，运用几何拓扑的方法分析岩体中可能失稳的结构体，以矢量运算的方法进行结构体形状、移动性和受力的分析，并结合较为简单的力学分析，研究块体的稳定性及加固措施，解决了块体可移动性和稳定性判别的难题[78-81]。

关键块体理论在预测随机块体时还存在以下问题：难以识别形态复杂的岩石块体，如凹多面体；难以准确预测随机块体的数量；预测随机块体大小时，需要对块体边长或裂隙长度进行假定，这种假设势必影响预测结果的准确性；裂隙的几何参数具有统计学上的分布特征，关键块体理论往往会忽略这一点；块体理论在计算分析中将结构面假设为无限大，忽略了不同规模不连续结构面对岩体强度及稳定性的影响。

为解决上述问题，一些学者致力于关键块体理论的发展和改进，并取得一定成果。张子新[82]创立非连续岩体稳定赤平分析法，对凹凸块体稳定性及其可视化进行了研究。张奇华[83]分析了块体理论面临的问题，研究开发块体理论软件，并成功开展了工程应用。于青春[84,85]提出了一般块体理论并开发 GeneralBlock 软件，解决和改善关键块体理论将结构面假设为无限大平面而带来的一系列问题，实现了有限延展裂隙和复杂开挖面形状条件下所有块体的识别以及部分块体的移动性分析、稳定性计算，使计算结果更符合工程实际，并且在地下工程、边坡等岩体工程中的块体分析方面得到广泛应用[86-91]。

1.3 岩体结构解构理论形成

通过前人对结构面分布规律、三维网络模拟及对结构体识别、移动性分析、稳定性计算等的研究，特别是关键块体理论及一般块体理论等形成后，对岩体内部结构的形态，如结构面展布形式、结构体赋存形态等，可较为精确地从静态角度刻画和描述，但鲜有学者探讨岩体结构对采矿工程工艺的影响，岩体结构解构概念也一直未被明确地提出。

解构的概念源于海德格尔[92]提出的"Deconstruction"一词，意为对事物进行分解、消解、拆解、揭示等，德里达[93]补充"消除""反积淀""问题化"等意思。本书引入"解构"一词，首次提出"岩体结构解构"概念。所谓岩体结构解构，是指将岩体结构进行重构再现，揭示出结构单元在岩体内部的三维排列组合形式。地下矿山岩体结构解构是基于地下矿山工程背景，将岩体结构进行解构，并结合具体采矿工艺与环境，对采矿活动过程中的结构体的移动性、稳定性进行分析计算；以分析与计算结果为依据，及时、合理、科学的调整与优化开采工艺，实施积极的先导灾害控制技术措施，从而指导目标矿产资源的安全高效开采。

自 2010 年起，作者依托地下矿山工程背景，以承担的若干项国家级、省部级及横向科研课题为载体，结合地下矿山采矿工艺与环境特点，在明确了岩体结构解构概念与内涵的基础上，开展了大量的岩体结构解构理论、方法与应用研究[94-105]，逐渐形成了地下矿山岩体结构解构理论、方法及应用研究方向。本书即为近年来作者相关研究成果的系统集结。

1.4 地下矿山岩体结构解构意义

矿业是我国国民经济的基础产业，矿产资源是国民经济和社会发展的重要物资基础，我国95%以上的能源、80%以上的工业原材料和70%以上的农业生产资料都来自矿产资源。随着国民经济的快速发展，我国矿产资源开发利用速度也逐步加快，原本一些地质成因好、品位高、矿岩坚硬的优质资源已基本消耗殆尽，人们不得不转向品位差、开采难度大、开采隐患多的矿产资源。

人们在开发利用地下矿山裂隙环境下的隐患资源时，由于矿体与围岩裂隙发育等原因，造成了大量矿产资源浪费与工程灾害事故的发生，人们对地下矿山的岩体结构及其危害性的认识不足严重制约了裂隙岩体环境下矿产资源的安全高效开发利用。大量裂隙切割直接导致采矿工程结构的失效和采矿工艺的不顺畅，展现了开采条件和环境的复杂性。正如蔡美峰院士指出"采矿是一门极为复杂的工程，其复杂性不仅在于开采结构的复杂性，也在于开采条件和环境的复杂性"。

遗憾的是，直至今日人们对地下矿山还受限于观察空间、技术手段及工具等因素的制约，还很难全面掌握相关地质信息，有关研究仍处于初期阶段。

岩石力学与地下矿山采矿工艺有密切关系，很多岩石力学现象、规律可以用来指导地下矿山的工程结构和采矿工艺，可以说岩石力学是使采矿从工艺向科学转变的一座桥梁。解决前述采矿工程中出现的问题，人们寄希望于岩石力学方面的理论研究。

目前，关键块体理论和一般块体理论是岩石力学中比较成熟的理论，被广泛应用于边坡、岩土工程等领域，但在地下矿山工程领域的应用还不广泛。本书引进关键块体理论和一般块体理论，系统阐述地下矿山岩体结构解构理论与方法，精细刻画结构面在岩体内的空间位置、交切形式；准确判断结构面的连通特性、展布规律；详细解算结构体在岩体内的空间形态、分布特征，结合不同采矿方法回采工艺特点，深入剖析岩体结构与采矿工艺关系，揭示结构体在采矿过程的移动特性与稳定状态，并开展一系列应用研究。研究成果对于复杂裂隙岩体环境下的工程结构参数选择、采矿工艺优化及工程地质灾害预防具有重要指导意义。

1.5 地下矿山岩体结构解构方法

1.5.1 依托理论

岩体中存在的结构面与施工开挖面形成不同规模的岩石块体，这些块体的失稳或者移动会破坏岩体的整体稳定性，从而在工程运营中造成灾害。块体理论是能够在设计阶段根据已有的结构面数据对施工过程中可能出现的不稳定块体的数量、规模、形状等进行预测，能够对不同开挖面的安全性和支护工程的工作量进行估算从而优化开挖和支护方案的基础理论。块体理论主要包括三个基本研究内容：块体识别、块体运动学可移动性分析和块体力学稳定性分析。本书建立的岩体结构解构理论体系依托于关键块体理论与一般块体理论。

（1）关键块体理论

关键块体理论由 Goodman 和 Shi[65] 创立，在国内外研究不稳定岩石块体的识别、稳定性评价以及加固设计时得到很普遍的应用。关键块体理论假设岩体结构面为平面、结构体为刚体，利用几何拓扑的方法分析岩体不同开挖面上可能失稳的结构体类型，并结合刚体力学平衡分析，研究结构体的稳定性及相应的支护措施。岩体工程开挖之前，通过块体理论可以预测分析不同开挖面上可失稳块体与关键块体的类型、几何特征及稳定性状况，但此时结构体具体赋存位置未知；岩体开挖后，通过调查实际出露结构面产状及空间位置，分析结构体几何特征及稳定性，此时结构体位置是已知的。由于岩体中结构面发育具有随机性，通过对结构面的产状、间距、长度等进行统计分析，可获得随机分布信息。因此，一般通过计算机模拟技术随机生成节理网络，并进行随机结构体搜索与相关分析。

关键块体理论的建立基于以下基本假设：

①结构面为平面，对于每个具体工程，各组结构面具有确定的产状，并由现场地质测量获得；

②结构面贯穿所研究的岩体；

③结构体为刚体，不考虑结构体自身变形和结构面压缩变形；

④岩体的失稳使岩体在各种荷载作用下沿着结构面产生的剪切滑移。

块体理论将结构面和开挖临空面看成空间平面，将结构体看成凸体，将各种作用荷载看成空间向量，应用拓扑学和集合论在已知空间平面的条件下，分析岩体内结构体的类型及其可移动性。然后，通过简单的静力计算，求出各类失稳块体的滑动力，作为工程加固措施的设计依据。块体理论的具体分析手段有矢量运算法和全空间赤平投影作图法两种，前者将空间平面和力系以矢量表示，通过矢量运算给出结果；后者应用全空间赤平投影方法直接作图求解。

（2）一般块体理论

为了解决关键块体存在的有限延展裂隙和任意形状非均质工程岩体的岩石块体识别的算法问题，2005 年于青春[84]提出了一般块体理论并开发了 GeneralBlock 软件。

一般块体理论有以下假设条件：

①模型区域可以划分为有限个子区，每个子区是（或近似为）一个凸多面体形状。

②结构面为有限大小的圆盘形。每个结构面的圆盘中心点坐标、产状、半径、黏聚力、摩擦角必须有严格的数学定义。

③岩体可以是非均质的。非均质可以包括两方面：一方面岩石本身可以是非均质的；另一方面，结构面本身也可以是非均质的。

④一个岩石块体完全地被结构面或（和）露头面所包围，在可移动、稳定性分析时被看作刚体。

⑤块体的滑动只考虑滑动，不考虑旋转。

一般块体理论的解算识别过程可分为六个步骤，如图 1 - 1 所示。

①研究区域离散，把复杂的研究区域离散为有限个凸形子区。图 1 - 2 所示为研究区域离散的范例。

②结构面筛选。去除明显对形成块体没有贡献的结构面。结构面有效的必要条件是：一个结构面至少与周围结构面或开挖面有 3 条交线，并且这 3 条交线必须在结构面所在的平面上于结构面圆盘之内彼此相交形成至少一个封闭回路。图 1-3 为典型的无效结构面。

③子区分割。把每个子区用结构面分割为单元块体，在这一步结构面被暂时看作无限大平面。与关键块体理论相类似，单元块体是块体分析过程中的基本单位。空间上，一个单元块体不跨越子区界线，而一个子区内岩体和结构面是均质的，这样当一个复杂块体由若干个单元块体组成时，复杂块体的体积、重量、摩擦力、黏聚力等的计算便变得准确有效。结构面分割子区，如图 1-4 所示。

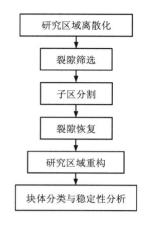

图 1-1   块体解算识别过程

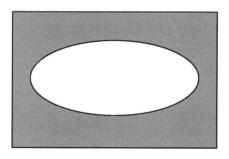

(a) 椭圆形隧道研究区域

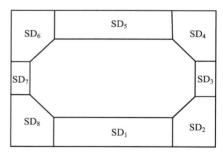

(b) 八边形近似椭圆形轨道

图 1-2   复杂研究区域及其近似子区

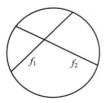

(a) 结构面仅与2条结构面相交

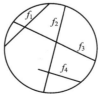

(b) 结构面与4条结构面相交，但不形成闭合回路

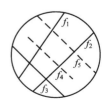

(c) 结构面交线多于3且形成闭合回路但 f_4 和 f_5 为已发现的无效结构面

图 1-3   典型无效结构面

④结构面恢复，把无限大结构面恢复为有限的圆盘。在子区分割过程中结构面被当成无限大的平面，必须被恢复为通过中心点坐标、倾向、倾角、半径定义的有限圆盘，如图1-5所示。恢复的过程中单元块体之间发生合并，形成复杂块体。合并的原则是：两个单元块体共有一个结构面；单元块体位于结构面上下两侧；结构面上单元块体的两个面必须部分或全部重合，两个面的重合部分不能完全被结构面圆盘所包含。

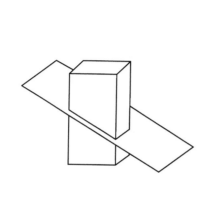

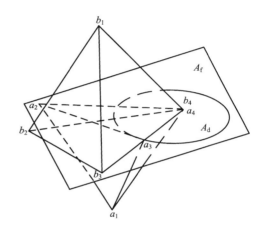

图1-4 结构面分割子区　　　　图1-5 结构面恢复和块体合并

⑤研究区域重构，把子区重新拼装为复杂的研究区域。不同子区间块体合并，合并过程与结构面恢复时单元块体的合并类似。

⑥块体分类与稳定性分析。

（A）块体分类

块体的分类，如图1-6所示。假设驱动力只为重力，图1-6(b)阴影处为固定面，其余为自由面。固定面指研究区域与围岩的一个假想的相交面，自由面是指岩体的开挖面、临空面，自由面的存在是块体失稳破坏的先决条件。固定块体指仍与围岩有连结的块体，B_6、B_8、B_9 和 B_4 为固定块体。B_7 为埋藏块体，块体面只有结构面，没有自由面，埋藏块体不可移动且稳定。B_5、B_1、B_2 和 B_3 为出露块体，其中 B_1 和 B_3 可移动，B_5 和 B_2 不可移动。

对块体进行分类首先要进行块体的可移动性分析，一般块体理论中采用Warburton的矢量法进行分析。矢量法的适用条件比较宽松，可以适用任意形状多面体块体，块体上的自由面数也不受限制。假设描述块体移动方向的矢量为 s，块体有 N 个由结构面构成的表面，n_i 为由结构面构成的表面的单位法向矢量，指向块体内部。矢量 s 必须满足如下条件：

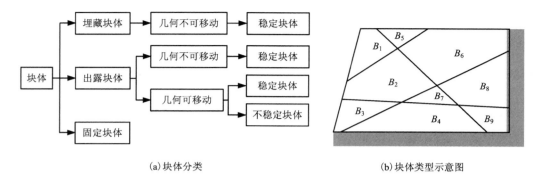

(a)块体分类　　　　　　　　　　　　　　　(b)块体类型示意图

图1-6　块体分类示意图

$$\boldsymbol{n}_i \cdot \boldsymbol{s} \geqslant 0 \ (i = 1, \cdots, N)$$

除此之外，矢量 $\boldsymbol{s}$ 还必须与使块体运动的驱动力的合力的方向一致，即 $\boldsymbol{w} \cdot \boldsymbol{s} > 0$。若驱动力只含重力，则 $\boldsymbol{w} = (0, 0, -1)$。如有多个方向满足上述条件，则块体沿 $\boldsymbol{w} \cdot \boldsymbol{s}$ 取得最大值的方向移动，即：$\boldsymbol{w} \cdot \boldsymbol{s} = \max[\boldsymbol{n}_i \cdot \boldsymbol{s} \geqslant 0, (\boldsymbol{w} \cdot \boldsymbol{s} > 0)]$。

图1-7为可移动性块体与不可移动性块体示例。

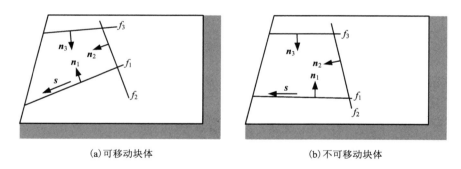

(a)可移动块体　　　　　　　　　　　　　　(b)不可移动块体

图1-7　可移动与不可移动块体示例

（B）块体移动形式

块体有脱落、沿单面滑动和沿双面滑动三种移动形式，确定块体移动形式步骤有：

（a）确定块体是否脱落。若块体的所有非自由面的法线都与驱动力指向同一个半空间，则块体脱落。数学表达式为：$\boldsymbol{w} \cdot \boldsymbol{n}_i \geqslant 0 \ (i = 1, \cdots, N)$。块体脱落如图1-8所示。

（b）判断块体是否会沿某一结构面滑动。若某一结构面的平面方程为

$ax + by + cz = d$，则此结构面的自由滑落线矢量为 $\boldsymbol{f} = [(ac, bc, -(a^2 + b^2))]$，若此结构面与其他结构面总能使 $\boldsymbol{f} \cdot \boldsymbol{n}_i \geq 0$（$i = 1, \cdots, N$）成立，则块体沿 $\boldsymbol{f}$ 方向滑动，即块体沿单面滑动，如图 1 – 9 所示。

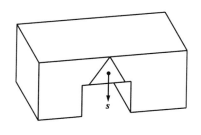

图 1 – 8 块体脱落

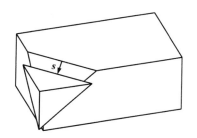

图 1 – 9 单面滑动

（c）若块体的某一棱线为 $\boldsymbol{l}$，$\boldsymbol{w} \cdot \boldsymbol{l} \geq 0$ 成立，同时 $\boldsymbol{l} \cdot \boldsymbol{n}_i \geq 0$（$i = 1, \cdots, N$）总成立，则块体沿 $\boldsymbol{l}$ 移动，即块体沿双面滑动，如图 1 – 10 所示。

（C）块体的稳定性

如果块体脱落，则摩擦力等进一步计算可以省略，此时块体的稳定系数为 0。如果块体沿某一单面滑动，则有：$F_s = W\sin\alpha$、$F_f = W\cos\alpha\tan\varphi$、$F_c = CA$，式中 F_s 为滑动力，F_f 为摩擦力，F_c 为黏滞力，W 为块体的重量，α 为滑动面的倾角，φ 为

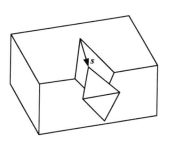

图 1 – 10 双面滑动

构成滑动面的不连续面的摩擦角，C 为黏滞系数，A 为滑动面的面积。

如果块体沿双面滑动，$F_s = |\boldsymbol{w} \cdot (\boldsymbol{n}_1 \times \boldsymbol{n}_2)| / |\boldsymbol{n}_1 \times \boldsymbol{n}_2|$、$F_c = C_1 A_1 + C_2 A_2$、$F_f = \{|(\boldsymbol{w} \times \boldsymbol{n}_2) \cdot (\boldsymbol{n}_1 \times \boldsymbol{n}_2)|\tan\varphi_1 + |(\boldsymbol{w} \times \boldsymbol{n}_1) \cdot (\boldsymbol{n}_1 \times \boldsymbol{n}_2)|\tan\varphi_2\} / |(\boldsymbol{n}_1 \times \boldsymbol{n}_2)|^2$，$F_s$、$F_f$、$F_c$ 意义同前，$\boldsymbol{n}_1$、$\boldsymbol{n}_2$ 为 2 个滑动面的单位矢量，$\boldsymbol{w}$ 为块体的重力矢量，$\boldsymbol{w} = (0, 0, -W)$，$\varphi_1$、$\varphi_2$ 为摩擦角，C_1、C_2 为黏滞系数，A_1、A_2 为两个滑动面的面积。

单滑面与双滑面两种情况块体稳定系数可表示为 $f = (F_c + F_f)/F_s$。

1.5.2 软件工具

随着计算机技术的飞速发展，商业软件逐渐成为科学研究的重要工具。本书岩体结构解构使用的软件主要有：GeneralBlock，3DMine，DIPS，3DEC 和 Unwedge 等。

（1）GeneralBlock 软件

GeneralBlock 软件是以一般块体为基础理论开发的，是能够在"有限延展裂隙，复杂开挖面形状"条件下识别出所有结构体的软件。利用 GeneralBlock 软件可以识别出非常复杂的结构体，如带有复杂空洞的结构体或被某一块体完全包裹的结构体。GeneralBlock 软件界面如图 1 – 11 所示。

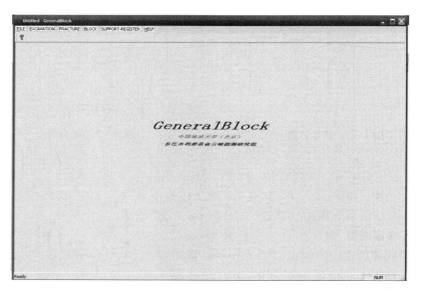

图 1 – 11 **GeneralBlock 软件界面图**

结构体分析操作步骤如下：

①建立新项目。这时软件会自动建立一个子目录。此后所有的数据都存放在此文档中。对应菜单：FILE –> New Project

②定义研究区岩体和开挖面形状。对应菜单：EXCAVATION – > Slope, Tunnel, Cavern Definition

③输入或生成结构面。如果是确定性结构面需要输入，如果是随机结构面则进行随机生成。对应菜单：FRACTURE – > Deterministic fracture edit 或者 FRACTURE –> Random fracture eidt

④计算结构面在岩体表面的迹线。对应菜单：FRACTURE –> Fracture trace

⑤结构面筛选，去除对形成块体没有作用的结构面。对应菜单：FRACTURE –> Fracture filter

⑥块体识别及稳定性计算。对应菜单：BLOCK –> Indentification Calculation

⑦检查块体识别及分析结果。对应菜单：BLOCK –> Display Block

⑧进行锚杆，锚索设计，进行锚固设计。对应菜单：SUPPORT – REGISTER

–C > Bolt，Anchored – cable register。

（2）3DMine 软件

3DMine 软件是北京三地曼矿业软件科技有限公司开发出的第一款拥有自主知识产权、全中文操作界面的国产化矿业专业软件系统，是一款完全本地化设计、为国内用户打造的三维矿业软件平台，重点服务于矿山地质、测量、采矿与技术管理工作。其主要功能有三维可视化核心、CAD 辅助设计与原始资料处理、勘探和炮孔数据库管理和显示、矿山地质建模、地质储量估算、露天采矿设计、地下采矿设计等。与当前国内外常用的三维矿业软件相比，3DMine 软件的实用性、功能性和价格等方面具有较大的优势。

3DMine 软件具有十分开放的数据兼容性，支持 AutoCAD 的文件格式，而DXF 格式为 AutoCAD 的文件格式的一种，还可以直接兼容 DataMine，Surpac，MicroMine 等多款国外三维软件的文件格式，并能实现各种文件格式间的相互转换。3DMine 软件开放的数据兼容性为其与 GeneralBlock 之间沟通提供了条件。

3DMine 软件窗口主要包括菜单栏、工具栏、文件导航器、层浏览器、图形工作区、信息栏和状态栏等几部分，其操作界面如图 1 – 12 所示。

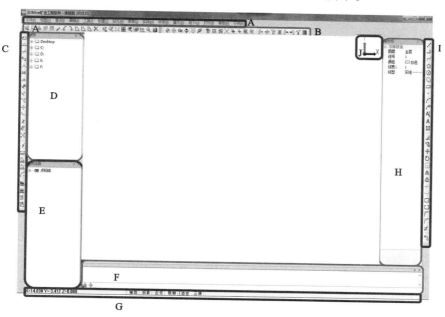

图 1 – 12　3DMine 软件操作界面图

图中：

A—菜单栏。

B—常用工具栏，包括标准工具和视图工具。

C—修改工具栏，包括图形修改工具和查询工具。

D—文件导航器，导航本地文件，和 Windows 的资源管理器类似。

E—层浏览器，3DMine 中文件是以图层的方式进行管理的。

F—信息栏，可以看到各种操作信息。

G—状态栏，有捕捉、正交和极轴等几种状态。

H—属性框，查询选定对象的各种属性。

I—创建工具栏，用于绘制各种常见图形。

J—坐标指示器。

中间白色区域为图形工作区。

（3）DIPS 软件

DIPS 软件是加拿大 Rocscience 公司开发的一款用于地质结构面产状数据的交互式图形分析和统计分析的软件，可以通过等角距投影网（吴尔福网）或等面积投影网（施密特网）绘制出极点图、符号极点图、散点图、等密度图、赤平投影图、柱状图、线状图、饼状图等。此外，DIPS 还具有强大的统计分析功能，可以对结构面各类特性与参数进行定性和定量的统计分析。

利用 DIPS 软件所需分析的结构面数据可以通过其类似 Excel 界面的电子表格进行输入、编辑和修改，也可以通过文本形式的编辑器编辑 DIPS 数据文件，文件类型为 *.dip。DIPS 支持与 Excel 进行数据交换，Excel 中的结构面数据直接可以复制到 DIPS 中，这为快速生成 DIPS 格式的结构面数据提供了便利。

DIPS 主要支持三种格式的结构面产状，即 Dip/Dip Direction（倾角/倾向）、Strike/Dip R（右手法则的走向/倾角）、Strike/Dip L（左手法则的走向/倾角）。这三种格式都是以二维向量来表示结构面产状，比较有利于对结构面产状进行统计分析。而在工程实践中通常采用 14°~19° 和 270°~360° 的走向、倾向及倾角来表示结构面产状。因此，在将 Excel 表格中的结构面数据复制到 DIPS 电子表格前需要将结构面产状转换成 DIPS 所支持的格式。由于工程中收集的结构面数据数量十分庞大，手工转换这些数据工作量很大，通过 Excel 内置的 VBA 编程语言编写软件转换这些数据，可以极大地提高工作效率。

（4）3DEC 软件

3DEC（3 Dimension Distinct Element Code）是一款基于离散单元法作为基本理论以描述离散介质力学行为的计算分析软件，采用显式差分方法求解，实现对物理非稳定问题的稳定求解，能够追踪记录破坏过程和模拟结构的大范围破坏。该软件可将复杂介质离散构成特征视为连续性特征和非连续特征这两个基本元素的集合统一体，并以成熟力学定律分别定义此类基本元素的受力变形行为；采用凸多面体描述介质中连续性对象元素的空间形态，采用曲面表征非连续性特征；通过若干凸多面体组合表达现实存在的凹形连续性对象。

3DEC 软件产生几何模型的方式与传统数值分析软件有所不同。有两种方式建立 3DEC 模型,即将单个多面体切割为多个多面体的方式和建立独立多面体后将其连接的方式。对于大多数的地质力学分析,首先,创建一个包括分析的物理区域的块;然后,将块切成为较小的块,边界代表在模型中的地质特征和工程结构。这种切割处理被称之为节理生产的几何体。然而,"节理"代表物理模型中的实际地质结构和人造结构边界或将被移去或在以后连续的计算步骤中改变材料性质。

利用 3DEC 软件解决问题步骤如下:

①建模

结合实际情况和建模要求生成模型块体,利用命令切割块体将其离散化产生可计算的几何体,同时确定模型的类型是刚性块体或是可变形块体;定义建模区域的本构模型和对不同区域材料参数的确定;确定应力、力及位移等在内的边界条件和初始条件。

②迭代使模型初始平衡

在引入对系统产生扰动之前根据实际情况模拟生成天然应力场模型。

③扰动因素介入模型边界条件变化

在初始平衡的基础上,引入开挖、回填或支护等对模型扰动的因素,模型初始平衡发生改变。

④迭代计算

对模型进行迭代计算直至系统重新平衡或达到稳定的状态。通过监测模型中各特征点的特征变量(应力、速度、位移等)的变化,对模型进行分析,进而确定模型的重新平衡或是破坏,并对发生的结果采取相应措施。

⑤结果输出

对模型的变化进行保存和打印,以供施工过程中作参考。

(5)Unwedge 软件

Unwedge 软件是加拿大 Toronto 大学 E. Hoek 等依据石根华的块体理论开发研制的。该软件是一种用于在坚硬岩体中开挖时所形成的块体,分析其稳定性的软件。其功能强大,不但可以根据不连续面组合出块体并进行稳定性分析,直观地显示出其空间几何形状。该软件假定结构面相切形成的块体为四边形,即由三组结构面和开挖临空面组成,仅考虑块体的重力及结构面的力学性质,而不考虑地应力作用;另外假定结构面为平面,岩体的变形仅为结构面的变形,结构体为刚体;结构面贯穿研究区域,且在保持产状不变的情况下可任意移动;开挖断面沿轴线方向恒定不变;每次参与组合的结构面最多为三组。该软件能够自动生成最大可能的楔形块体,并计算出其安全系数。用户可根据结构面的实际出露情况对所形成的块体进行筛选和进一步的分析。

1.5.3 总体思路

地下矿山裂隙岩体结构解构是为了精细刻画结构面与结构体在岩体内的赋存形式，然后结合不同采矿方法回采工艺特点，揭示结构体移动性与稳定性，以便及时调整、优化回采工艺，采取安全措施。由于充填采矿法一般采用空场法嗣后充填，充填开采条件下岩体结构解构与空场法开采条件下类似，本书主要针对空场法和崩落法开展岩体结构解构。

根据岩体结构解构目的，制定出地下矿山岩体结构解构的总体思路为：基于关键块体理论、一般块体理论、岩石力学和材料力学等知识，结合 GeneralBlock 软件对块体的识别与计算的功能和 3DMine 软件的空间计算与三维可视化的功能，分别对空场法开采和崩落法开采条件下的裂隙岩体结构进行解构，其中，空场法开采裂隙岩体结构解构分采场内结构体解构和矿柱内结构体解构；崩落法开采裂隙岩体结构解构重点对凿岩巷道围岩结构的解构；分析结构体的移动性和稳定性，结合采矿工艺特点，优化采矿工艺，制定出针对性的工程结构灾害控制措施，更好地为人类岩石力学工程活动服务。

图 1 – 13 为地下矿山裂隙岩体结构解构思路图。

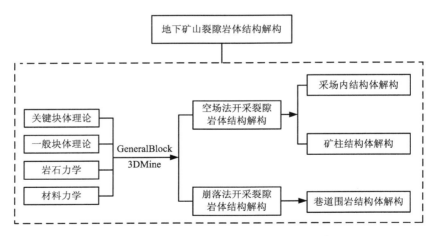

图 1 – 13　地下矿山裂隙岩体结构解构思路

1.5.4 主要内容

空场法开采裂隙岩体时，矿块单元内部复杂结构直接影响采矿工艺与安全控制措施的选取，具体工程活动中不稳定结构体与可移动稳定结构体是主要关注对象。随着采矿活动的影响，部分原本不可移动的结构体可能发生移动而成为危险结构体。空场法开采条件下，通过对岩体结构的初步解构，识别并显现出危险结构体；进而基于采矿工艺过程，通过力学、几何学等手段分析不同回采顺序下各类结构体的可移动性、计算其稳定性系数。

崩落法开采裂隙矿岩时，受采动效应及其他采矿行为影响，顶板常出现冒顶、片帮和突然规模性垮塌等事故，甚至采用加固措施后仍出现二次灾害现象，严重威胁井下作业人员的安全健康，极大地影响矿山企业的安全高效生产。崩落法开采条件下，通过对裂隙岩体巷道围岩结构的初步解构，详细解算出结构体的各类参数，结合崩落法回采工艺，分析崩落法回采过程中出露于巷道内的各类结构体的可移动性，计算各类结构体的稳定性系数。

参考文献

[1] 谷德振，黄鼎成. 岩体结构的分类及其质量系数的确定[J]. 水文地质工程地质，1979，23（2）：8–13.

[2] 孙广忠. 岩体结构力学[M]. 北京：科学出版社，1988.

[3] 张倬元. 工程地质分析原理[M]. 北京：地质出版社，1981.

[4] 王旭，晏鄂川. 节理岩体结构面连通性研究及其应用[J]. 岩石力学与工程学报，2005，24（z1）：4905–4911.

[5] 肖建勋，程远帆，王利丰. 岩体结构面连通率研究进展及应用[J]. 地下空间与工程学报，2006，2（2）：325–328.

[6] 贾洪彪，唐辉明，刘佑荣，等. 岩体结构面三维网络模拟理论与工程应用[M]. 北京：科学出版社，2008.

[7] 刘佑荣，唐辉明. 岩体力学[M]. 武汉：中国地质大学出版社，1999.

[8] 孙广忠，孙毅. 岩体力学原理[M]. 北京：科学出版社，2011.

[9] Terzaghi K. Introduction to tunnel geology in rock tunneling with steel supports [M]. Proctor and White, San Diego, 1946.

[10] L. Muller, H. Buck, K. Muller. Structural geology of rocks – rockmechanics in construction (In German)[M]. Wilhelm Ernst & Sohn Verlag, Berlin, 1970.

[11] 谷德振. 地质构造与工程建设[J]. 科学通报，1963，8(10)：23–28.

[12] 孙玉科，李建国. 岩质边坡稳定性的工程地质研究[J]. 地质科学，1965，8（4）：330–352.

[13] L. Müller, L. Broili. （李世平、冯震海等译）. 岩石力学[M]. 徐州：煤炭工业出版社，1974.

[14] 孙广忠. 论岩体结构控制论[J]. 工程地质学报，1993，1(9)：14–18.

[15] 谷德振. 岩体工程地质力学基础[M]. 北京：科学出版社，1979.

[16] 孙广忠. 岩体力学基础[M]. 北京：科学出版社，1983.

[17] R. E. Goodman. Introduction to rockmechanics [M]. John Whey and Sons, New York, 1980.

[18] R. E. Goodman. Introduction to rockmechanics (Second Edition) [M]. John Whey and Sons, New York, 1992.

[19] J. A. Hudson, J. W. Cosgrove. Integrated structural geology and engineering rockmechanics approach to site characterization [J]. International Journal of Rock Mechanics and Mining Sciences, 1997, 34(3): 136 – 139.

[20] A. Gaich, M. Potsch, A. Fasching, et al. Contact – freemeasurement of rockmass structures using the jointmetrix3D system [J]. International Journal of Rock Mechanics and Mining Sciences, 2004, 41(3): 1 – 6.

[21] 黄润秋, 许模, 陈剑平, 等. 复杂岩体结构精细描述及其工程应用[M]. 北京: 科学出版社, 2004.

[22] 臧士勇. 块体理论及其在采场巷道稳定分析中的应用[J]. 昆明理工大学学报, 1997, 22(4): 9 – 15.

[23] 陈斗勇. 采动斜坡稳定性的块体理论研究 [J]. 水文地质工程地质, 1996, 40(2): 28 – 32.

[24] 瞿英达. 采场上覆岩层中的面接触块体结构及其稳定性力学机制[M]. 北京: 煤炭工业出版社, 2006.

[25] International Society for Rockmechanics Commission on Standardization of Laboratory and Field Tests. Suggested methods for the quantitative description of discontinuities in rockmass[J]. International Journal of Rockmechanics and Mining Science & Geomechanics Abstracts, 1978, 15(6): 319 – 368.

[26] 王蓬. 节理岩体结构面网络模拟[D]. 上海: 同济大学, 2003.

[27] R. J. Shapely, A. Mahalabm. Delineation and analysis of cluster in orientation data[J]. Mathematical Geology, 1976, 8(1): 9 – 13.

[28] E. G. Gaziev, E. N. Tiden. Probabbilistics approach to the study of jointing in rockmasses [J]. Bulletin of Int. Assoc. of Engineering Geology, 1979, 20(1): 178 – 181.

[29] S. M. Miller, L. E. Borgman. Spectral tyepe simulation of spatially correlated fracture set properties [J]. Mathematical Geology, 1985, 17(1): 41 – 52.

[30] A. M. Robertson. The interpretation of geological factor for use in slope theory [M]. Balkema, Cape Town, 1970.

[31] G. B. Beacher, N. A. Lanney. Trace length biases in joint surveys [A]. Proceedings of 19th US Symp on Rockmechanics[C]. Nevada, 1978.

[32] 伍法权. 统计岩体力学原理[M]. 武汉: 中国地质大学出版社, 1993.

[33] 黄磊, 唐辉明, 张龙, 等. 适用于半迹长测线法的岩体结构面迹长与直径关系新模型及新算法[J]. 岩石力学与工程学报, 2011, 30(4): 733 – 745.

[34] 刘爱华, 李夕兵. 岩体弱面延展性的概率估算及其应用[J]. 岩石力学与工程学报, 1997, 16(4): 375 – 379.

[35] Kulatilake, T. H. Wu. Sampling bias on orientation of discontinuities[J]. Rock Mechanics and

Rock Engineering, 1984, 17: 243 – 253.

[36] S. D. Prist, J. A. Hudson. Estimation of discontinuity spacing and trace length using scanline [J]. International Journal of Rock Mechanics and Mining Sciences, 1981, 21(4): 203 – 212.

[37] G. M. Laslett. Censoring and edge effects in area and line transect sampling of rock joint traces [J]. Mathematical Geology, 1982, 14(2): 125 – 140.

[38] Kulatilake, T. H. Wu. Estimation of mean length of discontimuties [J]. Rock Mechanics and Rock Engineering, 1984, 17(4): 215 – 232.

[39] 黄国明, 黄润秋. 基于交切条件下的不连续面迹长估算法[J]. 地质科技情报, 1998, 25(6): 27 – 30.

[40] 王川婴, 钟声, 孙卫春. 基于数字钻孔图像的结构而连通性研究[J]. 岩石力学与工程学报, 2009, 28(12): 2405 – 2410.

[41] 郭强, 葛修润, 车爱兰. 基于钻孔摄影方法的岩体中结构而连通性分析[J]. 上海交通大学学报, 2011, 45(5): 733 – 737.

[42] 吴桂才, 杨志, 陈庆发. 区域连通性结构面数据搜索与程序实现[J]. 采矿技术, 2013, 13(4): 114 – 118.

[43] 陈庆发, 陈德炎, 韦才寿. 结构面连通性原理与判别方法[J]. 岩土工程学报, 2013, 35(z2): 230 – 235.

[44] 陈庆发, 曾翽. 区域井巷工程结构面连通性识别方法[J]. 中南大学学报(自然科学版), 2013, 44(11): 4631 – 4636.

[45] 蒋成荣, 张亚南, 陈庆发. 产状测量方式的空间两结构面共面性理论分析[J]. 辽宁工程技术大学学报自然科学版, 2015, 34(2): 160 – 164.

[46] S. D. Prist, J. A. Hudson. Discontinuity of spacing in rocks [J]. International Journal of Rock Mechanics and Mining Sciences, 1976, 13(5): 135 – 148.

[47] D. Bridgesm. Presentation of frature data for rock mechanics [A]. Proceedng 2nd Australian New Zealand Conf. on Geomech[C]. Brisbane, 1975.

[48] D. M. Cruden. Discribing the size of discontinuities [J]. International Journal of Rock Mechanics and Ming Science, 1977, 14(3): 23 – 40.

[49] D. U. Deere. Technical description of rock cores for engineering purposes [J]. Rock Mechanics and Rock Engineering, 1963, 1(1): 16 – 22.

[50] 金曲生, 王思敬. 估计迹长概述分布函数的新方法及其应用[J]. 工程地质学报, 1997, 5(2): 150 – 155.

[51] 金曲生, 范建军. 结构面密度计算法及其应用. 岩石力学与工程学报[J]. 1998, 17(3): 273 – 278.

[52] D. T. Snow. The freqency and apertures of fracture in rock[J]. International Journal of Rock Mechanics and Ming Science, 1970, 7(1): 23 – 40.

[53] N. Barton, S. Bandis. Review of preditive capabilities of JRC – JCS model in engineering practice[J]. Rock Joints. 1991, 182(14): 1 – 8.

[54] 周创兵, 熊文林. 节理面粗糙系数与分形维数的关系[J]. 武汉水利电力大学学报, 1996,

29（5）：1 – 5.

[55] N. Barton. A relation between joint roughness and joint shear joint shear strength［M］. Rock Proc. Int. Symp. Rock Mech, Nancy, 1971.

[56] 杜时贵. 岩体结构面粗糙度系数 JRC 的定向统计研究［J］. 工程地质学报，1994，2（3）：62 – 71.

[57] F. D. Patton. Review of a new shear strength criterion for rock joints［J］. Engineering Geology, 1966, 7（4）：287 – 332.

[58] Heping Xie, Feng Gao. Themechanics of cracks and a statistical statistical strength theory for rocks［J］. International Journal of Rock Mechanics and Mining Sciences, 2000, 37（3）：477 – 488.

[59] 潘别桐，井如兰. 岩体结构概率模型和应用——岩石力学进展［M］. 沈阳：东北工学院出版社，1989.

[60] 潘别桐，徐光黎，唐辉明，等. 岩体结构模型与应用［M］. 武汉：中国地质大学出版社，1993.

[61] 陈剑平，肖树芳，王清. 随机不连续面三维网络计算机模拟原理［M］. 长春：东北师范大学出版社，1995.

[62] 陶振宇，王宏. 岩石力学中节理网络模拟［J］. 长江科学院院报，1990，7（4）：18 – 26.

[63] 王宏，陶振宇. 边坡稳定分析的节理网络模拟原理及工程应用［J］. 水利学报，1993，38（10）：20 – 27.

[64] 刘连峰，王泳嘉. 三维节理岩体计算模型的建立［J］. 岩石力学与工程学报，1997，16（1）：36 – 42.

[65] R. E. Goodman, G. H. Shi. Block theory and application to rock engineering［M］. Prentice Hall, New York, 1985.

[66] P. M. Warburton. Vector stability analysis of an arbitrary polyhedral rock block with any number of free farces［J］. International Journal of Rock Mechanics and Mining Sciences, 1981, 18（5）：415 – 427.

[67] G. H. Shi. Rock global stability estimation by three dimensional blocks formed with statistically produced joint polygons［A］. Ming Lu（ed.）. Development and Application of Discontinuous modelling for Rock Engineering, the Sixth International Conference on Analysis of Discontinuous Defor – mation［C］. Blackman, 2003.

[68] 石根华. 岩体稳定分析的几何方法［J］. 中国科学，1981，31（4）：487 – 495.

[69] 刘锦华，吕祖珩. 块体理论在工程岩体稳定分析中的应用［M］. 北京：水利电力出版社，1988.

[70] 魏继红，吴继敏，陈显春，等. 块体理论在高速公路连拱隧道超挖预测中的应用［J］. 水文地质工程地质，2005，32（5）：60 – 63.

[71] 张子新，孙钧. 块体理论赤平解析法及其在硐室稳定分析中的应用［J］. 岩石力学与工程学报，2002，21（12）：1756 – 1760.

[72] 黄正加，邬爱清，盛谦. 块体理论在三峡工程中的应用［J］. 岩石力学与工程学报，2011，

16(4): 9 - 15.

[73] 梁宁, 伍法权, 刘彤, 等. 块体理论赤平解析法在锦屏二级水电站皮带机隧道稳定分析中的应用[J]. 工程地质学报, 2009, 17(3): 383 - 388.

[74] 何满潮, 苏永华, 景海河. 块状岩体的稳定可靠性分析模型及其应用[J]. 岩石力学与工程学报, 2002, 21(3): 343 - 348.

[75] S. F. Hoerger. Probabilistic and deterministic keyblock analyses for excavation design [D]. Michigan Technological University, Halton, 1988: 22 - 48.

[76] J. S. Kuszmaul, R. E. Goodman. Analytical model for estimating key block sizes in excavation jointed rockmasses[A]. Proc. Fractured and Jointed Rockmasses Conference(ISRM)[C]. Lake Tahoe, California, 1992.

[77] L. Y. Chan. Application of block theory and simulation techniques to optimum design of rocks excavation [D]. Michigan Technological University, Halton, 1986: 18 - 53.

[78] G. H. Shi, R. E. Goodman. The key blocks of unrolled joint traces in developed maps of tunnel walls [J]. International Journal for Numerical and Analytical methods in Geomechanics, 1989, (13): 131 - 158.

[79] G. H. Shi. Single and multiple blocks limit equilibrium of key blockmethod and discontinuous deformatin analysis[A]. Y. H. Hatzor (Ed). Stability of Rock Structures Proceedings of the Fifth International Conference on Analysis of Discontinuous Deformation[C]. Balkema, 2002.

[80] A. Shapiro, J. L. Delport. Statistical analysis of jointed rock data [J]. International Journal of Rock Mechanics and Mining Sciences, 1991, 28 (5): 375 - 382.

[81] Mauldonm. Keyblock probabilities and size distributions: A firstmodel for impersistent 22D fractures [J]. International Journal of Rock Mechanics and Mining Sciences, 1995, 32(6): 575 - 583.

[82] Z. X. Zhang, Q. H. Lei. Amorphological visualization method for removability analysis of blocks in discontinuous rockmasses [J]. Rockmechanics and Rock Engineering, 2014, 47(8): 1237 - 1254.

[83] 张奇华. 块体理论的应用基础研究与软件开发[D]. 武汉: 武汉大学. 2004.

[84] 于青春, 陈德基, 薛果夫, 等. 裂隙岩体一般块体理论初步[J]. 水文地质工程地质, 2005, 33(6): 42 - 47.

[85] 于青春, 薛果夫, 陈德基. 裂隙岩体一般块体理论[M]. 北京: 中国水利水电出版社, 2007.

[86] 张莉丽, 于青春. 一般块体方法理论解验证[J]. 水文地质工程地质, 2010, 37(6): 55 - 60.

[87] 夏露, 刘晓非, 于青春. 基于块体化程度确定裂隙岩体表征单元体[J]. 岩土力学, 2010, 31(12): 3991 - 4005.

[88] 王晓明. 乌东德坝区岩体裂隙及块体研究[D]. 北京: 中国地质大学. 2013.

[89] 徐东强, 陈建设, 彭永池. 金厂峪金矿缓倾斜难采矿体采矿方法研究[J]. 有色金属, 2000, 29(3): 9 - 12.

[90] 孙世国，万林海，王思敬. 矿山复合开采岩体移动理论与安全评价方法[J]. 地学前缘，2000，6(7)：289 – 295.

[91] 郑银河，夏露，于青春. 考虑岩桥破坏的块体稳定性分析方法[J]. 岩土力学，2013，34(z1)：197 – 203.

[92] Martin Heidegger. Being and Time[M]. Translated by J. macquarrie and E. Robinson. Basil Blackwell Publisher Ltd, Oxford, 1985.

[93] Jacques Derrida. Positions [M]. Chicago：University of Chicago Press，1981.

[94] 陈庆发，赵有明，陈德炎，等. 采场内结构体解算及其稳定性计算[J]. 岩土力学，2013，34(7)：2051 – 2058.

[95] 陈庆发，陈德炎，赵有明，等. 地下矿山危险块体的自动搜索及系统显现[J]. 岩土力学，2013，34(3)：791 – 796.

[96] 陈庆发，韦才寿，牛文静，等. 一种基于块体化程度理论的裂隙岩体巷道顶板稳定性分级方法研究[J]. 岩土力学，2014，35(10)：2901 – 2908.

[97] 陈庆发，牛文静，黄仁贵，等. 基于块体化程度和物元可拓理论的顶板稳定性分级方法及应用[J]. 工程科学学报，2015，37(12)：1550 – 1556.

[98] 陈庆发，牛文静. 矿柱结构体解构及其稳定性计算[J]. 采矿与安全工程学报，2016，33(2)：284 – 289.

[99] 陈庆发，牛文静. 采场结构体回采可移动性分析[J]. 岩土力学，2016，37(5)：1458 – 1466.

[100] 陈庆发，陈德炎，韦才寿. 结构面连通性原理与判别[J]. 岩土工程学报，2013，35(22)：230 – 235.

[101] 陈庆发，周永亮，安佳丽. 复杂裂隙岩体环境下巷道轴线走向优化研究[J]. 岩石力学与工程学报，2014，33(21)：2735 – 2742.

[102] 陈庆发，曾鳃. 区域井巷工程结构面连通性识别方法[J]. 中南大学学报(自然科学报)，2013，44(11)：4631 – 4636.

[103] 陈庆发，莫载斌，蔡明海，等. 一种非接触式结构面产状测量技术原理和数学处理方法[J]. 三峡大学学报(自然科学报)，2014，36(5)：72 – 75.

[104] 蒋成荣，张亚南，陈庆发. 产状测量方式的空间两结构面共面性理论分析[J]. 辽宁工程技术大学学报(自然科学报)，2015，34(2)：160 – 164

[105] 吴桂才，杨志，陈庆发. 区域连面性结构面数据搜索与程序实现[J]. 采矿技术，2013，13(4)：114 – 118.

第 2 章 地下矿山结构面实测新方法

结构面产状数据对于正确认识地质构造、查明矿体形态与延伸情况、弄清矿体和围岩的空间关系、指导勘探工程和开采坑道布置等具有重大意义，因此岩石结构面产状测量是矿山企业的一项重要工作。

传统结构面的调查方法主要有测线法、统计窗法和三维激光扫描法等。测线法是在岩石露头表面或开挖面布置一条测线，逐一量测与测线相交切结构面的几何特征参数。统计窗法是在岩石露头面划出一定宽度和高度的矩形作为结构面统计窗，对统计窗所涉及的裂隙，观察并记录裂隙编号、产状、端点坐标、端点出露信息、迹长、起伏、粗糙程度、开度、充填特征、地下水特征等特征量值。三维激光扫描法是国际上最先进的获取地面空间多目标三维数据长距离影像测量技术，它将传统测量系统的点测量扩展到面测量，可以深入到复杂现场环境及空间中进行扫描操作，并直接将各种大型、复杂实体的三维数据完整地采集到计算机中，进而快速重构出目标的三维模型及点、线、面、体等各种几何数据。

本章主要介绍几种适用于地下矿山的结构面测量相关新方法。首先介绍本书作者近年来研发的矿用远距离喷漆标识方法与非接触式结构面产状测量方法；然后介绍常用于水利工程的精测网法，由于其测量精度优于地下矿山采用的测线法，本书将其加以改进并引入至地下矿山的结构面测量领域；最后介绍钻孔电视成像系统结构面测量方法，其在探测岩体内部结构面时具有较大优势，比较适用于深部不可见围岩结构面的测量。

2.1 矿用远距离喷漆标识方法

（1）矿用远距离喷漆标识装置简介

在地下矿山、隧道工程及其他地下工程中，经常需要进行工程地质调查且对硐室与巷道的顶板及边墙做喷漆标识。常规的喷漆标识工作一般需要 3 人共同完成，其中喷漆标识人员 1 人，安全防护人员 2 人。喷漆标识人员系好保险带，站在马腿或梯子上，手持灌装自喷漆对顶板或边墙进行喷漆，2 名安全防护人员共同扶着马腿或梯子确保平稳。每喷完一定区域后，喷漆标识人员从马腿或梯子上下来、重新移动，固定好马腿或梯子后进行下一次喷漆，而且必须手工按压自喷漆喷头才能进行喷漆。这种做法不仅费时费力，工作效率低，而且工作人员在上下马腿或梯子和喷漆的过程中容易失足跌落，存在一定的安全隐患，同时近距离喷漆对工作人员的身体健康也有一定的危害。

为改善上述喷漆过程所存在的问题，需对喷漆装置进行一定的改进。本书提出一种矿用远距离喷漆标识新方法对区域结构面进行标记，可以有效地解决上述人工和近距离喷漆工作中存在的问题，实现远距离控制自喷漆对所测区域的标记，可以大大提高工作效率，减小油漆对工作人员的危害，且装置简单易学、使用方便。

矿用远距离喷漆标识装置利用伸缩杆调节标记区域和人员的距离，调节转动支架改变自喷漆与标记区域的角度，实现不同高度不同角度的喷漆标记。

矿用远距离喷漆装置包括喷漆压头、卡环、自喷漆装置、转动支架、连接架、伸缩杆、手柄、钢丝绳盒和卡紧装置，如图2-1所示。

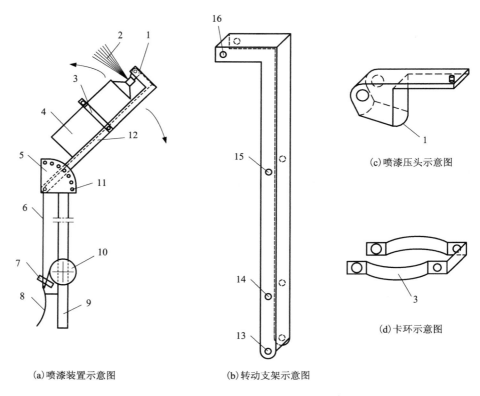

(a)喷漆装置示意图　　　　(b)转动支架示意图

(c)喷漆压头示意图

(d)卡环示意图

图2-1　矿用远距离喷漆装置及构件示意图

1—喷漆压头；2—油漆；3—卡环；4—自喷漆装置；5—连接架；6—钢丝绳；7—卡紧装置；

8—手柄；9—伸缩杆；10—钢丝绳盒；11—销孔；12—转动支架；13~16—通孔

矿用远距离喷漆标识装置构件简介如下：

①喷漆压头固定在转动支架的一端，与钢丝绳连接。

②自喷漆多为圆柱形罐体，卡环为圆环形，卡环一端固定在转动支架上，另一端通过长螺栓夹紧固定自喷漆。

③转动支架断面呈凹槽形，支架上不同位置上有通孔。

④连接架为扇形，其表面分布一系列销孔。

⑤伸缩杆为铝合金材料制备，伸缩长度可自由调节；伸缩杆一端设置手柄和钢丝绳盒，另一端与连接架相连。

⑥手柄固定在伸缩杆一端，与钢丝绳连接控制喷漆压头。

⑦钢丝绳盒固定在伸缩杆上，钢丝绳盒可自动收回钢丝绳。

⑧钢丝绳卡紧装置安装在伸缩杆上，穿过钢丝绳控制钢丝绳的松紧程度。

（2）矿用远距离喷漆标识装置工作原理

矿用远距离喷漆标识装置与常规喷漆标识相比，具有距离可调节、工作效率高和安全性好等优点，熟练掌握并正确操作矿用远距离喷漆标识装置可以大大缩短施工工期。

矿用远距离喷漆标识装置的工作原理分为以下三部分：

①将装有油漆的自喷漆装置通过卡环固定在转动支架上。

②利用伸缩杆的可伸缩性来调节测量点与被测点之间的距离实现不同高度的喷漆标记任务；通过与伸缩杆相连的连接装置和转动支架来小范围调节喷漆装置与被测点的相对位置实现不同角度的喷漆标记任务。

③利用手柄控制钢丝绳的长短实现对喷漆装置工作状态的控制，解决手工按压喷漆压头实现喷漆的问题。

（3）矿用远距离喷漆标识装置使用方法

矿用远距离喷漆标识装置构件有一定的尺寸精度，所以在使用过程中应尽量避免挤压、摩擦和碰撞，防止装置破坏。

装置的正确使用方法如下：

①将矿用远距离喷漆标识装置安装好：利用连接架和螺栓将伸缩杆和转动支架连接起来；使用卡环和螺栓将自喷漆装置卡紧固定在转动支架上并将喷漆压头安装在转动支架一端；使用钢丝绳连接喷漆压头和手柄，并将钢丝绳盒安装在伸缩杆上。

②利用安装好的装置进行喷漆标记：调节伸缩杆长度，按动手柄完成不同高度的喷漆标识任务；调节转动支架角度，按动手柄完成不同角度的喷漆标识任务。

③完成喷漆标识任务后，将矿用远距离喷漆标识装置拆解并放入装置盒中，减少装置磨损度。

2.2 非接触式结构面产状测量方法

（1）传统结构面测量方式局限性分析及相关改进

结构面几何特征与力学性质不同程度地影响着岩体工程的稳定性，为了确保岩体工程的安全，首先要对结构面进行调查测量并分析其对岩体工程稳定性的影响程度[1-3]。传统机械式地质罗盘仪虽具有测量成本低、便于携带等优点，但其测量读取误差大，容易受到矿物磁性的干扰[4,5]，且对于一些远距离或难以接触的结构面就难以测量。图 2-2 为传统机械式地质罗盘不能直接测量结构面的四种情况。

(a)远距离

(b)受河流湖泊阻隔

(c)危险地带的岩层

(d)远、高陡边坡

图 2-2   远距离或难以接触测量的结构面

有时受阻隔不能直接测量的结构面的数据是工程不可或缺的数据，但由于地质条件不能及时完成测量，为克服机械式地质罗盘仪接触式测量的局限性，William C. Haneberg[6] 应用近距离地面数字摄影测量技术建立了岩质边坡三维模型并进行了结构面测图工作，与常规测法相比显示出较好的一致性，在一定距离上克服了人工难以测量的问题；刘子侠[7] 利用数字近景摄影测量技术快速获取了岩体结构面信息，测量数据比较精确，但其仪器设备比较昂贵且对作业人员能力要求高，不能广泛使用；S. Slob[8] 基于三维激光扫描技术研究了岩体结构面测量的方法，虽然从整体上对结构面进行了测量分析，但对人员的技术要求高，且操作过程相对比较复杂；张文[9] 提出了将三维激光扫描技术应用到岩体结构信息采集的工作，而且结合岩体结构信息采集工作分析了 Leica Scan Station 2 激光扫描仪软件、硬件性能，提出了利用三维激光扫描仪采集岩体结构信息获取点云数据的流程及处理方法；Berger[10] 等利用 SPOT 卫星立体影像进行了地表地层产状提取的研究，但其仅针对地表进行了相关测量，并未进行更深一步的探索，而且其卫星系统测量技术对工作人员能力要求较高；刘华国[11] 等人根据地层划分结果，利用遥感影像技术在不同时代的地层边界处和同时代地层内部选择岩层三角面发育较好、产状相对稳定的区域，选取用于地层产状提取的点，并获取其三维坐标，然后在 MATLAB 环境下根据三点法或多点拟合法原理及公式编程提取了地层产状；王彪[12] 等人为了准确预报冲积扇产状地层地下工程施工遇到的岩性特征，掌握地层空间分布形态，采用高精度 GPS 测量方法，测定地层面状要素上多点的坐标，通过数学计算完成研究区地层产状测量。这些技术在测量精度和速度上有了很大提高，但设备或笨重或昂贵或操作过程复杂，很难进行大规模推广应用。马庆勋[13] 根据激光直线传输原理发明了一种地质罗盘仪，但该罗盘仍然是接触式的，难以避免矿物磁性的干扰，而且特殊产状结构面没有给予考虑。有关岩层产状的数学求解方法方面，刘洪涛[14] 介绍了分别利用向量代数、空间解析几何原理求解岩层产状的两种方法并推导出了相应计算公式，从理论几何上对于结构面产状的分析提供了参考。

　　本书提出一种基于激光或红外测距仪的非接触式结构面产状测量方法。激光或红外测距仪主要利用光对目标的距离进行准确测定，由光电元件接收目标反射的光信号，计时器测定光信号从发射到接收的时间，从而计算出从仪器到目标的距离[15]。同时它能够自动获取观测线的方位角以及观测线仰角（或俯角），而且具有重量轻、体积小、不受磁性干扰、操作简单等优点。激光测距仪利用光的传播和时间确定目标与仪器之间的距离，其原理如图 2 - 3 所示。

　　（2）非接触式结构面产状测量技术原理

　　非接触式结构面产状测量技术是通过将激光或红外等测距仪的空间测距离功能来测量结构面的三个非共线点到仪器安置点的距离，同时记录仪器测量光线偏离磁北方向的水平角度和偏离水平面的垂直角度。建立以激光或红外等测距仪的安置点为原点，以 x 轴正方向为磁北方向的右手空间笛卡尔直角坐标系，利用空间向量和几何投影关系模拟出结构面倾斜状态，进而计算出结构面的倾角、倾向和走向。

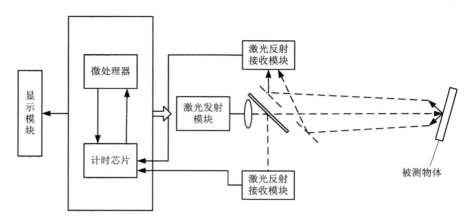

图2-3 激光测距仪原理图

结构面产状非接触式测量方法分为以下几部分：

①右手空间坐标系的建立

将激光或红外测距仪随测量仪器安置在测站点上，在不影响光束发射和接收的情况下，测站点可以任意选取。为将测量的数据转化为空间坐标，首先建立以仪器的测站点作为坐标系的原点，以 x 轴的正方向作为磁北方向的空间笛卡尔直角坐标系，空间坐标系的 y 轴和 z 轴根据右手定则确定，具体如图2-4所示。

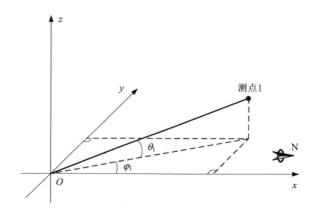

图2-4 右手空间笛卡尔直角坐标系

②直接测量参数的获取

旋转测距仪使测量光束射至待测结构面的三个非共线点上，分别记录测量光

束的垂直旋转角 $\theta_i(i=1,2,3)$（仰角为正，俯角为负）、水平旋转角 $\varphi_j(j=1,2,3)$（逆时针方向为正，顺时针方向为负）及测量距离 $l_k(k=1,2,3)$。测量光束与待测结构面之间的空间结构关系如图 2-5 所示。

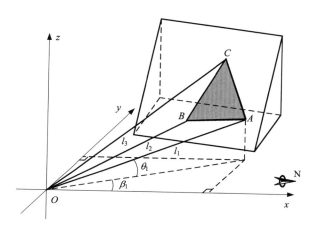

图 2-5 测量光束与待测结构面之间的空间结构关系图

③数学处理过程

结构面产状包括走向、倾向和倾角三要素，实际测量过程中仅测结构面的倾角和倾向即可，走向可以通过倾向 90°左右计算得到。

利用空间向量和几何投影关系对走向、倾向和倾角进行计算，过程如下：

（A）倾角计算

设各测点的坐标 $A(a_1,a_2,a_3)$，$B(b_1,b_2,b_3)$，$C(c_1,c_2,c_3)$，如图 2-5 所示。

由空间几何关系可知：

$$\begin{cases} a_1 = l_1 \left| \cos\theta_1 \right| \cos\varphi_1 \\ a_2 = l_1 \left| \cos\theta_1 \right| \sin\varphi_1 \\ a_3 = l_1 \sin\theta_1 \end{cases} \quad (2-1)$$

$$\begin{cases} b_1 = l_2 \left| \cos\theta_2 \right| \cos\varphi_2 \\ b_2 = l_2 \left| \cos\theta_2 \right| \sin\varphi_2 \\ b_3 = l_2 \sin\theta_2 \end{cases} \quad (2-2)$$

$$\begin{cases} c_1 = l_3 \left| \cos\theta_3 \right| \cos\varphi_3 \\ c_2 = l_3 \left| \cos\theta_3 \right| \sin\varphi_3 \\ c_3 = l_3 \sin\theta_3 \end{cases} \quad (2-3)$$

根据式(2-1)~式(2-3)，求得 $A(a_1, a_2, a_3)$, $B(b_1, b_2, b_3)$, $C(c_1, c_2, c_3)$。

由点 A、B、C 的坐标可得：

$$AB = (b_1 - a_1, b_2 - a_2, b_3 - a_3) \qquad (2-4)$$

$$AC = (c_1 - a_1, c_2 - a_2, c_3 - a_3) \qquad (2-5)$$

设平面 ABC 的法向量为 n_1，则有：

$$n_1 = AB \times AC = \begin{vmatrix} x & y & z \\ b_1 - a_1 & b_2 - a_2 & b_3 - a_3 \\ c_1 - a_1 & c_2 - a_2 & c_3 - a_3 \end{vmatrix} = (u, v, w) \qquad (2-6)$$

式中：$u = a_2 b_3 + a_3 c_2 + b_2 c_3 - a_3 b_2 - a_2 c_3 - b_3 c_2$

$v = a_3 b_1 + a_1 c_3 + b_3 c_1 - a_1 b_3 - a_3 c_1 - b_1 c_3$

$w = a_1 b_2 + a_2 c_1 + b_1 c_2 - a_2 b_1 - a_1 c_2 - b_2 c_1$

设 xy 水平面的单位法向量为 $n_2 = (0, 0, 1)$，则结构面倾角 α：

$$\alpha = \arccos \frac{|n_1 \cdot n_2|}{|n_1||n_2|} = \arccos \frac{|w|}{\sqrt{u^2 + v^2 + w^2}} \quad (\alpha \in [0, 90°]) \qquad (2-7)$$

（B）倾向计算

设与结构面走向线平行的一个向量为 n_3，则有：

$$n_3 = n_1 \times n_2 = \begin{vmatrix} x & y & z \\ u & v & w \\ 0 & 0 & 1 \end{vmatrix} = (v, -u, 0) \qquad (2-8)$$

设在平面 ABC 上与走向线垂直的一个向量为 n_4，则：

$$n_4 = n_3 \times n_1 = \begin{vmatrix} x & y & z \\ v & -u & 0 \\ u & v & w \end{vmatrix} = (-uw, -vw, v^2 + u^2) \qquad (2-9)$$

已知平面 ABC 法向量 $n_1 = (u, v, w)$，则该法向量在 xy 水平面的投影向量 n_5：

$$n_5 = (u, v, 0) \qquad (2-10)$$

$$n_4 \cdot n_5 = -(u^2 + v^2)w \qquad (2-11)$$

当 $u = 0$，$v = 0$ 时，结构面与水平面平行；

当 u，v 不全为 0 时，

（a）若 $w = 0$，结构面与水平面垂直；

（b）若 $w > 0$，n_5 即为结构面倾向的方向向量；

设 x 轴的单位向量为 $n_6 = (1, 0, 0)$，则倾向

$$\beta = \beta' \qquad (2-12)$$

其中：$\beta' = \arccos \dfrac{\boldsymbol{n}_5 \cdot \boldsymbol{n}_6}{|\boldsymbol{n}_5| \cdot |\boldsymbol{n}_6|} = \arccos \dfrac{u}{\sqrt{u^2 + v^2}}$，当 $v > 0$ 时，$0 < \beta' < 180°$；当 $v < 0$ 时，$180° < \beta' < 360°$。

（c）若 $w < 0$，$-\boldsymbol{n}_5$ 即为结构面倾向的方向向量，则倾向 $\beta = \beta' \pm 180°$，$\beta \in [0°, 360°]$。

（C）走向计算

结构面倾向确定之后，利用结构面走向和倾向间的关系得出结构面的走向，即 $\gamma = \beta \pm 90°$。

（3）非接触式罗盘开发设想

与传统地质罗盘仪相对应，本书提出开发一种非接触式测量罗盘仪的设想。该设想将激光或红外测距仪与本书所提到的数学处理方法相结合，并通过计算机程序运行处理数据，从而开发一种非接触式电子罗盘仪，其工作流程如图 2-6 所示。

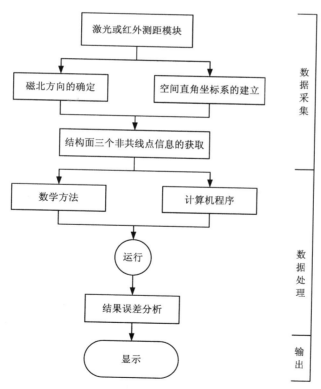

图 2-6　非接触式罗盘工作流程图

图 2 - 6 中激光或红外的测距模块用来采集结构面表面的三个非共线特征点的方位与距离信息,通过仪器识别的磁北方向与设定好的空间笛卡尔直角坐标系模拟出待测结构面的倾斜状态,同时将仪器所采集到的信息导入到预设程序中运行,得出运行结果并分析其误差,最终输出到显示屏中。

图 2 - 7 为非接触式电子罗盘工作假想图。

该设想是对传统测量方式的一种改进和创新,且设备费用相对低、测量精度高、操作简单。

图 2 - 7　非接触式电子罗盘假想图

2.3　精测网法

(1)精测网法简介

精测网法属于统计窗法的一种,是一种能够准确确定围岩表面结构面定位功能的结构面调查方法,与计算机技术相结合可以精确推演出围岩内部的结构面三维信息。精测网法要求统计结构面的迹长,测量数据更精确。目前,该方法多应用于水利工程,本书将该方法引入地下矿山领域。

迹长与测网的关系有三种:包容、相交和相切。包容是迹线两端可见;相交是迹线一端可见,另一端不可见,或者两端均不可见;相切是迹线两端刚好在边壁线上。对于测网所涉及的每条裂隙,测网内可见部分用细实线表示,测网外不可见部分用短虚线表示,以反映每条裂隙其两端相对于测网的出露状况(两端均不可见、一端可见、两端可见)。对测网所涉及的裂隙,观察并记录裂隙编号、产状、端点坐标、端点出露信息、迹长、起伏、粗糙程度、开度、充填特征、地下水特征等特征量值。

(2)迹线端点坐标的读取

迹线两个端点坐标的读取:以测网长方向为 x 轴,测网宽方向为 y 轴,原点为起始测量点建立坐标系。皮尺零点位于坐标系原点，平展铺于 x 轴方向，用来读取迹线端点的横坐标；钢尺零点同样位于坐标系原点，平展铺于 y 轴方向，用来读取迹线端点的纵坐标。

过结构面在测网平面内的投影线的两个端点分别作 x 轴和 y 轴的垂线。垂线与皮尺相交时的皮尺读数即是端点横坐标(x)，与钢尺相交时的钢尺读数即是端点的纵坐标(y)。图 2 – 8 为迹线端点坐标读取示意图。

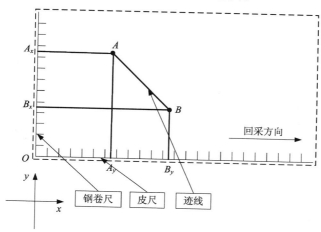

图 2 – 8　迹线端点坐标读取示意图

（3）精测网法结构面调查记录

精测网法布置完善后，接下来就是结构面大量数据的调查与测量。利用精测网法对巷道结构面进行测量并对调查数据进行记录，记录的内容包括结构面的产状、岩性、粗糙度和地下水等基本信息，具体调查记录信息见表 2 – 1。

表 2 – 1　精测网法调查结构面现场记录表

测网编号：　　　　　测网地点：　　　　巷道断面形状：　　　巷道走向：　　　　巷道高度：m
测网长度：m　　　　测网宽度：m

	序号	1	2	3	4	5	6	7	8	9	10
端点 A	x/cm										
	y/cm										
端点 B	x/cm										
	y/cm										

序号		1	2	3	4	5	6	7	8	9	10
结构面	贯穿与否										
	类型										
	岩性										
	力学性质										
	倾向/(°)										
	倾角/(°)										
	与测网关系										
	迹长/m										
	隙宽/mm										
	粗糙度										
	地下水状态										
	充填物硬度										
	备注(充填及其他)										

测量人员：   素描人员：   摄像人员：   记录人员：   审核人员：

其他人员：   测量日期：

精测网法结构面测量记录表的补充说明：

①结构面类型：1 断层，2 节理，3 脉岩充填裂隙，4 其他(具体名称)；

②结构面岩性：根据现场实际情况记录名称；

③结构面力学性质：1 压性，2 张性，3 扭性，4 压扭性，5 张扭性；

④结构面产状：包括结构面的走向、倾向、倾角和长度，按现场测量的数据记录；

⑤结构面粗糙度：1 平直光滑，2 光滑波状，3 较粗糙，4 粗糙，5 阶梯状；

⑥结构面充填物：1 泥质，2 绿泥岩，3 脉岩(具体名称)，4 铁质，5 其他(具体名称)；

⑦结构面充填物硬度：1 可捏，2 较弱但不可捏，3 较硬，4 硬；

⑧结构面地下水状态：1 干燥，2 潮湿，3 滴水，4 流水；

⑨结构面与测网的关系：1 包容，2 相切，3 相交；

⑩结构面是否贯穿凿岩巷道：1 是，2 否。

(4)顶板与侧帮精测网法布置

①顶板精测网法布置

顶板的在水平地面投影图如图 2 - 9 所示。

皮尺沿 x 轴正向平整拉紧固定在底板测量相对距离，钢卷尺用来测量 y 轴垂直距离。测量顶板矩形内与矩形相交的所有可以辨认出的结构面，测量的方向一律沿着回采方向进行，以区分左右边壁。

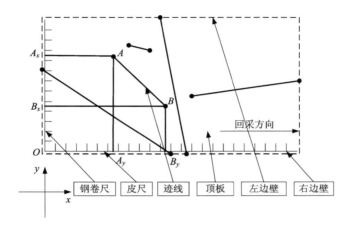

图 2 - 9　顶板精测网水平投影示意图

②侧帮精测网法布置

侧帮精测网布置示意图如图 2 - 10 所示。

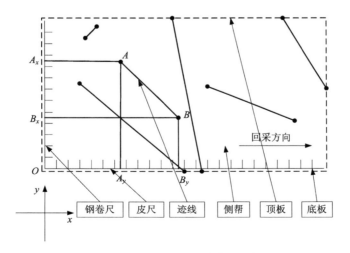

图 2 - 10　侧帮精测网布置示意图

由于重力作用钢卷尺会掉落，所以利用胶带等将钢卷尺固定在侧帮上。坐标系原点依然设在精测网起始端皮尺与钢卷尺的交点处，沿回采方向为 x 轴方向，垂直方向为 y 轴。

③顶板－侧帮联合精测网法布置

顶板－侧帮联合精测网法布置示意图如图 2 – 11 所示。

坐标原点位于左边壁与底板的交界处，皮尺沿 x 轴正向平整拉紧固定在底板测量相对距离，钢卷尺垂直于皮尺方向分别沿左边壁和底板设置测量迹线在不同精测网投影的长度。垂直方向为 z 轴，垂直 x 轴水平指向右边壁为 y 轴。

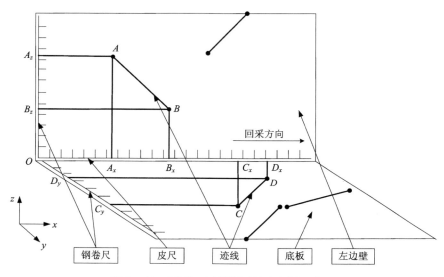

图 2 –11 顶板－侧帮精测网法布置示意图

2.4 钻孔电视成像系统测量方法

（1）钻孔电视成像系统简介

钻孔电视成像系统出现于 20 世纪 60 年代，到 70 年代开始大量使用，刚开始时通常采用的是侧壁观察方式，观察的角度受到了限制，并不能全面完整地观察孔内情况。为弥补观察不全面这一缺陷，观察范围从局部孔壁扩大到 360°孔壁。现在钻孔电视成像系统多采用前视全景技术，既观察了探头前方又观察了四周孔壁，达到了比较全面观察孔内情况的目的，对局部细节也提高了观察精度[16]。

钻孔电视成像系统由井下摄像探头、深度脉冲发生器、字符叠加器、录像机、监视器、绞车、传输电缆、绞架等组成[17]，钻孔电视系统简单组成图如图 2 – 12

所示,其中集成控制仪综合了深度脉冲发生器、叠加器、监视器和录像机等的功能,方便携带和管理。摄像探头内装有微型 CCD 摄像机和用于照明的光源,探头采用高压密封技术,具有防水功能。深度测量轮和深度脉冲发生器是该设备的定位装置,用于测量摄像探头所处的位置。

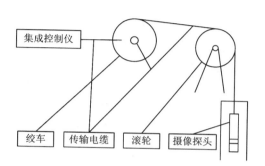

图 2 - 12　钻孔电视系统组成简单示意图

钻孔电视成像系统的集成控制仪如图 2 - 13 所示,提供钻孔摄像的电源和视频信息的录制及钻孔深度等信息的提示。钻孔电视成像系统的钻孔探头如图 2 - 14 所示,钻孔探头装有发光装置,可以清晰地对钻孔周壁进行录像拍摄。

图 2 - 13　集成控制仪图

图 2 - 14　钻孔探头图

（2）钻孔电视成像系统结构面测量原理

钻孔电视成像系统通过电缆将数字全景探头放入工程钻孔中来获取钻孔内岩壁的光学图像。全景探头自带光源，对孔壁进行实时照明和拍摄，孔壁图像经锥面反射镜变换后形成全景图像，其探测深度位置则由井口支架处的深度测量轮来定位和计算，全景图像与罗盘方位图像一并进入摄像设备，摄像设备将摄取的图像经专用电缆线传输至位于地面的视频分配器中，一路进入视频录像器，记录探测的全过程；另一路进入计算机内的进行数字化，位于绞车上的测量轮实时测量探头所处的位置，并通过接口板将深度值置于计算机内的专用端口中，由深度值控制捕获卡的捕获方式，在连续捕获方式下，全景图像被快速地还原成平面展开图，并实时地显示出来，用于现场记录和监测；在静止捕获方式下，全景图像被快速地存储起来，用于现场的快速分析和室内的统计分析，所有的光电信号都可以通过电缆传输到计算机或其他存储设备，并利用系统自制软件进行分析处理，以观测和分析钻孔中地质体的各种特征和细微变化，为工程提供直观和丰富的地质信息。图 2 - 15 表示了钻孔电视成像系统测量结构面的布局。

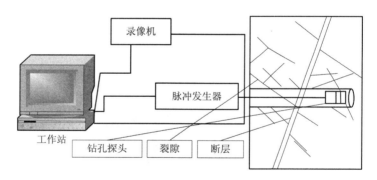

图 2 - 15　钻孔成像测量结构面示意图

一般认为结构面是一个空间平面，假定钻孔为理想圆柱体，则结构面与钻孔相交得到的空间曲线为圆或椭圆，如图 2 - 16 所示。根据通过摄像探头传回的图像来分析结构面的存在形式，达到测量结构面的目的，钻孔电视成像系统可以测量结构面的埋深、倾向、倾角、宽度、裂隙面的

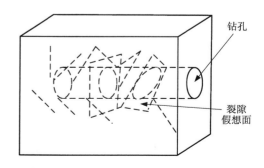

图 2 - 16　结构面与钻孔相交理想示意图

粗糙度、充填物等性质。

通过钻孔电视进行结构面信息的视频拍摄，将拍摄的图片进行处理，得到结构面的产状和赋存状态等信息，供施工和工程建设作参考。钻孔电视成像系统结构面测量结果图如图 2-17 所示。

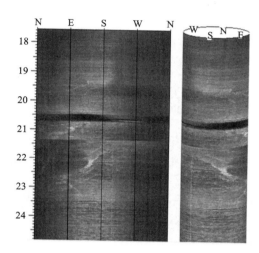

图 2-17　钻孔电视成像系统结构面测量结果示意图

参考文献

［1］刘佑荣，唐辉明. 岩体力学［M］. 武汉：中国地质大学出版社，1999.

［2］陈剑平，石丙飞，王清. 工程岩体随机结构面优势方向的表示法初探［J］. 岩石力学与工程学报，2005，24（2）：241 - 245.

［3］王渭明，李先炜. 裂隙岩体优势结构面产状反演［J］. 岩石力学与工程学报，2004，23（11）：1832 - 1835.

［4］杨长胜. 强磁区地质罗盘使用法［J］. 西北地质，1980，17（4）：43 - 47.

［5］万斌，赵全福，吴祥，等. 地质罗盘在测量断层产状上的误差分析［J］. 煤矿现代化，2004，13（6）：55 - 56.

［6］William C. Haneberg. Using close range terrestrial digital photogrammetry for 3D rock slopemodeling and discontinuitymapping in the United States［J］. Bull Engeol Environ，2008，67（4）：457 - 469.

［7］刘子侠. 基于数字近景摄影测量的岩体结构面信息快速采集的研究应用［D］. 长春：吉林大学，2009.

［8］Slob S，Hack H R G K，van Knapen B，Turner K. A method for automated discontinuity analysis of rock slopes with Three - Dimensional laser scanning ［J］. Journal of the Transportation Research Board，1913，18（10）：187 - 194.

［9］张文.基于三维激光扫描技术的岩体结构信息化处理方法及工程应用［D］.成都：成都理工大学，2011.

［10］Berger Z，Lee T H，Anderson D W. Geologic stereomapping of geologic structure with spot satellite data［J］. AAPG Bulletin，1992，7(6)：10 – 120.

［11］刘华国，冉勇康，李安，等. 基于 P5 像对与 GeoEye – 1 影像的近地表地层产状的提取［J］.地震地质，2011，33(4)：951 – 962.

［12］王彪，陈剑杰，管真，等. 应用 GPS 技术精确测量近水平地层产状［J］. 西部探矿工程，2012，24(2)：107 – 110.

［13］马庆勋. 一种数字地质罗盘仪及地质体产状的测量方法. 中国，201310074563.0［P］.2013 – 06 – 19.

［14］刘洪涛. 利用向量代数和空间解析几何原理确定岩层产状的方法［J］. 铁道勘察，2013，39(2)：31 – 33.

［15］赵娜. 激光测距技术［J］. 科技信息，2011，28(4)：119 – 120.

［16］葛修润，王川婴. 数字式全景钻孔摄像技术及数字钻孔［J］. 地下空间，2001，21(4)：254 – 261.

［17］王川婴，葛修润，白世伟. 前视全景钻孔电视及其应用［J］. 岩石力学与工程学报，2001，20(z1)：1687 – 1691.

第 3 章　结构面连通性基本原理与判别方法

岩体结构面从几何学属性和力学属性两方面影响岩体稳定性。结构面数据的准确获取对地质工程和地下工程具有重要指导意义[1]，但结构面测量误差和重复性导致结构面数据的复杂。如何准确快速排除重复性结构面，简化数据处理工作量，即结构面连通性问题，将严重影响着岩体工程建设的进度和对潜在危害的准确判断。

图 3－1 为结构面连通性问题示意图。

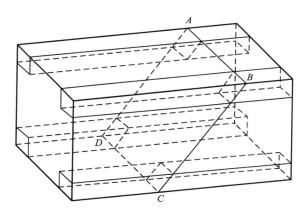

图 3－1　结构面连通性问题示意图

假设地下岩体中挖掘了四条巷道，岩体中存在一条延展性较强的结构面，且结构面与四条巷道均相交。先在巷道中进行结构面调查，由于巷道的局限性，在四条巷道的 A、B、C 和 D 四点处将得到四条结构面数据，但它们表达的是同一个结构面，即同一个结构面在不同的地点被重复测量了四次。

图 3－1 中 A、B、C 和 D 四点所确定的范围是该结构面保守范围，结构面延展性对该区域岩体起着控制作用，在工程中要给予足够重视。连通性问题的解决有助于寻找 Ⅰ、Ⅱ 和 Ⅲ 级等规模较大且对区域岩体稳定性有控制作用的结构面，从而指导维护区域岩体稳定性。

3.1 基于数字钻孔图像的结构面连通性判断方法

结构面连通性的问题一直是工程中亟待解决的问题,王川婴、钟声和孙卫春[1]提出了基于数字钻孔图像的结构面连通性判断方法,探讨了钻孔内结构面在探测区域的空间延展性及两两钻孔间结构面连通所应满足的条件,并从结构面深度位置、两侧岩性及充填情况等方面进行结构面相关性研究,进一步确定两两钻孔岩体结构面的对应连通关系。

图 3 – 2 为相邻两钻孔之间的连通结构面示意图。

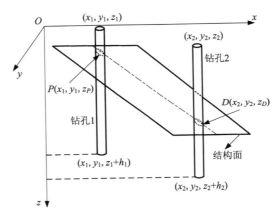

图 3 – 2　连通结构面初步筛选图

设竖直钻孔 1 和钻孔 2 口坐标分别为(x_1, y_1, z_1)和(x_2, y_2, z_2),孔深为h_1和h_2。钻孔 1 上任一点$P(x_1, y_1, z_P)$处有一结构面,若其延伸能交钻孔 2 于点$D(x_2, y_2, z_D)$,则需满足:

$$z_2 \leqslant z_D \leqslant z_2 + h_2 \tag{3-1}$$

相反,若钻孔 2 上任意一点$D(x_2, y_2, z_D)$处有一结构面,若其延伸能交钻孔 1 于点$P(x_1, y_1, z_P)$,则需满足:

$$z_1 \leqslant z_P \leqslant z_1 + h_1 \tag{3-2}$$

通过式(3 – 1)和式(3 – 2)可对两钻孔的结构面数据进行初步筛选。

图 3 – 3 为结构面深度位置相关性图。

假设点P和D处各有一条结构面。在实际探测工作中,由于数字钻孔摄像系统、钻探位置和角度等存在一定的误差,势必造成点P和D有一定的深度位置偏差值δ。点D到钻孔 1 有映射点P_i,其与点P偏差δ_i;点P到钻孔 2 有映射D_j,

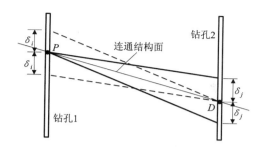

图 3 - 3　结构面深度位置相关性图

其与点 D 偏差 δ_j，则结构面深度位置关系可定义为：

$$\left.\begin{aligned} K &= \sqrt{\left(1 - \frac{|\delta_i|}{\delta}\right)\left(1 - \frac{|\delta_j|}{\delta}\right)}, \ (0 \leqslant |\delta_i|, \ |\delta_j| \leqslant \delta) \\ K &= 0, \ (|\delta_i| > \delta \ \text{或} \ |\delta_j| > \delta) \end{aligned}\right\} \qquad (3-3)$$

式中：K 大于 0 时称两结构面具有深度位置相关性，K 值越大相关性越好；K 等于 0 时说明两结构面没有相关性。

经过初步筛选，且深度位置具有相关性值较高，再比较两结构面的形态、两侧岩性和充填情况等，若也相似，则可判断两结构面为连通结构面。

郭强[2]等人对上述方法进行了扩展，找出了多个竖直平行钻孔间的连通性结构面。但该方法只限定于竖直钻孔应用领域，且人为直接比较结构面的形态、岩性和充填情况，其分析方法不够严谨。

3.2　结构面连通性基本原理

3.2.1　两结构面共面条件

实际上，调查得到的结构面数据依托于各种不同的工程实践，比如基于井巷工程的结构面数据，或是基于野外露头面及开挖面的结构面数据等大都不具有两竖直平行钻孔间这样简单的空间位置关系，特别是野外调查得到的结构面数据点具有空间任意性的特征，难以使用基于数字钻孔图像的结构面连通性判断方法进行所有类型结构面连通性的判断。结构面连通性的基本原理是解决判断基于各种工程的结构面数据所表达的结构面是否连通这一问题的关键。

结构面连通性原理所要求的结构面数据为：结构面上任一点的三维坐标、倾向倾角和该点处的一定量的结构面特征描述。

同一个结构面在不同地点调查得到两个数据，理论上具有的特征为：两数据所表达的无限平面重合，在地质特征上应是相同的，或者是相近的。根据以上思路，从空间上任意结构面共面条件和地质特征相似条件两方面，运用空间几何、向量和加权平均等数学方法阐明结构面连通性基本原理，给出结构面连通性判断条件，推导结构面相关度计算公式。

（1）理想共面条件

在空间几何上，平面是无限的，具有平行、重合与相交三种位置关系，结构面的共面问题类似于几何平面的重合问题。

假定结构面为无限大平面，则空间上两结构面的相对位置关系有三种：平行、重合与相交。通过研究两结构面所在的无限平面是否重合来判断两结构面是否共面。若无限平面重合，则两有限结构面共面，否则不共面。

图 3-4 为两个平面共面原理图。

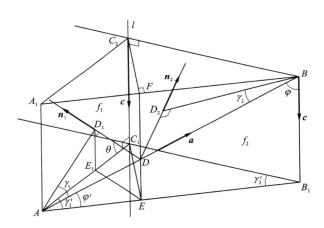

图 3-4 共面原理图

假设存在直线 l 为两结构面 f_1、f_2 的交线，A、B 分别为结构面 f_1、f_2 上的一个实测点。分别过 A、B 两点作线段 AC_1、BC_2 垂直直线 l 于点 C_1、C_2，分别作线段 A_1C_2、B_1C_1 平行且相等于线段 AC_1、BC_2，分别过点 C_1、C_2 作 C_1E、C_2F 垂直 AB_1 与 A_1B 于点 E、F，EF 交 AB 于点 D。D_1、D_2 分别为 D 在结构面 f_1、f_2 上的投影点。过点 D_1 作 D_1E_1 垂直 AC_1 于点 E_1。γ_1 和 γ_2 分别为结构面 f_1 与 f_2 和直线 AB 的线面夹角。γ_1' 和 γ_2' 分别为结构面 f_1 与 f_2 和直线 AB_1 的线面夹角，也分别是结构面 f_1 与 f_2 与平面 AB_1BA_1 的两面夹角，两结构面的夹角为 θ，γ_1'、γ_2' 和 θ 均可在平面 AB_1C_1 上作出。n_1 与 n_2 分别为结构面 f_1 与 f_2 的单位法向量，c 为平行于 l 的一个向量，$c = n_1 \times n_2$。$A(x_1, y_1, z_1)$，$B(x_2, y_2, z_2)$，设向量 AB 为 a。φ 为向量 a 与 c 的夹角，φ' 为其余角。各夹角均以度为单位。

$$\boldsymbol{a} = (x_2 - x_1, \ y_2 - y_1, \ z_2 - z_1) \tag{3-4}$$

对于向量 $\boldsymbol{n}_1$、$\boldsymbol{n}_2$，则有：

$$\boldsymbol{n}_1 = (\sin\alpha_1 \sin\beta_1, \ \sin\alpha_1 \cos\beta_1, \ \cos\alpha_1) \tag{3-5}$$

$$\boldsymbol{n}_2 = (\sin\alpha_2 \sin\beta_2, \ \sin\alpha_2 \cos\beta_2, \ \cos\alpha_2) \tag{3-6}$$

其中：α_1、α_2 分别为两结构面的倾角；β_1、β_2 分别为两结构面的倾向。

则有：

$$\theta = \cos^{-1} \left(\frac{|\boldsymbol{n}_1 \cdot \boldsymbol{n}_2|}{\sqrt{(\boldsymbol{n}_1)^2} \cdot \sqrt{(\boldsymbol{n}_2)^2}} \right) \tag{3-7}$$

$$\gamma_1 = 90° - \cos^{-1} \left(\frac{|\boldsymbol{n}_1 \cdot \boldsymbol{a}|}{\sqrt{(\boldsymbol{n}_1)^2} \cdot \sqrt{(\boldsymbol{a})^2}} \right) \tag{3-8}$$

$$\gamma_2 = 90° - \cos^{-1} \left(\frac{|\boldsymbol{n}_2 \cdot \boldsymbol{a}|}{\sqrt{(\boldsymbol{n}_2)^2} \cdot \sqrt{(\boldsymbol{a})^2}} \right) \tag{3-9}$$

不考虑结构面的复杂性及各种测量误差，则有如下结论：

①$\theta = 0$，则两结构面平行或重合。

当 $\gamma_1 = 0$，则 $AB \in f_1$；$\gamma_2 = 0$，则 $AB \in f_2$，γ_1、γ_2 有一个为 0 时，另一个必为 0。所以当 $\theta = 0$，$\gamma_1 = 0$ 或 $\gamma_2 = 0$，即两结构面夹角为 0，且 $AB \in f_1$，$AB \in f_2$，则两结构面重合；

当 $\gamma_1 \neq 0$ 或 $\gamma_2 \neq 0$，即两结构面夹角为 0，且 $AB \notin f_1$ 或 $AB \notin f_2$，直线 AB 与两结构面相交，则两结构面平行。

②当 $\theta \neq 0$，则两结构面相交。

所以，两结构面重合，即实际两有限结构面共面的理想判断条件为：$\theta = 0$ 且 $\gamma_1 = 0$（或 $\gamma_2 = 0$）。

（2）修正的共面条件

在实际工程中，由于测量误差、结构面形态复杂等原因，用上述判断条件来判断结构面是否共面，则会遗漏大量共面结构面，需要对理想的共面条件进行修正。两结构面共面，则必须满足两面夹角和线面夹角在一定的误差范围内。由式（3-7）可知，θ 的误差范围由倾向和倾角的测量误差与结构面形态的复杂程度决定；由式（3-8）和式（3-9）可知，γ_1 和 γ_2 的误差范围由倾向和倾角的测量误差、点 A 和点 B 的坐标测量误差与结构面形态的复杂程度决定。忽略两误差范围决定因素的差异，两面夹角与线面夹角取相同的误差范围。

修正后的共面条件为：

$0 \leqslant \theta \leqslant c$ 且 $0 \leqslant \gamma_1 \leqslant c$（或 $0 \leqslant \gamma_2 \leqslant c$）（$c$ 为一个很小的正实数，°）。

3.2.2 两结构面相似条件

由于通过假设结构面为无限大平面进行结构面的共面判断，而实际上结构面是有限性的,结构面共面并不一定就具有连通性,所以结构面共面只是结构面具有连通性的一个必要条件,还必须讨论结构面的相似条件。

当结构面延展性弱时,通过共面条件筛选出来的结构面,可能会出现满足共面条件,但确为不同结构面的情况,如图 3 - 5 所示。

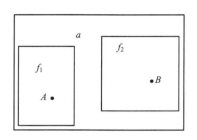

图 3 - 5　共面结构面相离

平面 a 为满足共面条件的结构面 f_1、f_2 所在无限大平面,A、B 两点分别为结构面 f_1、f_2 上的实测点,两结构面延展性弱,为互相分离的状态,需要区分此类情况。区分方法是比较两实测点处有关结构面各地质特征的相似程度,分析方法如表 3 - 1 所示。

表 3 - 1 中结构面特征共有岩性、结构面类型、力学性质、粗糙度、地下水状态、隙宽、充填等地质特征项,按照各个特征项调查的准确程度及其对结构面决定作用的大小,分别赋予相应的权重值。根据所调查结果,按各特征对结构面 f_1、f_2 进行比较,如果两个结构面在某一特征上相同,也表现为编号相同,则对应的相似度打分为 1,否则为 0,再用所得分值乘以其权重,即得到该特征的加权分值。对于隙宽这一特征,可用两结构面的隙宽值中小者与大者的比值乘以隙宽的权重,得到该特征的加权分值。最后将所有特征的加权分值相加得出相似度值 λ。值得注意的是:当充填特征取值为 1,即有充填时,充填物、充填物硬度两个特征才有效,它们平均分配充填特征的权重值,且不再对充填特征打分。可规定当 $\lambda \geqslant 0.6$ 时,两结构面相似。

结构面类型和力学性质对结构面相似具有否定作用,即当两特征中有任何一个不同时,结构面的相似度值直接取 0,此时将不再使用表 3 - 1 计算相似度值。但是当结构面类型与力学性质都相同时,还不能完全判断两结构面相似。所以当结构面类型与力学性质都相同时,仍使用表 3 - 1 进行相似度的计算,此时相似度值必大于 0.4。

此结构面相似度分析表中结构面特征的内容可根据工程实际灵活地增加或减少,也可以不使用此表,而让经验丰富的地质技术人员对结构面的相似度打分,以使相似度取值更为简单快速。

表 3 - 1　结构面相似程度分析表

序号	结构面特征	权重值	特征类型及赋值	结构面 f_1 取值	结构面 f_2 取值	相似度打分	相似度·权重值
1	结构面类型	0.2	断层 1 节理 2 脉岩充填裂隙 3				
2	力学性质	0.2	压性 1 张性 2 扭性 3 压扭性 4 张扭性 5				
3	岩性	0.1	硅质岩 1 硅化灰岩 2 硅质岩夹灰岩 3 灰岩 4				
4	粗糙度	0.1	平直光滑 1 光滑波状 2 较粗糙 3 粗糙 4 阶梯状 5				
5	地下水状态	0.1	干燥 1 潮湿 2 滴水 3 流水 4				
6	隙宽	0.1					
7	充填	0.2	有 1 无 2				
	充填物	0.1	方解石 1 黄铜矿 2 石英 3 泥质 4				
	充填物硬度	0.1	可捏 1 较硬 2 硬 3				
	小计	1	—	—	—	—	λ

3.3 结构面连通性判别方法

3.3.1 两结构面连通性判断条件

根据结构面连通性原理,两结构面具有连通性的判断条件为:
$0 \leqslant \theta \leqslant c$ 且 $0 \leqslant \gamma_1 \leqslant c$(或 $0 \leqslant \gamma_2 \leqslant c$)且 $\lambda \geqslant 0.6$(c 为一个很小的正实数,°)。

3.3.2 两结构面的相关性

经过连通性结构面判别条件的筛选之后仍然会存在较多的连通性结构面组。这些连通性结构面组中肯定会存在如下的情况:一组的 θ 和 γ_1 较小,而 γ_2 和 λ 较大;而另一组 θ 和 γ_1 较大,而 γ_2 和 λ 较小,两组中对应项的相差程度也是参差不齐。这就需要评判这些结构面组的连通性的好坏,以反映其对岩体稳定性影响程度的大小。对通过连通性判断条件筛选出的各组结构面进行相关度定义,来衡量各组结构面连通性的好坏。

在图 3 – 4 中,可知 $\sin\gamma_1 = \dfrac{DD_1}{AD}$,$\sin\gamma_1' = \dfrac{EE_1}{AE}$,$\sin\varphi = \cos\varphi' = \dfrac{AE}{AD}$,$DD_1 = EE_1$,所以,有:

$$\sin\gamma_1' = \frac{\sin\gamma_1}{\sin\varphi},\ \varphi \neq 0 \tag{3-10}$$

同理,有:

$$\sin\gamma_2' = \frac{\sin\gamma_2}{\sin\varphi},\ \varphi \neq 0 \tag{3-11}$$

在平面 AB_1C_1 上作面 f_1 和面 f_2 的投影图,得到 γ_1'、γ_2' 和 θ 关系图(见图 3 –6)。两结构面投影为直线,交线 l 投影为点。当两面夹角为 θ 时,l 投影点为以 AB_1 为弦,对应的圆心角为 2θ 的圆,这样的圆可以作出对称于 AB_1 的两个。C_1、C_1' 和 C_1'' 为三个不同情形时的 l 投影点。

当 l 投影点为 C_1 时,有 $\theta = \gamma_1' + \gamma_2'$。联合式(3 – 10)和式(3 – 11)得:

$$\theta = \sin^{-1}\left(\frac{\sin\gamma_1}{\sin\varphi}\right) + \sin^{-1}\left(\frac{\sin\gamma_2}{\sin\varphi}\right),\ \varphi \neq 0 \tag{3-12}$$

当 l 投影点为 C_1' 时,有:$\theta = |\gamma_1' - \gamma_2'|$。联合式(3 – 10)和式(3 – 11)得:

$$\theta = \left| \sin^{-1}\left(\frac{\sin\gamma_1}{\sin\varphi}\right) - \sin^{-1}\left(\frac{\sin\gamma_2}{\sin\varphi}\right) \right|,\ \varphi \neq 0 \tag{3-13}$$

当 l 投影点为 C_1'' 时,有:$\theta = 180° - \gamma_1' - \gamma_2'$。联合式(3 – 10)和式(3 – 11)得:

$$\theta = 180° - \sin^{-1}\left(\frac{\sin\gamma_1}{\sin\varphi}\right) - \sin^{-1}\left(\frac{\sin\gamma_2}{\sin\varphi}\right),\ \varphi \neq 0 \tag{3-14}$$

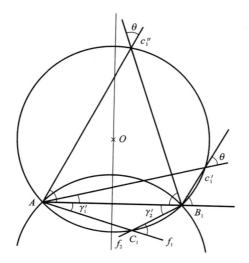

图 3 - 6　γ_1'、γ_2' 和 θ 关系图

相关度公式中的各个变量必须是相互独立的。在式（3 - 12）、式（3 - 13）和式（3 - 14）中共有四个变量，其中有三个是相对独立的，可以取 γ_1、γ_2 和 θ 作为相互独立的变量。

结构面相关度可用下述公式计算：

$$\delta = \sqrt{\left(1 - \frac{\gamma_1}{c}\right) \cdot \left(1 - \frac{\gamma_2}{c}\right) \cdot \left(1 - \frac{\theta}{c}\right) \cdot \lambda} \qquad (3 - 15)$$

式中：$0 \leqslant \gamma_1 \leqslant c$，$0 \leqslant \gamma_2 \leqslant c$，$0 \leqslant \theta \leqslant c$（$c$ 为一个很小的正实数，°），$0.6 \leqslant \lambda \leqslant 1$，$\delta$ 表示两结构面相关度，其他参数意义同前；δ 取值为 0 到 1，当 $\delta = 1$ 时，两结构面连通性最好；$\delta = 0$ 时，连通性最差。

参考文献

[1] 王旭，晏鄂川. 节理岩体结构面连通性研究及其应用[J]. 岩石力学与工程学报，2005，24（z1）：4905 - 4911.

[2] 王川婴，钟声，孙卫春. 基于数字钻孔图像的结构面连通性研究[J]. 岩石力学与工程学报，2009，28（12）：2405 - 2410.

[3] 郭强，葛修润，车爱兰. 基于钻孔摄影方法的岩体中结构面连通性分析[J]. 上海交通大学学报，2011，45（5）：733 - 737.

第4章 连通性结构面查询软件

结构面连通性的判断对于工程施工具有重大指导意义，是危险结构体识别的基础。由于岩体中结构面空间发育的不确定性和不均匀性，收集到的资料一般多为野外露头上或是矿山平硐内局部的资料，其范围受到局限。结构面数据往往复杂繁多，导致结构面数据处理起来十分繁琐，耗费时间长[1]。

基于计算机快速精确处理数据的能力，提出利用软件来代替人工对结构面数据的查询，不仅可以提高数据处理的准确度，而且可以大大缩短处理时间。

4.1 软件实现技术路线

4.1.1 CDSC 查询软件简介

连通性结构面查询软件(Connectivity Discontinuities Search Code，简称 CDSC)是以结构面连通性一般性原理开发，可以快速准确地查询出符合结构面共面和相似条件的结构面，可以协助完成大量数据搜索任务，可作为岩体工程稳定性分析、工程布置和失效分析的计算机辅助工具。

软件集成了多种功能，是一款比较完善的计算软件，可与 Microsoft Excel 工作表很好的交互使用，能直接导入查询结构面实测 Excel 数据文件，减少工作量，增加结果准确性。软件可输出结构面的详细实测数据，为借助第三方软件或运用其他理论进一步对结构面进行分析提供可能与条件。

软件设计简洁，只有"连通性结构面查询.exe"一个可执行文件，没有安装界面，只要把"连通性结构面查询.exe"复制进计算机适当位置便可开始工作。对软硬件环境要求很低：其中硬盘空间 256 K 以上，操作系统 Windows XP 以上版本，并安装 Microsoft Excel 2000 以上版本工作表，内存 64 M 以上，显卡 24 位以上，显示器 1024×768 以上。目前市面上的个人电脑基本上均能满足上述要求。

4.1.2 CDSC 软件编程技术支持

Visual Basic 源自于 BASIC 编程语言，是微软公司开发包含协助开发环境的事件驱动编程语言。Visual Basic 拥有图形用户界面(GUI)和快速应用软件开发(RAD)系统，可以轻易的使用 DAO、RDO、ADO 连接数据库，或者轻松的创建 ActiveX 控件[2]。软件员可以轻松的使用 VB 提供的组件快速建立一个应用软件。

图 4 - 1 为利用 Visual Basic 6.0 软件编程功能实现连通性结构面查询的技术路线图。

编程主要运用了 BASIC 语言的单行结构条件语言 If...Then...Else...语句，块结构条件语句 If...Then...End if 语句，For...Next 循环结构，以及多种选择结构软件和循环结构软件的相互嵌套来计算判断结构面是否符合两结构面共面条件和相似条件。

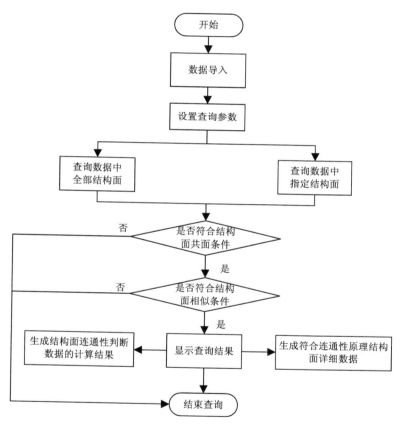

图 4 - 1　连通性结构面查询技术路线图

4.2　主要源代码

连通性结构面查询软件(CDSC)要实现数据的导入和输出、求出线与面夹角和面与面夹角以及参数设置等功能，利用 VB 语言根据实现功能不同进行代码编写。

（1）查询原始数据的导入

```
Set xlapp = CreateObject("Excel. Application")  '创建 EXCEL 对象
Set xlbook = xlapp. Workbooks. Open(File1. Path & "\" & File1. FileName)  '打开已经存在
的指定的工作簿文件
Set xlsheet = xlbook. Worksheets(1)
For p = 1 To j
  For i = 1 To 14
    a(p, i) = xlsheet. Cells(p, i)
  Next i
Next p
xlapp. Quit  '结束 EXCEL 对象
Set xlapp = Nothing  '释放 xlApp 对象
```

（2）查询参数的设置

```
λ = Val(Text4. Text)  '相似度 λ
c = Val(Text1. Text)  '工程误差 C
j = Val(Text5. Text)  '查询面总数
```

（3）计算结构面夹角

```
Function putdata(qx1, qj1, qx2, qj2) As Single
Dim q As Single
Dim sx1 As Single
Dim cx1 As Single
Dim sj1 As Single
Dim cj1 As Single
Dim sc2 As Single
Dim cx2 As Single
Dim sj2 As Single
Dim cj2 As Single
Dim x As Single
sx1 = Sin(qx1 / 180 * 3.1415926) : cx1 = Cos(qx1 / 180 * 3.1415926) : sj1 = Sin(qj1
/ 180 * 3.1415926) : cj1 = Cos(qj1 / 180 * 3.1415926)
 sx2 = Sin(qx2 / 180 * 3.1415926) : cx2 = Cos(qx2 / 180 * 3.1415926) : sj2 = Sin(qj2
/ 180 * 3.1415926) : cj2 = Cos(qj2 / 180 * 3.1415926)
 x = Abs(sj1 * sx1 * sj2 * sx2 + sj1 * cx1 * sj2 * cx2 + cj1 * cj2)/ Sqr(sj1 * sx1
```

```
* sj1 * sx1 + sj1 * cx1 * sj1 * cx1 + cj1 * cj1)/ Sqr(sj2 * sx2 * sj2 * sx2 + sj2 * cx2
* sj2 * cx2 + cj2 * cj2)
    If x = -1 Then
      q = 3.1415926
    ElseIf x < 1 And x > -1 Then
      q = Atn(-x / Sqr(-x * x + 1)) + 2 * Atn(1)'运用反余弦函数求得结构面夹角 θ
    ElseIf x = 1 Then
      q = 0
    Else
      q = 100  '不符合三角函数原理
    End If
    putdata = q * 180 / 3.1415926
    End Function
```

（4）计算结构面与直线的夹角 r_1

```
Function putd(qx1, qj1, x1, y1, z1, x2, y2, z2)As Single
Dim r1 As Single
Dim x As Single
Dim y As Single
Dim z As Single
Dim sx1 As Single
Dim cx1 As Single
Dim sj1 As Single
Dim cj1 As Single
Dim x0 As Single
x = x2 - x1: y = y2 - y1: z = z2 - z1
If x = 0 And y = 0 And z = 0 Then
r1 = 0              '这两结构面为同一结构面
Else
   sx1 = Sin(qx1 / 180 * 3.1415926): cx1 = Cos(qx1 / 180 * 3.1415926): sj1 = Sin(qj1
/ 180 * 3.1415926): cj1 = Cos(qj1 / 180 * 3.1415926)
   x0 = Abs(sj1 * sx1 * x + sj1 * cx1 * y + cj1 * z)/ Sqr(sj1 * sx1 * sj1 * sx1 + sj1
* cx1 * sj1 * cx1 + cj1 * cj1)/ Sqr(x * x + y * y + z * z)
   If x0 = -1 Then
     r1 = -3.1415926 / 2
   ElseIf x0 < 1 And x0 > -1 Then
     r1 = 3.1415926 / 2 - (Atn(-x0 / Sqr(-x0 * x0 + 1)) + 2 * Atn(1))  '运用反余
```

弦函数求得面与直线夹角 γ_1

```
    ElseIf x0 = 1 Then
      r1 = 3.1415926 / 2
    Else
      r1 = 100    '不符合三角函数原理
    End If
    End If
    putd = r1 * 180 / 3.1415926
    End Function
```

(5)计算结构面与直线的夹角 r_2

```
    Function putda(qx2, qj2, x1, y1, z1, x2, y2, z2) As Single
    Dim r2 As Single
    Dim x As Single
    Dim y As Single
    Dim z As Single
    Dim sx2 As Single
    Dim cx2 As Single
    Dim sj2 As Single
    Dim cj2 As Single
    Dim x0 As Single
    x = x2 - x1 : y = y2 - y1 : z = z2 - z1
    If x = 0 And y = 0 And z = 0 Then
    r2 = 0          '这两结构面为同一结构面
    Else
    sx2 = Sin(qx2 / 180 * 3.1415926) : cx2 = Cos(qx2 / 180 * 3.1415926) : sj2 = Sin(qj2
/ 180 * 3.1415926) : cj2 = Cos(qj2 / 180 * 3.1415926)
    x0 = Abs(sj2 * sx2 * x + sj2 * cx2 * y + cj2 * z)/ Sqr(sj2 * sx2 * sj2 * sx2 + sj2
* cx2 * sj2 * cx2 + cj2 * cj2)/ Sqr(x * x + y * y + z * z)
    If x0 = -1 Then
      r2 = -3.1415926 / 2
    ElseIf x0 < 1 And x0 > -1 Then
      r2 = 3.1415926 / 2 - (Atn(-x0 / Sqr(-x0 * x0 + 1)) + 2 * Atn(1))    '运用反余
弦函数求得面与直线夹角 γ2
    ElseIf x0 = 1 Then
      r2 = 3.1415926 / 2
    Else
```

```
    r2 = 100   '不符合三角函数原理
End If
End If
putda = r2 * 180 / 3.1415926
End Function
```

(6)计算相似度

```
Function putdat(jg1, lx1, yx1, cc1, dx1, ct1, cw1, cy1, jg2, lx2, yx2, cc2, dx2, ct2, cw2,
cy2) As Single
  Dim l As Single
    l = 0
  If jg1 = jg2 Then
    l = l + 0.2
  End If              '判断结构面类型
  If lx1 = lx2 Then
    l = l + 0.2
  End If              '判断力学性质
  If yx1 = yx2 Then
    l = l + 0.1
  End If              '判断岩性
  If cc1 = cc2 Then
    l = l + 0.1
  End If               '判断粗糙度
  If dx1 = dx2 Then
    l = l + 0.1
  End If               '判断地下水状态
  If ct1 = ct2 Then
    If cw1 = cw2 Then
      l = l + 0.1
    End If             '判断充填物
    If cy1 = cy2 Then
      l = l + 0.1
    End If             '判断充填物硬度
  End If               '判断充填
  putdat = l
End Function
```

（7）判断是否符合连通性结构面条件

```
q = putdata
If q < = c Then          '判断结构面夹角
  r1 = putd
  If r1 < = c Then       '判断结构面与直线的夹角 1
  r2 = putda
  If r2 < = c Then      '判断结构面与直线的夹角 2
    l = putdat
    If l > = Val( Text4. Text) Then   '判断相似度
      ……'输出符合结构面连通性判断条件的查询结果
    End If
  End If
  End If
End If
```

（8）查询结果和数据的输出
①查询结果的显示

```
MSFlexGrid1. TextMatrix( d, 0) = a( s, 1) & Space( 1) & a( n, 1)   '符合结构面连通性原理
的结构面组编号
MSFlexGrid1. TextMatrix( d, 1) = Format( q, "0. ### " )        '结构面夹角 θ
MSFlexGrid1. TextMatrix( d, 2) = Format( r1, "0. ### " )        '面与直线夹角 γ₁
MSFlexGrid1. TextMatrix( d, 3) = Format( r2, "0. ### " )        '面与直线夹角 γ₂
MSFlexGrid1. TextMatrix( d, 4) = Format( l, "0. ##" )   '符合结构面连通性原理的结构面
组的相似度 λ
MSFlexGrid1. TextMatrix( d, 5) = Format( Sqr(( 1 − r1 / c) ∗ ( 1 − r2 / c) ∗ ( 1 − q / c)
∗ l), "0. ### " )    '两结构面相关度 δ
```

②数据文件的生成

```
Set xlapp = CreateObject( "Excel. Application" )
Set xlbook = xlapp. Workbooks. Add
Set xlsheet = xlbook. Worksheets( 1)
For i = 1 To 14
    xlsheet. Cells( 1, i) = a( 1, i)
Next I          '符合结构面连通性原理的实测数据写入 Excel 文件中的第一工作薄中
```

```
'查询结果数据输出
  Set xlsheet = xlbook. Worksheets(2)
  For h = 1 To d + 1
    For l = 1 To 6
      xlsheet. Cells(h, l) = mSFlexGrid1. TextMatrix(h - 1, l - 1)
    Next l
  Next h              '查询结果数据写入 Excel 文件中的第二工作薄中
xlapp. Visible = True    'Excel 文件可见
Text2. Text = zs        '输出查询结构面中符合条件的结构面组总数
```

4.3　CDSC 软件操作界面

　　界面设计运用 Visual Basic 6.0 标签控件标明界面文本框控件，文本框控件输入查询参数并输出查询结果，命令按钮触发查询事件和数据查看功能。框架控件将界面分为查询结构面原数据、指定结构面连通性查询、查询参数输入和结构面连通性判断数据输出等区域。用文件系统控件(由驱动器列表框、目录列表框和文件列表框组合形成)来选定待查询结构面原数据文件。Microsoft Hierachical FlexGrid Control 6.0 数据控件输出结构面连通性判断计算数据。

　　连通性结构面查询软件界面，如图 4-2 所示，包含查询结构面原数据框架、查询参数框架、指定结构面连通性查询框架、结构面连通性判断数据框架及两个命令按键。查询结构面数据框架内控件用于选择需查询的原数据文件。查询参数框架内控件用来设置相似度 λ，工程误差 c 和查询总面数。指定连通性结构面查询框架内控件控制查询所设定结构面编号。结构面连通性判断数据框

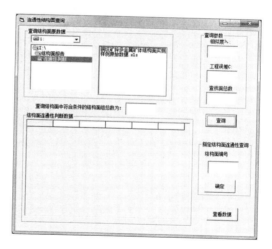

图 4-2　连通性结构面查询软件界面

架内 OLEDB 数据控件，输出符合共面和相似条件的计算数据 θ、γ_1、γ_2、λ 和相关度 δ。两个命令按钮分别用来触发查询结构面连通性和查看数据事件。

　　在运用软件查询结构面连通性时，首先要获得结构面原始数据，软件查询调

用数据有一定的格式。下面介绍一下原数据的排版格式。

　　原数据文件是一个 Microsoft Excel 文件，用 Microsoft 办公软件可以查阅、修改、保存，因此它是为用户提供的一个开放接口。用户可以自己创建并保存在计算机任意位置，在软件运行时自行选择。

　　需要注意的是，结构面实测数据包含很多的方面，这些数据需按照统一的格式进行记录，如表 4 – 1 的格式。

表 4 – 1　结构面原数据格式表

编号	结构面类型	力学性质	岩性	粗糙度	地下水状态	充填	充填物	充填物硬度	倾向	倾角	x	y	z

　　按表 3 – 1 对结构面数据进行赋值，然后保存为如图 4 – 3 的数据文档。

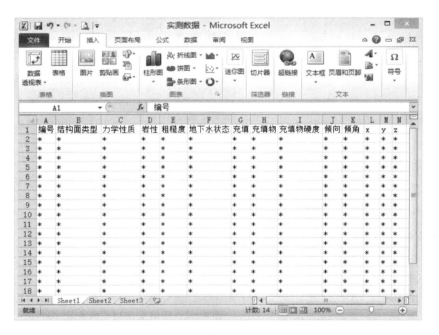

图 4 – 3　结构面实测数据

4.4　CDSC 软件运行操作

4.4.1　CDSC 软件操作流程

　　软件加载后,先选择待查询的结构面原数据文件,再设置查询参数(包括相似度 λ,工程误差 c 和查询结构面总数)。如执行指定结构面连通性查询,还需设置指定查询结构面编号,通过命令按钮就可触发相应事件。软件将进行结构面是否符合共面与相似条件的判断,分别对两结构面的 θ、γ_1、γ_2 和 λ 等数据进行计算,如其中某一值不符合共面与相似条件,则判定两结构面不具有连通性。如用户未选择查询数据文件或没有设置必需参数,软件将给出提示并结束,用户需根据提示完成数据选择和参数设置才能进行连通性结构面查询。这不仅提高了软件的稳定性,也保证了查询结果的准确性。软件通过判断后显示查询结果,同时生成结构面连通性判断数据 θ、γ_1、γ_2、λ 的计算结果和符合连通性原理的详细数据文件,结束查询。

　　图 4-4 为软件查询时未设置查询参数而发出的提醒。提醒为错误提示框,提示框提示未正常操作的错误信息,一目了然,可以更好和更快的完成操作,得出数据结果。操作界面的查看数据命令按钮可方便查看用户保存的数据文件。数据选择界面如图 4-5 所示。

(a)　　　　　(b)　　　　　(c)　　　　　(d)

图 4-4　错误提示框

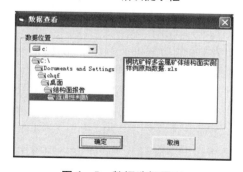

图 4-5　数据选择界面

4.4.2　CDSC 软件结果显示

查询结果显示通过软件中文本框控件和结构面连通性判断数据框架中 Microsoft Hierachical FlexGrid Control 6.0 数据控件输出,连通性结果面的实测数据和结果的保存通过生产的 Excel 数据文件实现。结构面连通性测量结果包括结构面夹角、面与直线夹角、相似度和结构面相关性,如图 4 - 6 所示。

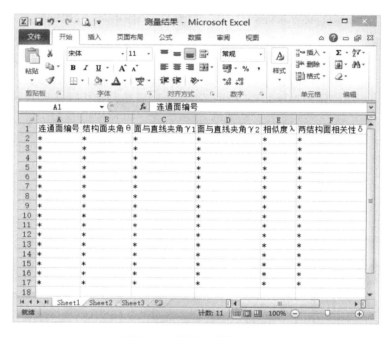

图 4 - 6　结构面测量结果图

4.4.3　CDSC 软件查询样例

以广西华锡集团股份有限公司铜坑矿锌多金属矿体 + 255 m 中段为例说明连通性结构面查询软件的运行。建立以 A_9 测线起点作为原点 $O(0,0,0)$,正北方向为 Y 轴正向,正东方向为 X 轴正向的相对坐标系,如图 4 - 7 所示。在此坐标系测量结构面数据,A_1、B_1、A_2、B_2 为图中四个实测点,将测量的结构面数据填入表格中,结果如表 4 - 2 所示。

根据表 4 - 2 中结构面数据将其导入 Excel 表格中得出图 4 - 8。

选择查询的数据文件后,设置查询参数相似度 $\lambda = 0.6$,工程误差 $c = 10°$,查询面总数为 4,如图 4 - 9 所示。

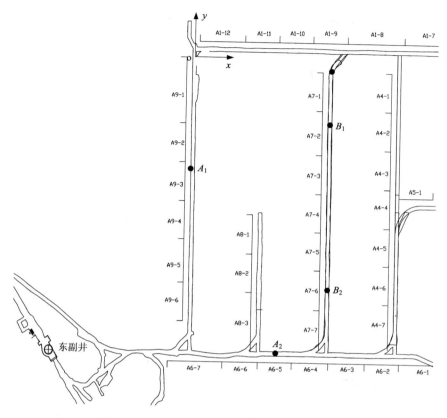

图 4 - 7　+255 m 中段结构面数据测量示意图

　　按查询按钮则可查询出具有连通性的结构面, 查询结果如图 4 - 10 所示。

　　由图 4 - 10 的查询结果可知, A_1 点和 B_1 点测得的结构面夹角 $\theta = 4.997$, 小于工程误差允许值 $c = 10°$, 符合两结构面共面条件；结构面间相似度 $\lambda = 0.9$, 大于设置的相似度 $\lambda = 0.6$, 符合两结构面相似条件, 因此, 这两组结构面为连通性结构面, 但因其相关性 $\delta = 0.046$ 较小, 说明两结构面间的连通性较差。A2 点和 B2 点测得的结构面夹角 $\theta = 1$, 结构面间相似度 $\lambda = 8$, 结构面相关性 $\delta = 0.667$, 这两组结构面的连通性较好。

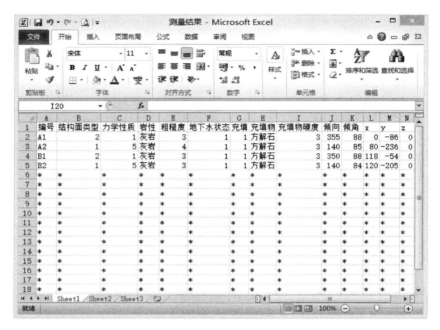

图 4 - 8　　+255 m 中段实测数据

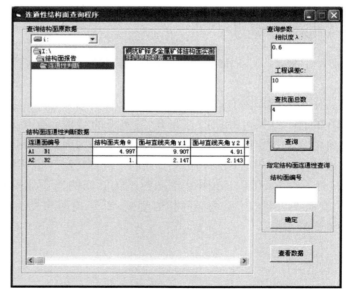

图 4 - 9　参数设置界面图

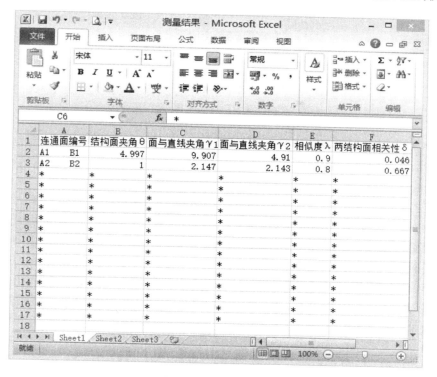

图 4-10　查询结果

表 4-2　结构面实测数据

编号	结构面类型	力学性质	岩性	粗糙度	地下水状态	充填	充填物	充填物硬度	倾向/(°)	倾角/(°)	x	y	z
A_1	2	1	灰岩	3	1	1	方解石	3	355	88	0	-85.5	0
A_2	1	5	灰岩	4	1	1	方解石	3	140	85	80.3	-235.7	0
B_1	2	1	灰岩	3	1	1	方解石	3	350	88	117.9	-54.1	0
B_2	1	5	灰岩	3	1	1	方解石	3	140	84	120.2	-204.7	0

参考文献

[1] 吴志勇. 岩体信息化处理及工程应用[D]. 成都：成都理工大学，2003.

[2] 李书琴. Visual Basic 6.0 程序设计教程(第 2 版)[M]. 西安：西北大学出版社，2004.

[3] 何成巨，郭薇. 浅谈软件编程中的代码规范问题[J]. 电脑知识与技术，2011，26(7)：6409 – 6419.

第5章 空场法开采岩体结构解构基础

5.1 空场法开采矿块单元组成及结构体嵌套模式

5.1.1 矿块单元组成

地下矿山工程往往将矿岩划分为一个个矿块单元进行回采。空场法开采时，矿块单元一般由矿柱和采场两部分构成。矿块单元内也可能存在众多诸如断层、软弱层面、节理、片理、软弱带等结构面[1, 2]。

矿块单元受各类结构面切割，形成形状各异的结构体。切割后的结构体可分为有限结构体和无限结构体。有限结构体即被结构面和临空面完全切割成孤立体的结构体，其又可次分为不可移动结构体和可移动结构体。无限结构体即未被结构面和临空面完全切割成孤立体的结构体，该类结构体虽被结构面和临空面相切割，但仍有部分与母岩相连[3-5]。赋存于矿块单元内的结构体对岩体工程的力学行为与采动响应规律具有较大影响，对矿块单元结构进行精细解构，有利于更好优化采矿工艺，为生产服务。

5.1.2 矿块单元结构体嵌套模式

矿块单元受众结构面交错切割，其内部结构较为复杂，形成的结构体在矿块单元中具有不同的嵌套模式。为精细解构矿块单元范围内的裂隙岩体结构，需分别对采场和矿柱结构体的嵌套模式进行分析。

（1）采场结构体嵌套模式

矿块单元在未进行回采前各个面均为固定面，结构体在采场中以埋藏结构体与出露结构体的形式存在。随着采准、切割、回采等工作的进行，结构体嵌套模式又会发生变化，采场中的埋藏结构体可能转变为出露结构体。

结构体在采场内的嵌套模式，如图5-1所示。图中除 B_1 为埋藏结构体外，其余结构体均为固定结构体。由块体理论可知，固定结构体实为无限结构体。当固定结构体受开挖、力学扰动等作用时，将可能被临空面切割或其自身固定面被破坏，进而转化为孤立的出露非固定结构体。

（2）矿柱结构体嵌套模式

采场范围的矿岩回采完毕，矿块单元中只剩下区域矿柱。区域矿柱内，结构

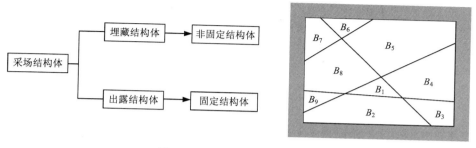

图 5－1　采场结构体嵌套模式

体的赋存形式可分为埋藏结构体和出露结构体两类，且埋藏结构体仅存在非固定结构体一种形式，出露结构体则存在固定与非固定两种形式。结构体在矿柱中的赋存位置较为复杂，有单独赋存于间柱或顶底柱的结构体，也有位于间柱与顶底柱连接处的结构体。

结构体在矿柱内的嵌套模式，如图 5－2 所示。图中除 B_9 为埋藏结构体外，其余均为出露结构体。在众多出露结构体中，B_1、B_2、B_4、B_5、B_{13}、B_{14} 为固定结构体；B_3、B_6、B_7、B_8、B_{10}、B_{11} 和 B_{12} 为非固定结构体。

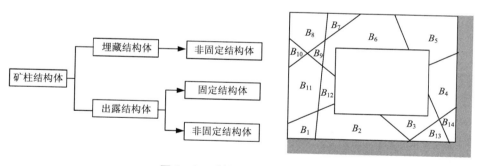

图 5－2　矿柱结构体嵌套模式

5.2　空场法开采矿块单元岩体结构解构内容

空场法开采裂隙矿岩时，矿块单元内部复杂的岩体结构直接影响采矿工艺与安全控制措施的选取。矿块单元岩体结构的精细解构是以准确解析其内部结构面为前提条件的，通过对岩体内结构面的大小、产状、位置等的解析，掌握结构面在矿块单元内的赋存与交错形态。由于岩体内部难以开展结构面调查，因此，一般在采场四周的开拓巷道结构内、矿柱的相关区域巷道内调查获取结构面基础数据。

矿山岩体工程中，不稳定结构体与可移动稳定结构体是主要关注对象，且存在潜在危险性。随着采矿活动的影响，部分原本不可移动的结构体可能发生移动而成为危险结构体。矿块单元岩体结构解构，先通过对矿块单元结构的初步解构，识别并显现出危险结构体；进而，基于采矿工艺过程，通过力学、几何学等手段分析结构体的可移动性、并计算其稳定性系数。

空场法开采矿块单元岩体结构解构主要包括以下四个方面：

(1)空场法开采巷道围岩危险块体的搜索与显现

利用 GeneralBlock 软件对巷道围岩结构进行解构，采用子系统映射全局的方法，以 DXF 兼容性格式文件的方式连通 GeneralBlock 软件和 3DMine 软件，对巷道围岩危险结构体进行全面搜索、计算并三维立体显示，为地下矿山安全管理、灾害预警与裂隙加固等提供基本依据。

(2)空场法开采采场结构体解构

运用 GeneralBlock 软件对采场结构体进行初步解构；根据结构面的空间展布特征，用矢量方法判断结构面的真实性，建立结构体真实性分级表；用定义包裹长方体的方法，结合 3DMine 软件的三维显现功能，刻画结构体的空间赋存位置；根据材料力学、岩石力学知识，建立固定结构体力学模型，计算出固定结构体的最小固定面面积。

(3)空场法开采采场结构体回采可移动性

根据结构体回采可移动性对采矿工艺的影响，对结构面进行分类，并分析矿块不同回采顺序对采场结构体移动性的影响。在结构体可移动性定理和稳定性原理的基础上，运用材料力学、岩石力学、集合等方法，分析矿块不同回采顺序下结构体的可移动性，计算结构体的稳定性系数。

(4)空场法开采矿柱结构体解构

利用 GeneralBlock 软件构建出矿柱模型与矿柱结构体模型，并进行矿柱结构体初步解构；运用数学公式计算出结构体的重心、固定面形心坐标和固定面面积，运用材料力学、断裂力学等知识计算固定结构体最小固定面面积；基于矿柱的工程特性，并结合解构出结构体各参数进行矿柱结构体可移动性分析；根据结构体的移动性进行稳定性计算。

5.3 空场法开采矿块单元岩体结构解构流程

结构体在采场与矿柱中的嵌套模式不尽相同，岩体矿块单元结构解构需分采场和矿柱两部分进行。

(1)采场结构体解构流程

采场结构体解构流程如图 5 - 3 所示。首先，利用 GeneralBlock 软件构建出基本采场矿块模型，并进行采场结构体初步解构；然后，利用 3DMine 软件对结构体的重心、固定面面积与形心进行精确解构，运用材料力学对固定结构体固定面面积进行计算；进而，根据解构出的结构体各参数，并结合回采工艺，进行结构体回采失稳机制的分析；最后，根据结构体回采失稳机制进行稳定性计算。

（2）矿柱结构体解构流程

矿柱结构体解构流程如图 5 - 4 所示。首先，利用 GeneralBlock 软件构建出矿柱模型与矿柱结构体模型，并进行矿柱结构体初步解构；然后，运用数学公式计算出结构体的重心、固定面形心坐标和固定面面积，运用材料力学、断裂力学等知识计算固定结构体最小固定面面积；进而，基于矿柱的工程特性，并结合解构出结构体各参数进行矿柱结构体可移动性分析；最后，根据结构体的移动性进行稳定性计算。

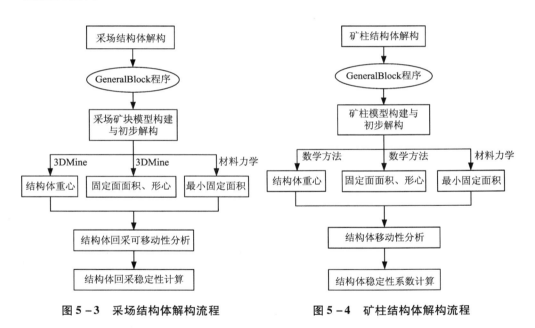

图 5 - 3 采场结构体解构流程   图 5 - 4 矿柱结构体解构流程

5.4 空场法开采应用工程背景

5.4.1 铜坑矿锌多金属矿体概况

广西壮族自治区矿产资源丰富，种类繁多，储量较大，是我国 10 个重点有色金属产区之一，被称为"有色金属之乡"。区内已经发现了锰、铝、锡、铟、铅、锌、锑等矿种145种，现已探明97种的矿藏储量。部分矿藏储量更是位于全国、甚至世界前列。

广西华锡集团股份有限公司拥有得天独厚的矿产资源，已探明和控制的锡、锌、锑、铅、铟、银等矿石量达11.6亿t，综合金属量超过450万t，其中：铟储量居世界第一位；锡储量占广西总量的70%多，约占全国总量的三分之一；锌储量占广西总量的60%以上，居全国第二位；锑名列全国前茅；同时富含铂、钌、钯、镓、锗、铊等可综合回收的稀贵、稀散金属元素；其矿山所在地丹池矿带的资源潜在价值达4000多亿元，发展前景十分广阔。

铜坑矿为华锡集团下属的主要矿山企业之一，位于广西河池市南丹县大厂镇境内，矿区西距大厂镇2 km，北距南丹县城30 km，东距河池市86 km，南距南宁市约310 km，矿区有公路通达，交通便捷。矿区交通位置如图5-5所示。

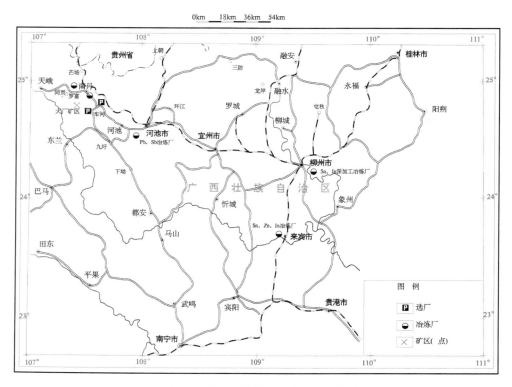

图5-5　广西南丹县大厂矿区交通位置

锌多金属矿体是铜坑矿重要接替资源，目前正处于开发过程中。锌多金属矿体所在矿区广泛出露中、上泥盆统地层，在矿区北部有少量中、下石炭统地层分布，且主要为一套碳酸盐岩—硅质岩—细粒碎屑岩建造。矿区内已发现多个工业矿体，由上至下主要有 78 号、82 号、28 - 2 号、94 号、95 号、96 号、97 号等七层矿体，总厚度 25.65 m，其中以 95 号和 96 号矿体规模最大，为该区主矿体，如图 5 - 6 所示。

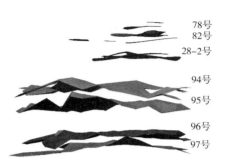

图 5 - 6　锌多金属矿体分布示意图

（1）78 号矿体

78 号矿体顶板为 $[D_3^3]$ 岩组灰黑色
- 黑色泥岩，泥灰岩夹灰岩、钙质细砂岩、页岩，底板为 $[D_3^2]$ 岩组大扁豆状灰岩。泥灰岩、碳质页岩、泥岩、扁豆状灰岩饱和抗压强度范围值分别为 37.3 ~ 97.7 MPa、10.9 ~ 135.6 MPa、23.3 ~ 121.7 MPa、28.9 ~ 75.5 MPa，平均值分别为 63.4 MPa、76.4 MPa、54.4 MPa、46.5 MPa，围岩岩石强度均较高。岩石质量中等—好，岩体结构主要为层状结构，岩体中等完整—较完整，稳固性较好。

（2）82 号矿体

82 号矿体直接围岩为 $[D_3^2]$ 岩组细条带状灰岩，顶板间接围岩为小扁豆状灰岩、底板间接围岩为宽条带状灰岩。扁豆状灰岩、条带状灰岩饱和抗压强度范围分别为 28.9 ~ 75.5 MPa、235.0 ~ 92.6 MPa，平均值分别为 46.5 MPa、55.9 MPa，围岩岩石强度均较高。岩石质量中等— 好，岩体结构主要为层状结构，岩体中等完整—较完整，稳固性较好。

（3）28 - 2 号矿体

28 - 2 号矿体直接围岩为 $[D_3^1]$ 硅质岩，顶板间接围岩为宽条带状灰岩、底板间接围岩为 $[D_2^2]$ 泥灰岩、泥岩。硅质岩、宽条带状灰岩、泥灰岩、泥岩饱和抗压强度范围分别为 20.0 ~ 90.4 MPa、235.0 ~ 92.6 MPa、34.3 ~ 167.2 MPa、35.5 ~ 140.8 MPa，平均值分别为 62.3 MPa、55.9 MPa、83.3 MPa、85.3 MPa，围岩岩石强度均较高。岩石质量中等 - 好，岩体结构主要为层状结构，岩体为中等完整至较完整，稳固性较好。

（4）94 号矿体

分布在巴力山—大树脚一带，赋存在中泥盆统罗富组 $[D_2^2]$ 上部泥灰岩、钙质泥岩和页岩中，位于 95 号矿体上部，与 95 号矿体近于平行产出，垂直相距 70 ~ 130 m，受本区上部矽卡岩化带控制，已控制长 3025 m，宽 42 ~ 1861 m，控制面积 2.21 km²，矿体不连续。矿体总体走向 NE，倾向 NW，倾角 8° ~ 25°。矿体产状变化较大，在 41 至 45 号线之间，自北往南，走向由 50° 逐渐转为 173°，倾角变陡为 42°，9 号线倾向开始拐向 NNE，倾角 14° ~ 18°。矿体沿走向和倾向均有膨胀收缩,分枝复合现象。锌铜矿段控制长 2595 m,宽 221 ~ 1861 m,平均厚度 3.55 m,平均品位 w 为 Zn 3.04%、Cu 0.13%、Ag 12.75 × 10^{-6}。其中矿权内控制锌铜矿体长 760 m,宽 958 ~ 1861 m,控制面积 0.89 km²,含矿系数 $K_p = 0.78$,平均厚度 3.70 m(最大 12.38 m),平均品位为(Zn)3.01%、(Cu)0.13%、(Ag)15.54 × 10^{-6};其厚度较稳定,厚度变化系数 $V_m = 94\%$,矿化均匀,品位变化系数 $V_{Zn} = 48\%$。

(5)95 号矿体

分布在巴力山 - 大树脚一带,产于中泥盆统罗富组[D_2^2]中部泥灰岩、钙质泥岩中,受中部矽卡岩化带控制,已控制长 3157 m,宽 173 ~ 1860 m,控制面积 2.56 km²,连续性较好,成矿后断裂影响不大。矿体走向 NE,倾向 NW,倾角 17° ~ 29°。矿体产状变化较大,南段(41 号线往南)走向由 50° 逐渐转为 353°,倾角变陡,由 21° 变为 41°。9 号线附近矿体扬起,矿体倾向拐向 NE,倾角 3° ~ 20°。锌铜矿段控制长 2737 m,宽 550 ~ 1860 m,平均厚度 4.89 m(最大 31.76 m),其厚度不稳定,厚度变化系数为 123%,平均品位 w 为 Zn 3.40%(最高 21.24%)、Cu 0.27%(最高 3.80%)、Ag 18.95 × 10^{-6}(最高 790.83 × 10^{-6}),矿化均匀,锌品位变化系数 76%。其中矿权内控制锌铜矿体长 778 m,宽 995 ~ 1860 m,控制面积 1.02 km²,含矿系数 $K_p = 0.93$,平均厚度 3.49 m(最大 20.54 m),平均品位 w 为 Zn 3.78%、Cu 0.19%、Ag 31.79 × 10^{-6};其厚度较稳定,厚度变化系数 $V_m = 85\%$,矿化均匀,品位变化系数 $V_{Zn} = 71\%$。

(6)96 号矿体

分布在巴力山 - 大树脚一带,位于 95 号矿体下部,与 95 号矿体近于平行产出,垂直相距 70 ~ 150 m,赋存在中泥盆统罗富组[D_2^2]下部泥灰岩、钙质泥岩中,受本区下部矽卡岩化带控制,已控制长 2575 m,宽 100 ~ 1747 m,控制面积 1.75 km²,矿体不连续,成矿后断裂影响不大。矿体走向 NE,倾向 NW,倾角 13° ~ 28°,9 号线以北矿体急剧膨大,以陡倾角往长坡矿床深部延伸,矿体北部倾向开始拐向 NE,倾角 15° 左右。锌铜矿段控制长 2235 m,宽 275 ~ 1742 m,平均厚度 5.50 m(最大 17.30 m),其厚度较稳定,厚度变化系数为 92%。平均品位 Zn 5.81%(最高 26.76%)、Cu 0.21%(最高 2.90%)、Ag 16.37 × 10^{-6}(最高 167.14 × 10^{-6}),矿化均匀,锌品位变化系数 74%。其中矿权内控制锌铜矿体长 685 m,宽 831 ~ 1747 m,控制面积 0.99 km²,含矿系数 $K_p = 1.00$,平均厚度 5.56 m(最大 14.96 m),平均品位 w 为 Zn 6.53%、Cu 0.18%、Ag 20.07 × 10^{-6}。矿体厚度较稳定,厚度变化系数 $V_m = 85\%$,矿化均匀,品位变化系数 $V_{Zn} = 70\%$。

(7)97 号矿体

97 号矿体直接围岩为[D_2^1]生物礁灰岩、泥岩,生物礁灰岩、泥岩饱和抗压强度范围值分别为 58.0 ~ 90.1 MPa、64.8 ~ 96.1 MPa,平均值分别为 72.3 MPa、

80.9 MPa，围岩岩石强度均较高。岩石质量为中等 – 好等级，岩体结构主要为层状结构，岩体中等完整 – 较完整，稳固性较好。

5.4.2　采矿方法

锌多金属矿体七层工业矿体中 95 号和 96 号规模较大，属于该区域的主矿体。由于围岩部分也有一定品位的矿石。经初步讨论，本书以分段凿岩阶段矿方法为例阐述。该法具有回采强度大，效率高，可靠性好，采矿成本低等优点；在回采单元中划分矿房、矿柱，先采矿房，后采矿柱；矿房回采时，将阶段划分为若干个分段，在每个分段平巷中用中深孔落矿；矿房采完后形成的敞空空场，与回采矿柱时同时进行处理。矿块沿矿体如图 5 – 7 所示。矿块长宽高尺寸为 60 m × 60 m × 50 m。矿块内留有 10 m 的顶柱和漏斗底部结构的 12 m 底柱，矿房（采场）与矿房之间留 12 m 的条形连续间柱。鉴于凿岩设备能力，采用后退式回采方式，按照图 5 – 7 所示的采场 1 至采场 18 进行顺序开采。

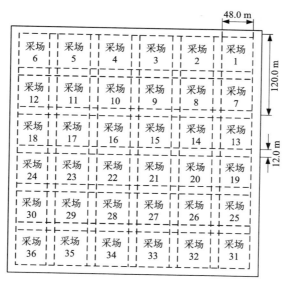

图 5 – 7　锌多金属矿体研究区域矿块布置示意图

5.5　空场法开采试验区结构面调查分析

（1）试验区选择

本章选择了广西华锡集团股份有限公司铜坑矿的 + 255 m 中段和 + 305 m 中段作为调查区域进行结构面数据调查，如图 5 – 8 所示。

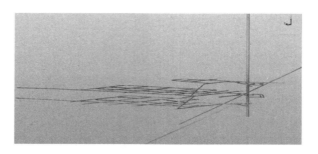

图 5 – 8   +305 m 中段和 +255 m 中段结构面调查试验区

（2）结构面调查方法

所选取的锌多金属矿试验区域已形成了较好的开拓系统，对结构面的调查可大范围进行，从经济和技术方面综合考虑，最终使用测线统计法进行结构面数据调查。

测线法调查结构面时，通过在岩石露头表面或开挖面布置一条测线，逐一测量与测线相交切的结构面的结合特征参数，以确定结构面的类型、大小、成因，描述结构面充填情况、张开度、起伏程度等。地下矿山工程巷道露头面具有一定的局限性，进行测线法测量时只能获取结构面半迹长或删节迹长。测线法在巷道内进行结构面调查时，测线布置如图 5 – 9 所示。

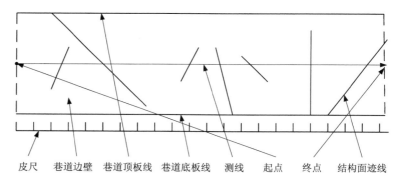

　皮尺　巷道边壁　巷道顶板线　巷道底板线　测线　起点　终点　结构面迹线

图 5 – 9   测线法示意图

为调查试验区内结构面的分布规律，根据现场的实际情况，对 +255 m 中段、+305 m 中段全面布置测线进行结构面调查，如图 5 – 10 和图 5 – 11 所示。总共布置 17 条测线，其中，+255 m 中段布置了 9 条测线，+305 m 中段布置了 8 条测线，测线布置如表 5 – 1 所示。

沿巷道边壁面距底板 1 m 高处布置测尺作为测线,测量时测尺必须水平拉紧。将基点设于开始调查点处,从基点开始沿测线方向按测线长度对各构造因素进行测量和统计,利用地质罗盘对结构面的产状进行测量和统计。

(3)统计结果分析

布置的 17 条测线总长度约为 3000 m,共有 106 个测窗。经调查,+255 m 中段共有 413 条结构面,+305 m 中段共有 343 条结构面。对各中段结构面调查数据进行整理、统计,并用 DIPS 软件进行分析。由统计分析结果可知:

+255 m 中段共有 12 组优势结构面组,结构面走向分布在 330°~90°。其中,NE30°~40°方向的结构面最多,约 40 条;其次为 NE50°~60°方向的结构面,约 30 条。结构面倾角大部分都分布在 40°~90°,其中,倾角为 80°~90°的结构面最多,共有 120 多条。

+305 m 中段共有 7 组优势结构面组,结构面走向分布在 340°~70°。其中,NE 20°~30°方向的结构面最多,约 40 条,其次为 NE 30°~40°方向的结构面,30 多条。结构面倾角大部分都分布在 40°~90°,其中,倾角为 70°~80°的结构面有 80 多条。

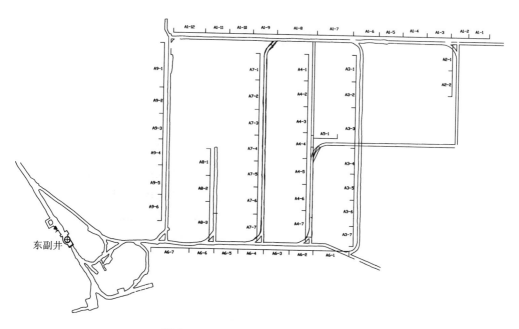

图 5 - 10　+255 m 中段测线布置图

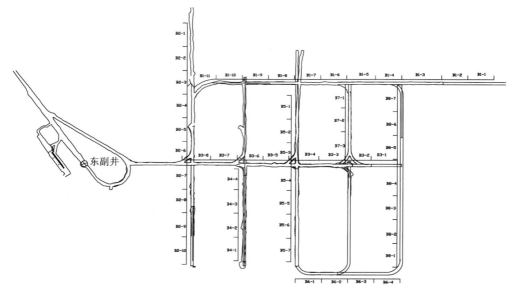

图 5 – 11　＋305 m 中段测线布置图

表 5 – 1　测线布置表

中段名称	测线编号	测线长度/m	岩性	测线地点描述
+255 m	A_1	393	D_2^2	东副井沿 95 号矿体矿体走向沿脉巷道
	A_2	60	D_2^2	回风井沿 95 号矿体矿体走向沿脉巷道
	A_3	220	D_2^2	沿矿体倾向远离东副井第 1 条巷道
	A_4	215	D_2^2	沿矿体倾向远离东副井第 2 条巷道
	A_5	30	D_2^2	沿矿体倾向远离东副井第 3 条巷道
	A_6	248	D_2^2	沿矿体倾向远离东副井第 4 条巷道
	A_7	215	D_2^2	沿矿体倾向远离东副井第 5 条巷道
	A_8	107	D_2^2	沿矿体倾向远离东副井第 6 条巷道
	A_9	205	D_2^2	沿矿体倾向远离东副井第 7 条巷道
+305 m	B_1	349	D_2^2	沿矿体走向北部巷道
	B_2	300	D_2^2	沿矿体走向南部巷道
	B_3	247	D_2^2	沿矿体倾向远离东副井第 1 条巷道
	B_4	116	D_2^2	沿矿体倾向远离东副井第 2 条巷道
	B_5	215	D_2^2	沿矿体倾向远离东副井第 3 条巷道
	B_6	120	D_2^2	沿矿体倾向远离东副井第 4 条巷道
	B_7	100	D_2^2	沿矿体倾向远离东副井第 5 条巷道
	B_8	230	D_2^2	沿矿体倾向远离东副井第 6 条巷道

5.6　空场法试验区连通性结构面搜索结果

为确定区域内连通性结构面对采矿工程的不良影响，利用本书第 4 章所研发的结构面连通性查询软件（CDSC 软件）对 +255 m 中段与 +305 m 中段的连通性结构面进行查询搜索。基于试验区 756 组结构面基础调查数据，搜索连通性结构面。设置查询参数为：相似度 $\lambda = 0.6$，工程误差 $c = 5°$，查询面总数 756。查询结果和数据文件，如图 5 - 12 所示。

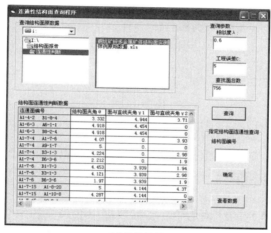

(a)结果显示

(b)实测数据

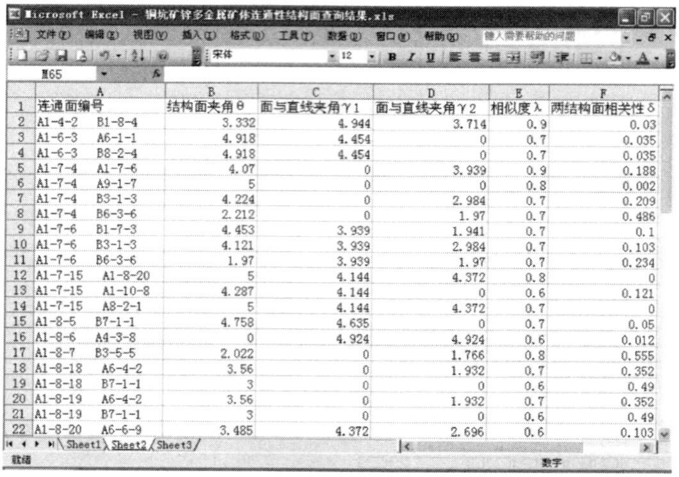

	A	B	C	D	E	F
1	连通面编号	结构面夹角θ	面与直线夹角γ1	面与直线夹角γ2	相似度λ	两结构面相关性δ
2	A1-4-2 B1-8-4	3.332	4.944	3.714	0.9	0.03
3	A1-6-3 A6-1-1	4.918	4.454	0	0.7	0.035
4	A1-6-3 B8-2-4	4.918	4.454	0	0.7	0.035
5	A1-7-4 A1-7-6	4.07	0	3.939	0.9	0.188
6	A1-7-4 A9-1-7	5	0	0	0.8	0.002
7	A1-7-4 B3-1-3	4.224	0	2.984	0.7	0.209
8	A1-7-4 B6-3-6	2.212	0	1.97	0.7	0.486
9	A1-7-6 B1-7-3	4.453	3.939	1.941	0.7	0.1
10	A1-7-6 B3-1-3	4.121	3.939	2.984	0.7	0.103
11	A1-7-6 B6-3-6	1.97	3.939	1.97	0.7	0.234
12	A1-7-15 A1-8-20	5	4.144	4.372	0.8	0
13	A1-7-15 A1-10-8	4.287	4.144	0	0.6	0.121
14	A1-7-15 A8-2-1	5	4.144	4.372	0.7	0
15	A1-8-5 B7-1-1	4.758	4.635	0	0.7	0.05
16	A1-8-6 A4-3-8	0	4.924	4.924	0.6	0.012
17	A1-8-7 B3-5-5	2.022	0	1.766	0.8	0.555
18	A1-8-18 A6-4-2	3.56	0	1.932	0.7	0.352
19	A1-8-18 B7-1-1	3	0	0	0.6	0.49
20	A1-8-19 A6-4-2	3.56	0	1.932	0.7	0.352
21	A1-8-19 B7-1-1	3	0	0	0.6	0.49
22	A1-8-20 A6-6-9	3.485	4.372	2.696	0.6	0.103

(c)结果保存

图 5-12　查询结果

查询结果表明：试验区域内，共有 21 条结构面由 2 个数据组实测得到、8 条结构面由 3 个数据组实测得到、2 条结构面由 4 个数据组实测得到、2 条结构面由 5 个数据组实测得到。

同一组具有连通性的结构面中，实测数据个数最多的两组分别为 Ⅰ（A1-9-2、A1-10-3、A3-5-2、A6-5-8、B3-5-3）、Ⅱ（A1-9-2、A3-5-2、A6-5-8、B3-1-2、B3-5-3）。此两组结构面均为链条状结构，且 Ⅰ 组中每两个实测数据之间的相关性 δ 加和为 5.372，Ⅱ 组中每两个实测数据之间的相关性 δ 加和为 3.419，因此，第 Ⅰ 组连通性结构面对矿山开采的影响最大。第 Ⅰ 组的实测结构面数据，如表 5-2 所示。

表 5-2　实测结构面数据

结构面编号	类型	力学性质	岩性	粗糙度	地下水状态	充填	充填物	充填物硬度	倾向/(°)	倾角/(°)	x	y	z
A1-9-2	节理	压性	硅化	平直光滑	干燥	有	方解石	硬	270	76	0	269.2	1
A1-10-3	节理	压性	灰岩	平直光滑	干燥	有	方解石	硬	270	74	0	308	1
A3-5-2	节理	压性	硅化	平直光滑	干燥	有	方解石	硬	267	76	0	156.4	1
A6-5-8	节理	压性	硅化	较粗糙	干燥	有	方解石	硬	270	76	0	168.5	1
B3-5-3	节理	压性	硅化灰岩	平直光滑	干燥	有	方解石	硬	270	78	0	128.8	1

5.7　空场法试验区结构面 3DMine 模型构建方法

5.7.1　巷道模型

基于矿山设计的 DWG 格式工程布置平面图,利用 3DMine 软件的三维建模构建功能,生成地下矿山巷道 3DMine 模型,如图 5 – 13 所示。

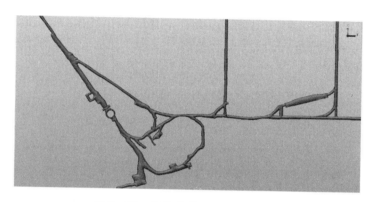

图 5 – 13　部分巷道 3DMine 模型图

5.7.2　结构面 3DMine 模型

3DMine 软件目前尚无结构面直接生成功能。在 3DMine 中,通过构建一个已知倾向、倾角和宽度的面与巷道模型相交,将该面与巷道模型所产生的交线作为巷道上的结构面。为实现结构面在 3DMine 模型中的立体显现,需要在 3DMine 软件中构建结构面。结构面 3DMine 模型构建需要结构面实测点的三维坐标及结构面的倾向、倾角、半径、张开度等。

结构面 3DMine 模型构建步骤如下:

①打开 3DMine 软件,将事先已构建好的 3DMine 巷道模型导入,将巷道实测点调整至坐标 (0, 0, H 标高) 处,将调整的巷道模型保存到相应的文件夹中,使用层浏览器隐藏巷道。

②选择工具栏的"创建点",单击鼠标右键输入点的参数,后按"确定"得到相应的点。

③选择工具栏的"创建三维多段线",采用捕捉功能捕捉点,以这点作为多段线始端,然后点击鼠标右键,输入多段线参数,得到一条跟倾向一致的线段。

④选择工具栏的"复制",选中多段线,单击鼠标右键,选择点作为参照点,

再单击鼠标右键输入复制线段参数,得到复制线段。

⑤选择工具栏的"开放线到开放线连三角网",输入相应面的号数,按确定,再选择两条线段,这时就生成一个相应的面。

⑥选择工具栏的"移动",选择所画的面做适当的移动,把原先面的两条线段删除。

⑦使用层浏览器调出巷道,选择"表面"属性中"两 DTM 之间交线",选中面与巷道外层,产生一条迹线。

⑧选择面,给面添加属性并保存。

在 3DMine 软件中重复以上操作,将所有迹线一并保存,将巷道模型由隐藏状态调整至原来的状态,即可将所有结构面按其在巷道中真实赋存形态显现至 3DMine 巷道模型中。

5.7.3 空场法试验区结构面 3DMine 模型构建过程

(1)以 A_1 巷道中的(0,1.3,1)点为例,进行结构面 3DMine 模型的构建操作

①先在 3DMine 软件中导入事先建立的 A_1 巷道模型,并将建立的巷道模型坐标进行转换,使其成为(0,0, $H_{标高}$),如图 5-14 所示。

(a)巷道模型导入　　　　　　　　　(b)坐标转换

图 5-14　巷道模型导入与坐标转换

②利用层浏览器隐藏巷道,并输入点(0,1.3,1)的坐标,如图 5-15 所示。由于在该图层中 $Z = H_{标高} + Z_{实测}$,且 $H_{标高} = +255$ m,所以 $Z = +256$ m。

③选择多段线按一定方位画线段,线段方位根据所测结构面的倾向确定。由于实测倾向是以东为 0°,而 3DMine 软件中是以北为 0°,所以线段方位 = 倾向 + 90°。距离根据巷道的宽度进行取值,如图 5-16 所示。

④选择复制线段,使用方位距离进行移动。方位距离根据巷道的高度选取,方位角为结构面倾向,倾角是两条线段形成的面与 xy 面形成的角度,即倾角为 180° - 实测倾角。具体操作如图 5-17 所示。

⑤选择开放线到开放线连三角网,并选择自动调整线方向避免三角网自相

（a）巷道模型导入

（b）坐标转换

图 5 - 15　巷道隐藏与坐标转换

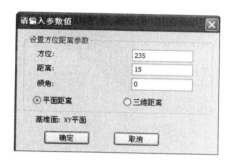

图 5 - 16　结构面倾向设置

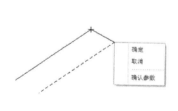

图 5 - 17　线段的复制与移动

交，如图 5 - 18 所示。

⑥适当移动所建立的面，并删除构成该面的两条线段，利用层浏览器把 A_1 巷道调出，使得巷道与所建立的面相交，如图 5 - 19 所示。

⑦选择表面中的两 DTM 之间的交线，并在右图中产生一条轨迹线，该轨迹线即为结构面在巷道中出露的迹线，如图 5 - 20 所示。

图 5 – 18　三角网的连接

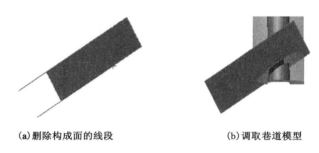

(a)删除构成面的线段　　　　　　(b)调取巷道模型

图 5 – 19　结构面与巷道相交

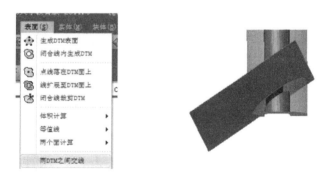

图 5 – 20　结构面与巷道交线绘制

⑧选择所创建的面，单击鼠标右键对该面的三角网属性进行编辑，使其符合对应结构面的产状及其他相关参数，如图 5 – 21 所示。

（2）A_1 巷道模型结构面显现

基于结构面调查数据，按照结构面 3DMine 模型构建步骤，重复前述操作，并将构建的结构面模型文件保存至相应文件夹下。将巷道调整回原来的坐标，并进行保存，即可显现出整个 A_1 巷道及其内赋存的各类结构面，如图 5 – 22 所示。

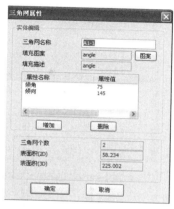

图 5 – 21　结构面三角网属性编辑

图 5 – 22　A_1 巷道内赋存的结构面

（3）整个中段巷道模型的结构面显现

将添加过结构面的各巷道模型利用 3DMine 软件的拼接功能，按照巷道在中段内的实际分布情况进行拼接，显现出整个中段的巷道结构面 3DMine 模型。

图 5 – 23、图 5 – 24 为锌多金属矿体 + 255 m 中段与 + 305 m 中段的巷道模型结构面显现结果图。

图 5 – 23　　+ 255 m 中段巷道模型结构面显现结果

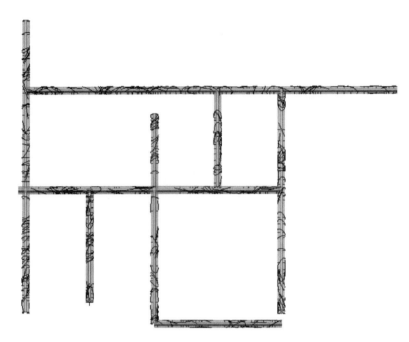

图 5 – 24   + 305 m 中段巷道模型结构面显现结果

参考文献

[1] 孙广忠. 论"岩体结构控制论"[J]. 工程地质学报, 1993, 1(1): 14 – 18.

[2] 石根华. 岩体稳定分析的几何方法[J]. 中国科学, 1981, (4): 487 – 495.

[3] 于青春, 陈德基, 薛果夫, 等. 裂隙岩体一般块体理论初步[J]. 水文地质工程地质, 2005, (6): 42 – 47.

[4] 张莉丽, 于青春. 一般块体方法理论解验证[J]. 水文地质工程地质, 2010, 37(6): 55 – 60.

[5] 于青春, 薛果夫, 陈德基. 裂隙岩体一般块体理论[M]. 北京: 中国水利水电出版社, 2007.

第6章　空场法开采巷道围岩危险块体的搜索与显现

　　我国矿山70%为地下开采，其工程稳定性直接影响着矿山的安全生产与工人的生命健康。就地下矿山巷道工程来说，围岩结构解构的目的主要是为了找出赋存的危险结构体。因此危险结构体的解算、搜索与显现构成了地下矿山安全管理的重要内容。但是由于矿山巷道工程系统的复杂性及受限于软件工具的发展，"危险结构体在搜索与显现"问题一直没有得到很好的解决[1-5]。

6.1　巷道围岩危险结构体搜索与显现思路

6.1.1　相关系统工程概念与思路

　　（1）系统工程

　　系统工程是一门从整体出发，合理开发、设计、实施和运用系统的工程技术。系统工程是在一般系统论、控制论、信息论、运筹学和现代管理科学等学科的基础上，并由这些学科相互交叉、相互渗透而发展起来的一门新兴学科，是跨越多个学科领域的方法性和综合性的技术科学。它根据系统总体协调的需要，综合应用自然科学和社会科学的思想、理论和方法，利用电子计算机作为工具，对系统的结构、要素、信息和反馈等进行分析，以达到最优规划、最优设计、最优管理和最优控制的目的，以便最充分地发掘人力、物力、财力的潜力，并通过各种组织管理技术，使局部和整体之间的关系协调配合，以实现系统的综合最优化[6]。

　　（2）映射

　　映射为两个元素的集之间元素相互"对应"的关系。设 A 与 B 是两个集合，如果对于 A 中的每一个元素 a，在某个对应规则 T 的作用下，总有 B 中的一个，且只有一个 b 和这个 a 对应，就称 T 是 A 到 B 中的映射，并称 b 是 a 在映射 T 作用下的映像或像，而称 a 是 b 的一个原像。如果 A 的不同元素有不同的像，并且 B 中每一个元素都有原像，则称此映射为 A 到 B 上的一一映射。

　　（3）子系统

　　子系统是一种模型元素，是全系统的子集合，且与全系统在集合学上具有唯一映射关系。

（4）子系统映射全局

子系统映射全局即根据子系统（局部区域）与全系统（整体区域）的唯一映射关系，通过对全系统所包含的所有子系统中元素的表征，将全系统内的所有元素表征出来的方法。

6.1.2　依托软件

GeneralBlock 是一款能够在有限延展结构面和复杂开挖面形状条件下识别出所有结构体的软件，它可以识别出空间内任意复杂的结构体。本章利用 GeneralBlock 软件在结构体识别与解算方面的优势，搜索裂隙岩体巷道围岩危险结构体，并将搜索结果与其他辅助软件对接，最终显现出危险结构体真实的空间形态。

3DMine 在建立复杂矿山工程模型及系统显现方面具有独特优势，该软件并不具备危险结构体的计算分析与搜索功能。但 3DMine 软件具有十分开放的数据兼容性，支持 AutoCAD 的文件格式，而 DXF 格式为 AutoCAD 的文件格式的一种，还可以直接兼容 DataMine、Surpac、MicroMine 等多款国外三维软件的文件格式，并能实现各种文件格式间的相互转换。本章利用 3DMine 开放的数据兼容性，将其与 GeneralBlock 软件联系对接，进行危险结构体的显现。

GeneralBlock 软件与 3DMine 软件对 DXF 文件的兼容性是实现其对接的先决条件，基于子系统映射全局的思路，以 DXF 兼容性格式文件的方式，连通 GeneralBlock 和 3DMine 两款工程软件的应用，充分融合和发挥两款软件的优势，形成一套地下矿山危险结构体的解算与系统显现综合集成技术，从而促进我国地下矿山的安全管理与灾害预防。

6.1.3　实现流程

GeneralBlock 软件在对危险结构体进行解算与分析方面具有优势，可以输出 DXF 格式文件，有效处理局部区域（子系统）危险结构体。3DMine 软件可以支持 DXF 文件，同时具备三维系统显现的强大功能，在处理全局（全系统）预警显示上具有优势，且子系统与全系统在集合学上具有唯一映射关系。

地下矿山巷道围岩危险结构体解算与显现的实现，首先，需基于结构面基础调查数据，利用 GeneralBlock 软件对结构面数据进行处理。然后，利用 GeneralBlock 软件计算显示迹线，为岩体质量的评价提供基础；解算出危险结构体，分析危险结构体的块体信息，并生成 Excel 表格。其次，根据危险结构体的解算结果，搜索并逐一输出危险结构体的 DXF 文件。接着，根据矿山图纸资料，构建矿山 3DMine 模型，将表征危险结构体的 DXF 文件导入 3DMine 模型中，显现出危险结构体；根据存储有危险结构体信息的 Excel 文件，在 3DMine 模型中定位查询危险结构体。最后,根据危险结构体的显现结果和结构面对岩体质量的影响,指导裂隙岩体加固、灾害预防与安全管理。

危险结构体的解算与系统显现综合集成技术的实现流程图,如图 6 - 1 所示。

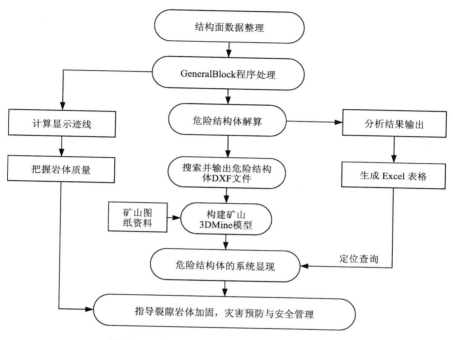

图 6 - 1　危险结构体解算与显现实现流程图

6.2　巷道围岩危险结构体的解算与自动搜索

6.2.1　结构面数据处理与导入

采用测线法进行结构面数据调查时,沿巷道走向在巷道边壁 1 m 处布置测线,每一条测线即为一条直线巷道。对现场调查的结构面数据进行整理,使其符合 GeneralBlock 软件的要求格式。图 6 - 2 为测线实测结构面数据的输入样式,其列字段的含义分别是:X,Y 和 Z 是结构面实测点的三维坐标;Dip - dire. 和 Dip 为倾向和倾角;Radius 为半径;Aperture 为张开宽度;Cohe 为黏聚系数;Fric. angle 为内摩擦角。

通过 Deterministic fracture 命令,逐测线将结构面数据输入到 GeneralBlock 软件中。也可新建 TXT 文件,按结构面数据输入样式将数据存放进去,并按 GeneralBlock 软件要求的格式、文件名存放至新建工程的根目录下,实现结构面数据的导入。

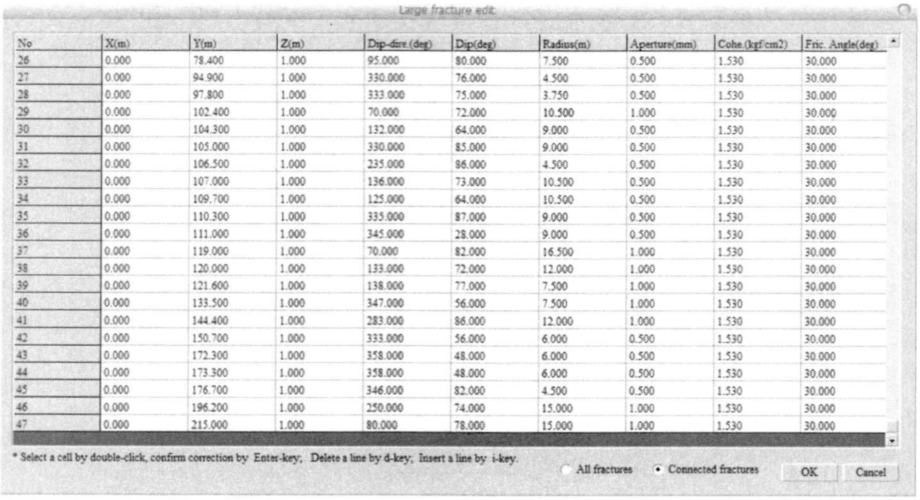

No	X(m)	Y(m)	Z(m)	Dip-dire.(deg)	Dip(deg)	Radius(m)	Aperture(mm)	Cohe.(kgf/cm2)	Fric. Angle(deg)
26	0.000	78.400	1.000	95.000	80.000	7.500	0.500	1.530	30.000
27	0.000	94.900	1.000	330.000	76.000	4.500	0.500	1.530	30.000
28	0.000	97.800	1.000	333.000	75.000	3.750	0.500	1.530	30.000
29	0.000	102.400	1.000	70.000	72.000	10.500	1.000	1.530	30.000
30	0.000	104.300	1.000	132.000	64.000	9.000	0.500	1.530	30.000
31	0.000	105.000	1.000	330.000	85.000	9.000	0.500	1.530	30.000
32	0.000	106.500	1.000	235.000	86.000	4.500	0.500	1.530	30.000
33	0.000	107.000	1.000	136.000	73.000	10.500	0.500	1.530	30.000
34	0.000	109.700	1.000	125.000	64.000	10.500	0.500	1.530	30.000
35	0.000	110.300	1.000	335.000	87.000	9.000	0.500	1.530	30.000
36	0.000	111.000	1.000	345.000	28.000	9.000	0.500	1.530	30.000
37	0.000	119.000	1.000	70.000	82.000	16.500	1.000	1.530	30.000
38	0.000	120.000	1.000	133.000	72.000	12.000	1.000	1.530	30.000
39	0.000	121.600	1.000	138.000	77.000	7.500	1.000	1.530	30.000
40	0.000	133.500	1.000	347.000	56.000	7.500	1.000	1.530	30.000
41	0.000	144.400	1.000	283.000	86.000	12.000	1.000	1.530	30.000
42	0.000	150.700	1.000	333.000	56.000	6.000	0.500	1.530	30.000
43	0.000	172.300	1.000	358.000	48.000	6.000	0.500	1.530	30.000
44	0.000	173.300	1.000	358.000	48.000	6.000	0.500	1.530	30.000
45	0.000	176.700	1.000	346.000	82.000	4.500	0.500	1.530	30.000
46	0.000	196.200	1.000	250.000	74.000	15.000	1.000	1.530	30.000
47	0.000	215.000	1.000	80.000	78.000	15.000	1.000	1.530	30.000

图 6－2　结构面数据输入样式

6.2.2　危险结构体解算与自动搜索

危险结构体的解算与自动搜索是通过 GeneralBlock 软件的结构体识别与解算功能来实现，GeneralBlock 软件先对巷道内的结构体进行解算，再搜索并输出存储有危险结构体信息的 DXF 文件。首先，利用 Excavation 命令构建巷道围岩的 GeneralBlock 模型，并将处理后的结构面数据输入模型内；然后，利用 Fracture trace 命令计算并显示结构面迹线，通过结构面迹线的长短、密度和走向等可反应出岩体工程质量；进而，利用 Identification calculation 命令进行结构体识别与稳定性计算；最后，通过 Display block 命令使 GeneralBlock 软件根据结构体的识别与稳定性计算结果，解算出危险结构体并进行自动搜索与结果显示。

按照上述操作流程，逐个测线进行结构体的分析与计算，完成所有测线的危险结构体解算与自动搜索的工作。

6.3　危险结构体分析结果统计方法

GeneralBlock 软件中，解算出的结构体种类有：固定结构体、掉落结构体、可移动结构体、不可移动结构体等，且输入软件中的结构面信息可以追踪至其所参与构成的结构体。

利用 Excel 软件对 GeneralBlock 软件解算与搜索出的各测线的危险结构体结果进行统计，统计内容主要包括：测线号、结构体种类、结构体组成结构面（指切割结构体的结构面)、结构体体积(m^3)、结构体稳定性系数、滑动裂隙面、滑动力(t)、摩擦力(t)和黏滞力(t)等。利用 Excel 软件将结构体分析结果整理,形成 Excel 表格,以便矿山技术人员查询定位危险结构体。

6.4 危险结构体系统显现途径

危险结构体的系统显现主要通过 3DMine 软件实现,根据 GeneralBlock 软件输出的包含危险结构体信息的 DXF 文件,在 3DMine 软件中调用、处理,并通过其特有功能对危险结构体进行三维显现。

3DMine 软件中的处理过程包括以下几个方面:编辑矿山 DWG 格式平面图,生成地下矿山系统模型;编辑 DXF 格式的结构体,使其成为通过验证的实体;将通过验证的结构体与地下矿山系统模型按照正确的空间位置相结合,形成地下矿山危险结构体系统模型。

(1)根据巷道开拓平面图、巷道断面图等设计图纸资料,构建矿体主要开拓巷道工程系统 3DMine 模型。

(2)由 GeneralBlock 软件输出的每一个 DXF 格式文件都包含对应的一个结构体与巷道,有多个危险结构体的测线,则要输出多个 DXF 文件。将 DXF 文件调入 3DMine 软件,析出 DXF 文件中的结构体,利用实体编辑功能对结构体进行编辑,使其成为通过验证的实体,并保留一个巷道用于下一步的结构体精确定位工作,分别将危险结构体和巷道保存为 3dm 格式文件。

(3)将每条测线的危险结构体与巷道实体文件调入到开拓巷道工程系统 3DMine 模型中,利用三维旋转平移等功能将危险结构体与 3DMine 模型按照正确的空间位置相结合,形成地下矿山巷道围岩危险结构体系统模型。

6.5 锌多金属矿体主要巷道工程危险结构体解算与显现

铜坑矿锌多金属矿体 +255 m 与 +305 m 中段是目前较为主要的生产水平,为保证两生产水平的安全生产,排除危险结构体的威胁,开展了锌多金属矿体开拓巷道工程危险结构体搜索及系统显现的研究工作。

(1)危险结构体的自动搜索

采用测线法对 +255 m 与 +305 m 两个中段的结构面数据进行调查条,并对现场调查的结构面数据进行整理,使其符合 GeneralBlock 要求的格式。将结构面数据逐测线输入到 GeneralBlock 软件中进行块体的分析计算,完成所有测线的块体分析计算工作。图 6 - 3 为 A4 测线实测裂隙数据生成的一般块体模型。

(2)块体分析结果统计

运行 General Block 软件,使其输出结构体的分析结果,并运用 Excel 软件处

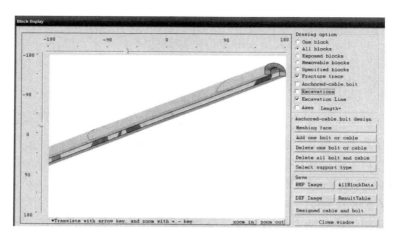

图 6 - 3　A4 测线一般块体模型

理，+ 205 m 和 + 305 m 水平主要巷道危险结构体分析结果汇总见表 6 - 1。

表 6 - 1　危险结构体分析结果汇总表

测线号	块体种类	块体编号	组成结构面	体积/m³	稳定系数	滑动裂隙面	滑动力/kN	摩擦力/kN	黏滞力/kN
A1	removable	A1 - r1	86\87\89	0.029	232.346	87\86	0.490	0.745	112.896
A3	removable	A3 - r1	48\49\52	0.001	1334.03	48\49	0.020	0.108	26.205
A4	removable	A4 - r1	29\33\34\36	1.486	110.114	34\36	10.290	27.146	1105.646
	removable	A4 - r2	29\30\33\36	1.45	31.433	29\33	34.574	8.781	1077.941
A9	removable	A9 - r1	7\22\24\25\26	0.15	91.89	25\26	3.783	0.715	347.087
	removable	A9 - r2	6\7\9	0.004	192.686	6\7	0.078	0.049	15.935
B1	removable	B1 - r1	71\72\73	0.187	93.692	71\72	4.459	1.029	417.137
	removable	B1 - r2	33\34\35	0.009	217.845	33\34	0.225	0.059	48.245
	removable	B1 - r3	5\6\7	0.009	3081.026	7\5	0.020	0.137	50.558
B2	removable	B2 - r1	19\20\21	0.158	125.713	19\20	3.028	1.764	378.613
	removable	B2 - r2	50\51\54\55	0.027	213.068	55\50	0.666	0.137	142.178
B4	removable	B4 - r1	2\3\5	0.028	198.35	3\5	0.549	0.421	109.388
	removable	B4 - r2	25\27\28\29	0.027	246.908	28\27	0.578	0.382	142.894
	removable	B4 - r3	4\5\6	0.003	380.476	5\6	0.069	0.059	26.166

测线号	块体种类	块体编号	组成结构面	体积/m³	稳定系数	滑动裂隙面	滑动力/kN	摩擦力/kN	黏滞力/kN
B5	removable	B5－r1	36\38\39\41	1.443	52.328	40\39	21.609	17.219	1113.525
	removable	B5－r2	39\40\41	0.434	143.593	40\41	4.831	6.772	687.127
	removable	B5－r3	36\37\38\41	0.123	341.374	36\41	0.813	2.264	273.998
	removable	B5－r4	39\41	0.003	614.165	39\41	0.020	0.069	13.318
B6	falling	B6－f1	3\5	0.163	0				
B7	removable	B7－r1	1\7\8\10	0.006	422.483	8\10	0.059	0.098	24.235
B8	removable	B8－r1	10\13\14	0.771	192.203	13\14	6.360	10.858	1211.143
	removable	B8－r2	9\10\11	0.31	132.253	9\10	4.410	7.213	576.260
	removable	B8－r3	1\2	0.04	483.241	1\2	0.284	1.539	136.975
	removable	B8－r4	4\7	0.025	128.858	7\4	0.421	0.412	53.508
	removable	B8－r5	4\6	0.012	179.611	6\4	0.196	0.186	34.398
	removable	B8－r6	2\3	0.006	1635.577	2\3	0.020	0.167	29.420
	removable	B8－r7	42\43\44	0.002	679.004	44\42	0.020	0.029	16.621

由表 6－1 计算可知，锌多金属矿区 +255 m 和 +305 m 水平主要巷道中共有可移动稳定块体 27 个，不稳定块体 1 个。危险结构体中体积最大为 1.486 m³，平均值为 0.256 m³；安全系数，除去一个失稳块体为 0 外，最小值为 31.433，平均值为 427.936。

总体来看，+255 m 和 +305 m 水平仅在 B6 测线处出现一个体积为 0.163 m³ 的失稳小块体，开拓巷道工程系统总体是比较稳定的；对于 27 个可移动稳定块体，生产中仍有可能因人工扰动、应力变化、风化等其他不利因素的影响而出现脱落、沿单面滑动或沿双面滑动失稳破坏现象。因此，工程中需根据块体几何形态及相关力学参数，研究合理的加固技术措施，确保安全。

（3）两中段巷道围岩危险结构体的系统显现

根据 +255 m 和 +305 m 水平平面图、巷道断面图等设计图纸资料，构建锌多金属矿体主要开拓巷道工程系统 3DMine 模型。

由 General Block 输出的每一个 DXF 格式文件都包含对应的一个块体与巷道，有多个危险结构体的测线，则要输出多个 DXF 文件。将 DXF 文件调入 3DMine 软件，析出 DXF 文件中的块体，利用实体编辑功能对块体进行编辑，使其成为通过验证的实体，并保留一个巷道用于下一步的块体精确定位工作，分别将危险结构体和巷道保存为 3dm 格式文件。

将每条测线的危险结构体与巷道实体文件调入到开拓巷道工程系统 3DMine

模型中,利用三维旋转平移等功能将危险结构体与 3DMine 模型按照正确的空间位置相结合,形成地下矿山危险结构体系统模型,显现效果如图 6 - 4 所示,图中右下角给出了局部区域的危险结构体放大图。

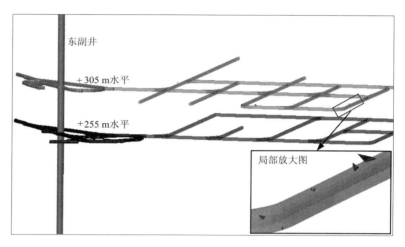

图 6 - 4　+255 m 与 +305 m 中段危险结构体系统模型

参考文献

[1] 罗建林,刘兵利. 基于块体理论岩体稳定性分析及三维数值模拟研究[J]. 中国矿业,2011, 20(5): 99 - 103.

[2] 于青春,薛果夫,陈德基. 裂隙岩体一般块体理论[M]. 北京:中国水利水电出版社,2007.

[3] 夏露,李茂华,陈又华,等. 三峡地下厂房顶拱典型块体研究[J]. 岩石力学与工程学报,2011, 30(z1): 3089 - 3095.

[4] 王家祥,叶圣生,王德阳,等. 三峡地下电站尾水洞槽挖洞间岩墩稳定性分析[J]. 人民长江, 2007, 38(9): 66 - 68.

[5] 陈庆发,陈德炎,赵有明等. 地下矿山危险块体的自动搜索及系统显现[J]. 岩土力学,2013, 34(3): 791 - 796.

[6] 严广乐,张宁,刘媛华. 系统工程[M]. 北京:机械工业出版社,2008.

第7章 空场法开采采场结构体解构

在完成开拓且尚未进行回采的矿块内存在的结构体，对矿块的安全回采影响较大，开展裂隙岩体采场结构体解构及其稳定性计算研究具有重要意义[1]。回采前，矿块内部结构无法直观确定；正在回采的矿块，难以像露头边坡对其有更多的揭露。基于矿体采准、切割等工作，矿块四周布置有巷道、硐室等工程结构，可进行结构面调查。由于结构面具有一定的延伸性，巷道内调查的结构面必定切割矿块形成若干结构体。根据矿块结构尺寸设计，可实现对采场内结构体的解构。

采场结构体的解构主要内容包括结构体位置的准确表达、解构出的结构体的真实性、固定结构体的稳定性和结构体在各种可能的回采自由面上的失稳情形等。基于传统块体理论，利用力学方法、矢量方法等，对采场结构体的赋存位置、真实性、稳定性等进行解构。

7.1 采场模型与采场结构体模型

7.1.1 采场模型

矿块包含采场和矿柱两部分，间柱、顶底柱处于矿块外侧，以六面的形式将采场包裹其内。工程实际中建立采场模型，需除去矿块内处于采场外围间柱、顶柱范围内矿岩，并通过对结构面调查数据的坐标转换，利用结构面的延展性，构建采场结构体模型。

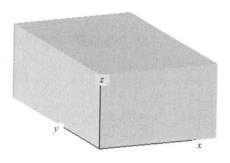

图7-1 采场模型

在 GeneralBlock 软件中，将开挖类型定义为一阶边坡模型，各边坡角均设为90°，构建出基本采场模型，如图7-1所示。采场范围内矿岩未进行回采时，6个面均为固定面。

7.1.2 采场结构体模型

结构面在矿岩内交互切割，将采场范围的岩体切割成若干结构体。将涵盖结构体的采场模型称为采场结构体模型。

在采场模型的基础上构建采场结构体模型，需要输入的相关结构面参数，这些参数主要有：产状、赋存位置、张开度、黏滞系数、摩擦角和半径等参数。除半径之外的参数均可以通过实测或实验确定。

关于结构面半径的确定，Beacher[2] 曾提出了结构面圆盘模型，半径与弦长有 $r \geqslant l/2$ 的条件关系，此后众多学者在 Beacher 研究的基础上开展了大量的研究工作，如伍法权[3] 依据概率统计规律推导出结构面平均半径与平均迹长具有 $\bar{r} = 2\,\bar{l}/\pi$ 的关系，但至目前尚未有学者得出单一结构面半径与其迹长的确定公式[4-9]。为满足采场结构体精细解构需要，定义某一结构面半径

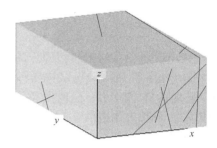

图 7 - 2　采场结构体模型

与迹长的关系为 $r = ml$（m 为结构面半径修正系数，其值可咨询工程地质人员或利用现场实验手段确定，且 $m \geqslant l/2$）。将确定出半径的所有结构面数据进行坐标转换，并输入采场模型，构建出采场结构体模型，如图 7 - 2 所示。

7.2　采场结构体初步解构

基于采场模型，利用 GeneralBlock 软件的分析与计算功能对结构体进行初步解构。将结构面调查数据输入 GeneralBlock 软件中，在矿块内生成实际调查的结构面，并对结构面互相切割形成的结构体进行计算，解构和识别出采场结构体。

图 7 - 3 为采场结构体的解构结果图。

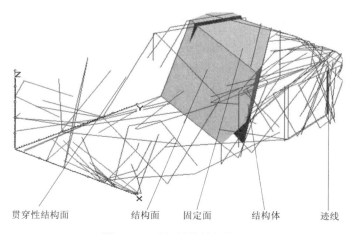

贯穿性结构面　　　结构面　固定面　　　结构体　　　迹线

图 7 - 3　采场结构体解构图

图 7 - 3 中显示了一个固定类型的结构体，该结构体由固定面、结构面圈闭形成。杂乱无章的线条为结构面在采场结构体模型表明的迹线，贯穿采场结构体模型的结构面表现为一个完整的四边形。由于采场内矿岩未进行回采，无自由面，初步解构得到的结构体只有埋藏与固定两种。

7.3　采场结构体真实性分析

结构面具有一定的延伸性，必然会切割岩体，但延伸性的大小难以准确判断，运用经验值估算出的结构面半径将产生一定的误差，使得解算出的结构体实际上并不一定存在，需要对结构体存在的真实性进行分析。

结构体为多面体，由若干个多边形组成，结构体的真实性分析可以转化为多边形面的真实性分析。假设实测点为结构面圆盘的圆心，结构面的半径的保守估计值为 μ，μ 可由地质人员根据经验给出。图 7 - 4 为一四面体的结构体，每个多边形面均由结构面切割而成。多边形 a 的三个顶点为 A_1、A_2 和 A_3，所在结构面的实测点为 A。

计算 AA_1、AA_2、AA_3：

如果 $\max(AA_1、AA_2、AA_3) \leqslant \mu$，那么面 a 真实存在；

如果 $\min(AA_1、AA_2、AA_3) \geqslant \mu$，那么面 a 不存在；

如果 $\max(AA_1、AA_2、AA_3) > \mu > \min(AA_1、AA_2、AA_3)$，则面 a 部分存在。

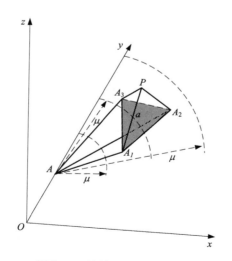

图 7 - 4　结构体真实性分析图

设任一个结构体有 N 个面，则对应有 N 个实测点，记为 A_i，$i = 1$，$\cdots$，N，N

为正整数。第 i 个面上有 M_i 个顶点，记为 A_{ij}，$j = 1$，$\cdots$，M_i，M_i 为正整数。若 $A_i(x_i, y_i, z_i)$，$A_{ij}(x_{ij}, y_{ij}, z_{ij})$，则有：

$$A_iA_{ij} = \sqrt{(x_i - x_{ij})^2 + (y_i - y_{ij})^2 + (z_i - z_{ij})^2} \qquad (7-1)$$

若第 i 个面上最大值为 b_i，最小值为 d_i，则有：

$$b_i = \max(A_iA_{ij}) \qquad (7-2)$$
$$d_i = \min(A_iA_{ij}) \qquad (7-3)$$

此时 i 为某一确定的正整数，$j = 1$，$\cdots$，M_i。若 $b_i \leqslant \mu$，则面 i 存在；若 $d_i \geqslant \mu$，则面 i 不存在；若 $d_i < \mu < b_i$，则面 i 部分存在。固定面、自由面和贯穿性结构面不必参与运算，自由面与贯穿性结构面可直接反映结构体的真实性，切割结构体的自由面与结构面中自由面与贯穿性结构面的数量越多，则结构体真实存在的可能性越大。由于固定面是假想面，所以它对结构体的真实性分析没有贡献。根据上述描述，对结构体的真实性进行分级，分级表如表 7-1 所示。

表 7-1 结构体真实性分级表

级别	描述	评价
I	完全由自由面和(或)贯穿性结构面切割而成	确定存在
II	含部分自由面和(或)贯穿性结构面，其余为 $b_i \leqslant \mu$ 的结构面	很真实
III	全部为 $b_i \leqslant \mu$ 的结构面	较真实
IV	部分为 $b_i \leqslant \mu$ 的结构面，其余为 $d_i < \mu < b_i$ 的结构面	真实
V	全部为 $d_i < \mu < b_i$ 的结构面和(或) $d_i \geqslant \mu$ 的结构面	不真实

7.4　采场结构体赋存位置解构

结构体位置的解构在 3DMine 中进行。在 3DMine 中导入 GeneralBlock 输出 DXF 格式的结构体文件，可迅速读取结构体上任意一点的三维坐标。定义结构体的包裹长方体，该长方体刚好包裹结构体而不使结构体出露，各边平行或垂直于坐标轴。结构体的位置可用结构体的重心与体积表示，但是考虑到多面体形状不规则，重心计算较为复杂，此表示方法不利于工程应用，所以取包裹长方体的重心及其长(x 方向)、宽(y 方向)和高(z 方向)来表示结构体的位置。具体的操作计算方法，如图 7-5 所示。

将结构体导入到 3DMine 中，建立好矿块的相对坐标系。把结构体分别投影到 xy 和 xz 面上，得到结构体投影轮廓线，作它们的外接矩形，矩形的各边平行或垂直于坐标轴，再作矩形的形心，xy 面上的形心坐标的 x、y 值为长方体的重心

坐标的 x、y 值，xz 面上的形心的 z 值为长方体重心坐标的 z 值。从两外接矩形中量取长方体的长宽高值。图 7-5 中的结构体为矿块 2 中的 6 号固定结构体，重心坐标为（47.528，70.813，18.698），长宽高尺寸为 24.943 m × 33.106 m × 35.509 m。3DMine 中可直接读取结构体各个面面积，可统计各固定结构体固定面面积。解构出结构体大部分固定结构体，计算固定面面积有助于后面对固定结构体稳定性分析。

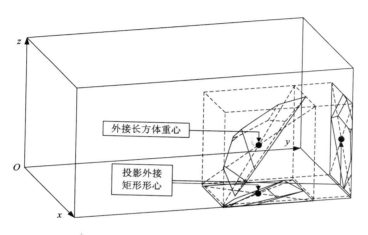

图 7-5　结构体位置计算图

7.5　采场固定结构体最小固定面面积计算

由结构体在采场内的嵌套模式可知，采场结构体主要以埋藏结构体与固定结构体的形式存在，其中固定结构体占了大部分。显然，埋藏的结构体在回采的过程中是容易失稳的。埋藏结构体可以视为固定面面积为 0 的固定结构体。若固定结构体的固定面面积过小，则它在回采过程中也是容易失稳的。传统的块体理论中，对于固定结构体，一律认为其是稳定的，不进行稳定性分析，与工程实际不相符合。将固定结构体的固定面与最小固定面进行比较，若固定面面积小于最小固定面面积，结构体的固定面将被破坏，进而可能发生移动；若固定面面积大于最小固定面面积，结构体的固定面将不被破坏，暂时处于稳定状态。因此，对采场固定结构体的固定面面积和最小固定面面积进行计算，并判断其是否能够维持结构体的稳定性，最终识别出容易失稳的结构体，具有重要的工程意义。

对易失稳的固定结构体进行识别，作如下假设：固定结构体只在固定面处发生破断破坏；固定面外围岩与结构体均为均质完整岩体，不再含有结构面；除固定面外，其他面均视为临空面；驱动力只考虑自重力。对于一个结构体，其他条件不变,仅固定面面积发生变化,其中应当存在一个最小且满足使结构体保持稳定的面积,称之为最小固定面面积。

结构体最小固定面面积的计算流程,如图 7-6 所示。

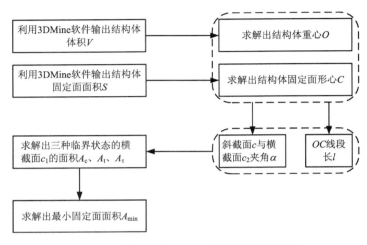

图 7-6 结构体最小固定面面积计算流程图

固定结构体的最小固定面面积计算流程为:首先,利用结构体赋存位置解构结果,求解出结构体的重心 O;然后,利用 3DMine 软件输出结构体的固定面面积 S,并对固定面的形心 C 的坐标进行求解;接着,根据固定结构体在空间的几何赋存形态,求解出固定面的斜截面 c 与横截面 c_2 的夹角,以及表征结构体长度的 OC 段长度;进而,利用材料力学知识,求解出三种临界状态的横截面面积 A_c、A_t、A_τ;最后,求解出最小的横截面积,则 A_{min} 为固定结构体的最小固定面面积。

考虑单个固定面情形,根据材料力学知识[10-14]建立其计算力学模型(见图 7-7)。此为顶板上的一个固定结构体,结构体重心为 $O(x_0, y_0, z_0)$,固定面形心为 $C(x_C, y_C, z_C)$,以 OC 为轴作底面积为 A 的圆柱体,固定结构体简化为一端嵌固的圆柱体。固定面切割圆柱体于斜截面 c,形心点 C 处的横截面为 c_2,c 与 c_2 的夹角为 α。结构体重力 G 集中作用于重心 O,以 O 为原点,以 OC 为 x 轴,以重力线与 OC 线所确定平面为 xy 平面,建立如图所示的三维坐标系。在 y 方向上,嵌固端斜截面上,到 O 处横截面距离最短的一点为 B_1,点 B_1 所在横截面为 c_1,过点 B_1 的直径上别一端点为 B_2。由材料力学知识可知,横截面 c_1 为圆柱体的危险截面,此截面上 y 方向直径的两个端点将会出现最大的拉应力和压应力。此时,两端点恰好为点 B_1 和 B_2。

设 OC 线段长为 l,则

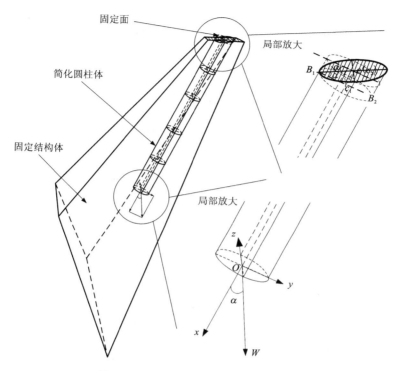

图 7 – 7 单固定面简化计算力学模型

$$l = OC = \sqrt{(x_O - x_C)^2 + (y_O - y_C)^2 + (z_O - z_C)^2} \qquad (7-4)$$

根据多面体的重心公式[15]，可对多面体重心的三维坐标进行求解。设(x_j, y_j, z_j)为多面体重心的三维坐标，V为多面体的体积，则

$$
\left.
\begin{aligned}
x_j &= \frac{\iiint_V x \mathrm{d}x\mathrm{d}y\mathrm{d}z}{V} = \frac{\sum \text{simplex} - \text{integration} - 3\mathrm{d}(\text{point} - \text{data}, 1, 0, 0)}{\sum \text{simplex} - \text{integration} - 3\mathrm{d}(\text{point} - \text{data}, 0, 0, 0)} \\[2mm]
y_j &= \frac{\iiint_V y \mathrm{d}x\mathrm{d}y\mathrm{d}z}{V} = \frac{\sum \text{simplex} - \text{integration} - 3\mathrm{d}(\text{point} - \text{data}, 0, 1, 0)}{\sum \text{simplex} - \text{integration} - 3\mathrm{d}(\text{point} - \text{data}, 0, 0, 0)} \\[2mm]
z_j &= \frac{\iiint_V z \mathrm{d}x\mathrm{d}y\mathrm{d}z}{V} = \frac{\sum \text{simplex} - \text{integration} - 3\mathrm{d}(\text{point} - \text{data}, 0, 0, 1)}{\sum \text{simplex} - \text{integration} - 3\mathrm{d}(\text{point} - \text{data}, 0, 0, 0)}
\end{aligned}
\right\}
$$

$$(7-5)$$

此法求多面体重心较为复杂，可通过编程实现快速求解，文献[17]中已给出

了求解的代码。为便于工程应用，亦可使包裹立方体的重心代替多面体的重心，但会引起较大的误差。多边形形心的求解可用累加和解法[18]，但需要多边形各顶点坐标。

多边形形心坐标为：

$$\left(\frac{\sum\limits_{i=1}^{n} x_i}{n}, \ \frac{\sum\limits_{i=1}^{n} y_i}{n}, \ \frac{\sum\limits_{i=1}^{n} z_i}{n} \right) \qquad (7-6)$$

设顶板面的单位法向量为 $\boldsymbol{n} = (0, 0, 1)$，$OC$ 连线的一个方向向量为 $\boldsymbol{a} = (x_O - x_C, \ y_O - y_C, \ z_O - z_C)$。

所以：

$$\alpha = \arccos^{-1} \left(\frac{|\boldsymbol{n} \cdot \boldsymbol{a}|}{\sqrt{(\boldsymbol{n})^2} \cdot \sqrt{(\boldsymbol{a})^2}} \right) \qquad (7-7)$$

将 Oc_1 段圆柱体作隔离分析，如图 7-8 所示。

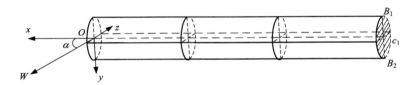

图 7-8 Oc_1 段圆柱隔离体

设结构体自重力为 W，岩石容重为 γ，结构体体积为 V，则

$$W = \gamma \cdot V \qquad (7-8)$$

结构体重力在 x 轴上的分力为：

$$F_x = \gamma V \cos\alpha \qquad (7-9)$$

在 y 轴上的分力为：

$$F_y = \gamma V \sin\alpha \qquad (7-10)$$

由材料力学知识可知，该圆柱隔离体为一弯拉组合杆，弯拉组合的正应力为两者的叠加；轴向拉应力在截面上均匀分布；弯曲正应力在截面上线性分布，组合后仍为线性分布；最大的拉或压应力出现在截面的 y 向直径的两端点。

对于一般截面，最大剪应力发生在剪力绝对值最大的截面的中性轴处，因此，圆截面弯曲切应力在垂直于截面剪力的直径上达到最大。由材料力学可知，面积相等的情况下，圆形截面杆的抗弯模量最小，故许用应力相同的条件下，同一剪力作用时，圆形截面求得的最小固定面面积大于其他形状截面求得的最小固定面面积。拉压应力的大小与截面的形状无关，只与面积的大小有关。

该模型的轴力：

$$F_N = F_x = \gamma V \cos\alpha \qquad (7-11)$$

该模型的剪力：

$$F_s = F_y = \gamma V \sin\alpha \qquad (7-12)$$

该模型的弯矩：

$$M = \gamma V x \sin\alpha \qquad (7-13)$$

圆截面的惯性矩：

$$I_Z = \frac{\pi d^4}{64} \qquad (7-14)$$

圆截面的抗弯截面系数：

$$W_Z = \frac{\pi d^3}{32} \qquad (7-15)$$

在横截面 c_1 处，弯矩达到最大，弯曲正应力也到最大。横截面 c_1 上正应力分布如图 7-9 所示。最大的拉应力出现在点 B_1 处，最大压应力出现在点 B_2 处。

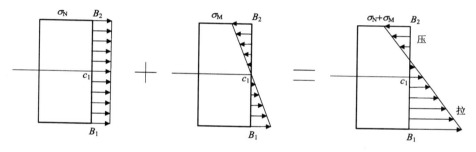

图 7-9   横截面 c_1 上正应力分布示意图

最大弯矩：

$$M_{c1} = \gamma V \left(l - \frac{d}{2} \tan\alpha \right) \sin\alpha \qquad (7-16)$$

轴向拉应力：

$$\sigma_N = \frac{F_N}{A} = \frac{4\gamma V \cos\alpha}{\pi d^2} \qquad (7-17)$$

最大弯曲正应力：

$$\sigma_{Mc1} = \frac{M_{c1}}{W_Z} = \frac{32\gamma V \left(l - \frac{d}{2} \tan\alpha \right) \sin\alpha}{\pi d^3} \qquad (7-18)$$

最大弯曲切应力：

$$\tau_{max} = \frac{4F_S}{3A} = \frac{16\gamma V \cos\alpha}{3\pi d^2} \qquad (7-19)$$

最大拉应力:

$$\sigma_{\mathrm{tmax}} = \sigma_{Mc1} + \sigma_{\mathrm{N}} = \frac{M_{c1}}{W_{z}} + \frac{F_{\mathrm{N}}}{A} = \frac{32\gamma V\left(l - \frac{d}{2}\tan\alpha\right)\sin\alpha}{\pi d^{3}} + \frac{4\gamma V\cos\alpha}{\pi d^{2}} \quad (7-20)$$

最大压应力:

$$\sigma_{\mathrm{cmax}} = \sigma_{Mc1} - \sigma_{\mathrm{N}} = \frac{M_{c1}}{W_{z}} - \frac{F_{\mathrm{N}}}{A} = \frac{32\gamma V\left(l - \frac{d}{2}\tan\alpha\right)\sin\alpha}{\pi d^{3}} - \frac{4\gamma V\cos\alpha}{\pi d^{2}} \quad (7-21)$$

岩石的抗拉强度为 σ_{t}, 抗压强度为 σ_{c}, 抗剪强度为 τ, 则结构体保持稳定的条件是: $\sigma_{\mathrm{tmax}} \leqslant \sigma_{\mathrm{t}}$ 且 $\sigma_{\mathrm{cmax}} \leqslant \sigma_{\mathrm{c}}$ 且 $\tau_{\mathrm{max}} \leqslant \tau$, 即:

$$\frac{32\gamma V\left(l - \frac{d}{2}\tan\alpha\right)\sin\alpha}{\pi d^{3}} + \frac{4\gamma V\cos\alpha}{\pi d^{2}} \leqslant \sigma_{\mathrm{t}} \quad (7-22)$$

$$\frac{32\gamma V\left(l - \frac{d}{2}\tan\alpha\right)\sin\alpha}{\pi d^{3}} - \frac{4\gamma V\cos\alpha}{\pi d^{2}} \leqslant \sigma_{\mathrm{c}} \quad (7-23)$$

$$\frac{16\gamma V\cos\alpha}{3\pi d^{2}} \leqslant \tau \quad (7-24)$$

式(7-22)与式(7-23)是关于 $\frac{1}{d}$ 的一元三次不等式, 其求解较复杂冗余, 具体解法可参考盛金公式[18-19]。设 A_{t} 和 A_{c} 为由式(7-22)与式(7-23)求出的临界状态时, 横截面 c_{1} 的面积。由式(7-24)可求得临界状态时横截面 c_{1} 的面积 A_{τ} 为

$$A_{\tau} = \frac{1}{4}\pi d^{2} \geqslant \frac{4\gamma V\cos\alpha}{3\tau} \quad (7-25)$$

设最小固定面面积为 A_{min}, 则

$$A_{\mathrm{min}} = \max(A_{\mathrm{t}}, A_{\mathrm{c}}, A_{\tau})/\cos\alpha \quad (7-26)$$

当固定面在间柱(矿块的侧壁)或底板时, 上述公式仍适用。结构体的固定面面数越多, 则越稳定。当固定面面数为两个或两个以上时, 则一般认为其为稳定, 不再进行解算。

7.6 空场法开采试验区采场结构体解构

7.6.1 试验矿块单元选择

基于测线法在工程巷道内的分布形式, 将空场法开采试验区划分成为 4 个矿块, 每个矿块宽长高尺寸为 60 m × 120 m × 50 m, 如图 7 - 10 所示。

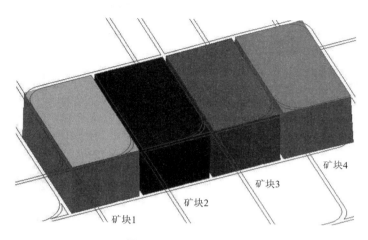

图 7 - 10　矿块划分图

选取两个中段均开展过结构面数据调查的区域(见图 7 - 11 方框中部分)作为试验矿块(矿块 1),分别进行采场结构体与矿柱结构体的解构。经测线法调查,试验矿块内的结构面共有 81 条,其中 + 255 m 中段 23 条、 + 305 m 中段 58 条。

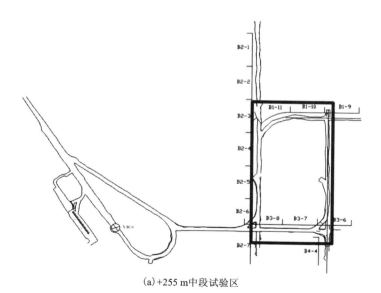

(a)+255 m中段试验区

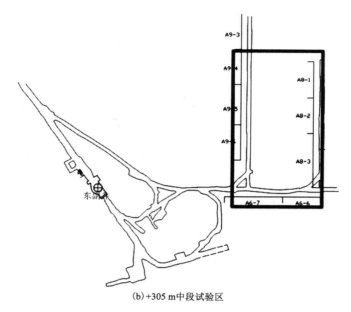

(b) +305 m 中段试验区

图 7 – 11　试验区域选择示意图

7.6.2　试验矿块采场内结构体解构

(1) 采场结构体模型构建

在试验矿块内，取宽长高尺寸约为 50 m × 120 m × 35 m 的区域作为研究矿块进行采场内结构体的解构。将研究矿块所构成的正六面体区域作为研究范围，其中，x 轴取值为 0 ~ 50 m，y 轴取值为 0 ~ 120 m，z 轴取值为 0 ~ 35 m，并且，定义一阶边坡模型为开挖类型。由于矿块未进行回采，因此 6 个面均为固定面，不含自由面。利用 GeneralBlock 软件构建出采场模型，如图 7 – 12 所示。

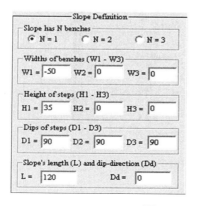
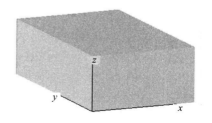

图 7 – 12　矿块参数设置图

（2）采场内结构体模型初步解构

将试验区域内的结构面调查数据导入 GeneralBlock 软件中，进行矿柱模型的结构体的初步解构，解构出的采场内结构体有固定结构体与埋藏结构体 2 种，如图 7 - 13 所示。

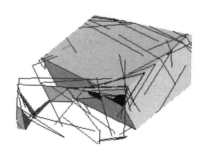

图 7 - 13　结构体解构结果图

在结构体解构中，一般认为具有两个及以上的固定面的结构体为稳定结构体，不对其进行移动性分析与稳定性计算，只对单固定面结构体与埋藏结构体进行分析。解构出的单固定面结构体与埋藏结构体数据如表 7 - 2 所示。

由表 7 - 2 可知，初步解构出的单固定面结构体共有 15 个，埋藏结构体共有 4 个。由结构体初步解构结果可得到各结构体的类型、结构体体积、参与组成结构体的各结构面、构成结构体的面的数量和结构体固定面数量。例如，结构体 10 是由 7 条结构面与固定面相互切割组合而成的 8 面固定结构体，其体积为 426.495 m³，构成固定结构体 10 的面分别为第 21、55、56、57、58、78、79 条结构面和固定面。

表 7 - 2　结构体初步解构结果表

结构体	体积/m³	组成的结构面	结构体面数/个	固定面数/个
fixed 10	426.495	21、55、56、57、58、78、79	8	1
fixed 12	327.358	76、77、78、79	5	1
fixed 15	249.209	55、56、57、58、78、79、80	8	1
fixed 16	221.462	55、77、78、79、80	6	1
unexposed 17	213.863	10、56、57、58、78、79、80	8	0
fixed 21	126.292	9、10、55、58、76、	6	1
fixed 22	121.113	56、57、58、59、79	6	1
fixed 23	117.011	10、57、58、80	5	1
fixed 28	89.285	55、58、77、80	5	1
fixed 31	58.227	10、57、58、78、80	6	1
fixed 34	46.945	56、57、58、79	5	1
fixed 40	38.852	56、57、58、79、80	6	1

结构体	体积/m³	组成的结构面	结构体面数/个	固定面数/个
unexposed 44	32.015	55、58、77、78、80	6	0
unexposed 45	25.195	10、55、58、78、79、80	7	0
fixed 46	24.326	42、43、65	4	1
fixed 53	12.154	42、43、61、65	5	1
fixed 56	7.444	10、58、78、80	5	1
unexposed 58	6.007	55、58、78、79	5	0
fixed 60	5.378	9、14、15、16、23	6	1

7.6.3 采场内结构体赋存位置解构与最小固定面面积计算

GeneralBlock 软件只能解构出结构体的类型、大小、组成结构面等参数，要精细解构采场内结构体的重心坐标、包裹长方体大小、固定面面积等，还需借助 3DMine 软件。

具体解构过程为：将 GeneralBlock 软件对采场结构体的初步解构结果分别输出 DXF 文件，并将 DXF 文件分别导入 3DMine 软件中；利用 3DMine 软件的面积计算功能，求解出固定结构体的固定面面积；将结构体分别投影到 xy、xz 平面，作出其外接矩形并求出形心坐标、包裹长方体；结构体的重心近似为 (x_{xy}, y_{xy}, z_{xz})，包裹长方体长、宽为结构体投影到 xy 平面时外接矩形的长、宽，包裹长方体的高为结构体投影到 xz 平面时外接矩形的宽。

采场内结构体赋存位置的解构结果，如表 7－3 所示。

由表 7－3 的结构体解构结果可得到各结构体的固定面面积、重心坐标、包裹长方体大小、固定面与等效圆柱面的夹角 α。例如，结构体 10 是由面积为 97.19 m² 的固定面构成的固定结构体，该结构体的重心坐标为 (8.6, 82.4, 45.2)。结构体 10 的包裹长方体的大小为 14.665 m×18.433 m×9.598 m，固定面与等效圆柱面的夹角 α 为 27°。埋藏结构体的固定面为 0，且不存在固定面与等效圆柱面的夹角。类似地，可由表 7－3 知道其他各结构体的解构结果。

所选试验区内的矿石岩体力学参数如表 7－4 所示。

表 7 - 3 结构体解构结果表

结构体	固定面面积/m²	重心坐标	包裹长方体大小	α/(°)
fixed10	97.19	(8.6, 82.4, 45.2)	14.665 m ×18.433 m ×9.598 m	27
fixed12	129.14	(36.160, 97.188, 40.327)	16.822 m×7.401 m×19.722 m	19
fixed15	21.91	(6.786, 89.861, 45.706)	14.625 m×12.087 m×8.447 m	21
fixed16	27.46	(18.56, 95.781, 45.160)	14.637 m×8.277 m×9.110 m	15
unexposed17	0	(6.378, 85.94, 42.877)	12.296 m×9.603 m×11.964 m	—
fixed21	10.75	(19.988, 85.727, 43.469)	9.726 m×8.140 m×12.755 m	11
fixed22	1.05	(4.068, 75.966, 40.638)	7.791 m×10.348 m×18.724 m	34
fixed23	7.41	(3.323, 84.823, 30.487)	6.645 m×8.102 m×18.818 m	13
fixed28	13.32	(13.775, 96.44, 44.819)	7.624 m×6.340 m×10.362 m	9
fixed31	8.64	(3.15, 86.91, 37.909)	7.24 m×5.737 m×9.716 m	21
fixed34	1.09	(3.876, 78.014, 44.669)	6.336 m×10.527 m×10.861 m	31
fixed40	8.92	(1.279, 82.319, 41.877)	2.627 m×5.654 m×11.439 m	23
unexposed44	0	(13.479, 95.423, 40.754)	7.321 m×5.062 m×9.509 m	—
unexposed45	0	(10.251, 90.545, 44.378)	7.283 m×3.730 m×8.967 m	—
fixed46	12.04	(8.975, 3.032, 40.193)	9.194 m×6.064 m×9.140 m	17
fixed53	5.28	(3.329, 9.266, 47.381)	5.224 m×6.405 m×5.237 m	19
fixed56	0.03	(4.973, 90.087, 37.459)	9.946 m×3.273 m×9.077 m	25
unexposed58	0	(15.206, 92.572, 46.371)	5.514 m×3.500 m×5.278 m	—
fixed60	1.54	(59.059, 14.844, 9.984)	2.239 m×14.027 m ×13.501 m	18

表 7 - 4 采场试验区岩体力学参数表

内聚力(C)	抗拉强度(σ_t)	抗剪强度(τ)	内摩擦角(φ)	抗压强度(σ_c)	平均容重(γ)
3.66 MPa	2.4 MPa	4.57 MPa	26.81°～27.57°	44.25 MPa	27 kN/m³

基于试验区岩体力学参数,利用式(7-22)～式(7-26)对固定结构体的最小固定面面积进行计算,计算结果如表 7-5 所示。

最小固定面面积为使固定结构体刚好保持稳定状态的最小面积,当结构体的固定面面积小于其最小固定面面积时,固定面将可能发生破坏,进而产生移动。

对比表 7-3、表 7-5 可知,结构体 22 的固定面面积为 1.05 m²,最小固定面面积为 13.042 m²;结构体 34 的固定面面积为 1.09 m²,最小固定面面积为 5.709

m^2；结构体 56 的固定面面积为 0.03 m^2，最小固定面面积为 0.806 m^2。

受工程活动影响，这 3 个结构体将可能从固定结构体转变为非固定结构体，进而产生各类移动。除此之外，其余结构体的固定面面积均大于其对应的最小固定面面积，可以维持结构体自身的稳定性。

表 7-5 最小固定面面积解算结果

解构体编号	d_t/m	d_c/m	d_τ/m	d_{max}/m	A_{min}/m^2
fixed10	5.536	2.643	1.938	5.536	24.070
fixed12	4.469	2.740	1.749	4.469	15.686
fixed15	3.762	1.878	1.516	3.762	11.115
fixed16	3.217	1.536	1.454	3.217	8.128
fixed21	3.239	1.519	1.107	3.239	8.240
fixed22	4.075	1.780	0.996	4.075	13.042
fixed23	2.759	1.434	1.061	2.759	5.979
fixed28	1.976	1.248	0.922	1.976	3.067
fixed31	2.258	0.908	0.733	2.258	4.004
fixed34	2.696	1.232	0.635	2.696	5.709
fixed40	1.562	0.753	0.599	1.562	1.916
fixed46	1.495	0.698	0.483	1.495	1.755
fixed53	1.042	0.558	0.340	1.042	0.853
fixed56	1.013	0.124	0.260	1.013	0.806
fixed60	1.084	0.588	0.226	1.084	0.923

参考文献

[1] 陈庆发，赵有明，陈德炎等. 采场内结构体解算及其稳定性计算[J]. 岩土力学，2013，34(7)：2051-2058.

[2] G. B. Beacher, N. A. Lanney. Trace length biases in joint surveys [A]. Proc of 19th US Symp on Rockmech：[C]. Nevada, 1978：Vol. 1 No. 1(1)56-65.

[3] 伍法权. 统计岩体力学原理[M]. 武汉：中国地质大学出版社，1993.

[4] 黄磊，唐辉明，张龙等. 适用于半迹长测线法的岩体结构面迹长与直径关系新模型及新算法[J]. 岩石力学与工程学报，2011，30(4)：733-745.

［5］范留明，黄润秋. 岩体结构面连通率估计的概率模型及其工程应用［J］. 岩石力学与工程学报，2003，22(5)：723 - 727.

［6］范留明，黄润秋. 一种估计结构面迹长的新方法及其工程应用［J］. 岩石力学与工程学报，2004，23(1)；53 - 57.

［7］刘爱华，李夕兵. 岩体弱面延展性的概率估算及其应用［J］. 岩石力学与工程学报，1997，16(04)：375 - 379.

［8］李晓昭，周扬一，汪志涛等. 测量统计范围大小对结构面迹长估计的影响［J］. 岩石力学与工程学报，2011，30(10)：2049 - 2056.

［9］陈剑平，石炳飞，王树林等. 单测线法估算随机节理迹长的数值技术［J］. 岩石力学与工程学报，2004，23(10)：1755 - 1759.

［10］单辉祖，谢传锋. 工程力学(静力学与材料力学)［M］. 北京：高等教育出版社，2004.

［11］蔡美峰. 岩石力学与工程［M］. 北京：科学出版社，2002.

［12］宋振骐，刘义学，陈孟伯，等. 岩梁裂断前后的支承压力显现及其应用的探讨［J］. 山东矿业学院学报，1984，6(1)：27 - 39.

［13］梁运培. 采场覆岩移动的组合岩梁理论［J］. 地下空间，2001，21(z1)：341 - 345.

［14］宁小亮. 岩梁的变形破坏规律研究［D］. 西安科技大学，2008.

［15］武艳强，陈光齐，江在森. 任意多面体重心及积分的精确算法［J］. 科学技术与工程，2011，11(27)：6515 - 6520.

［16］孙志强，张春辉. 码机搜索的原理及程序实现［J］. 山东通信技术，1996 山东通信技术，1996,16(2)：43 - 45.

［17］李玉冰，郝永杰，刘恩海. 多边形重心的计算方法［J］. 计算机应用，2005，25(2)：91 - 98.

［18］范盛金. 一元三次方程的新求根公式与新判别法［J］. 海南师范学院学报(自然科学版)，1989，2(2)：91 - 98.

［19］吕智. 35 kV 及以下架空线档距计算中应力方程的优化求解［J］. 长江大学学报(自然科学版)，2011，8(6)：115 - 117.

第8章 空场法开采采场结构体
回采可移动性分析

自然状态下岩体中的结构体处于静力平衡状态。受开挖因素影响，部分结构体的结构面将出露于临空面，可能失去原有的平衡，进而发生移动[1]。随着采场回采工作面的推进，暴露在临空面的结构体不仅会影响矿体的安全回采，也可能影响崩矿与放矿工艺的顺利进行。赋存于岩体内的结构体的稳定性对岩体工程结构稳定性及采矿工艺具有重要影响，分析结构体受开挖作用影响的可移动性，可为采矿工程规划、设计、施工和加固等工作提供科学合理的建议和依据[2-10]。

块体理论中从静态角度用矢量法单一的对结构体移动性进行分析，并未考虑回采开挖扰动下结构体可移动性的变化。受开挖作用影响，原本矢量不可动结构体可能会转变为可移动结构体；原本埋藏于岩体内的结构体可能破坏岩桥而发生移动[11-16]。矿房回采前有必要从矿体回采的动态角度，分析不同回采顺序下结构体的可移动性。通过对结构体可移动性分析，有助于指导回采方案的设计、预防可能的灾害事故。

8.1 结构体各结构面分类

设结构体只受重力影响，重力的单位方向矢量为 $\boldsymbol{w}$，结构体有 N 个结构面，M 个固定面，各结构面的编号为 $n_i(i=1, \cdots, N)$，各结构面指向结构体内部方向的单位法向矢量为 $\boldsymbol{n}_i$，各固定面的编号为 $m_i(i=1, \cdots, M)$，各固定面向内的单位法向矢量为 $\boldsymbol{m}_i$。通过点积 $\boldsymbol{w} \cdot \boldsymbol{n}_i$ 可将结构体各结构面分为两类：当 $\boldsymbol{w} \cdot \boldsymbol{n}_i \geq 0$ 时，面 n_i 称为非重力约束面，在几何上不对重力方向的运动产生阻碍；当 $\boldsymbol{w} \cdot \boldsymbol{n}_i < 0$ 时，面 n_i 称为重力约束面，在几何上对重力方向的运动产生阻碍。显然，固定面总是重力约束面，与其 $\boldsymbol{w} \cdot \boldsymbol{n}_i$ 的值无关。设所有固定面的集合为 D；所有结构面的集合为 E，自由面的集合为 F，其中所有的非重力约束面的集合为 I，所有重力约束面的集合为 J，被破坏的固定面的集合为 P，临空面的集合为 Q，与临空面公用一条边的面称为相邻面，其集合为 K。各集合表示如下：

$$D = \{m_i, i=1, \cdots, M\};$$
$$E = \{n_i, i=1, \cdots, N\};$$
$$I = \{n_i | \boldsymbol{w} \cdot \boldsymbol{n}_i \geq 0, i=1, \cdots, N\};$$

$$J = \{ n_i | \boldsymbol{w} \cdot \boldsymbol{n}_i < 0, i = 1, \cdots, N \};$$
$$E = I \cup J \text{。}$$

埋藏结构体为不存在固定面且不含自由面的结构体，即 $D = \varphi \cap F = \varphi$；固定结构体为存在固定面的结构体，即 $D \neq \varphi$。

如图 8-1 所示的结构体中，$\boldsymbol{w} \cdot \boldsymbol{n}_3$、$\boldsymbol{w} \cdot \boldsymbol{n}_2$、$\boldsymbol{w} \cdot \boldsymbol{n}_1$ 与 $\boldsymbol{w} \cdot \boldsymbol{n}_6$ 均小于 0，所以面 n_3、n_2、n_1 与 n_6 均为重力约束面；m_1 为固定面，所以为重力约束面。$\boldsymbol{w} \cdot \boldsymbol{n}_4$ 和 $\boldsymbol{w} \cdot \boldsymbol{n}_5$ 均大于或等于 0，所以面 n_4 和 n_5 均为非重力约束面。

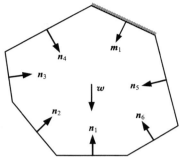

图 8-1　结构体各面分类图

8.2　回采顺序与采场结构体移动性关系

（1）回采顺序

地下矿山空场类采矿方法中，矿房回采顺序一般可分为三类：一端至另一端的后退式回采、中间至两端的后退式回采和水平上向分层回采，如图 8-2 所示。

（2）回采顺序对采场结构体移动性的影响

回采顺序通过影响临空面的出露位置来间接影响结构体的失稳，不同的回采顺序会导致临空面出露位置的不同。

将回采工作面视为一个切割平面，则该平面必然与回采后有部分结构面出露的结构体相交，相交所得的面即为出露结构面。受回采工作面切割后的结构体将成为出露结构体，其原有的移动性将可能发生变化。出露结构面是影响结构体移动性的重要因素，不同的出露位置将导致结构体具有不同的移动性。

假设结构体受回采工作面切割后，未采下部分位于回采工作面的上方，则出露结构面位于结构体的下方；结构体受回采工作面切割后，未采下部分位于回采工作面的左侧或者右侧时，则出露结构面位于结构体的侧面。依此，一端至另一端后退式回采时，出露结构面位于结构体的侧面；中间至两端后退式回采时，出露结构面位于结构体的侧面；水平上向分层回采时，出露结构面位于结构体的下方和上方。

当出露结构面位于结构体上方时，结构体不可移动；当出露结构面位于结构体下方时，结构体存在掉落和滑动两种移动方式；当出露结构面位于结构体侧面时，结构体只存在滑动一种移动方式。

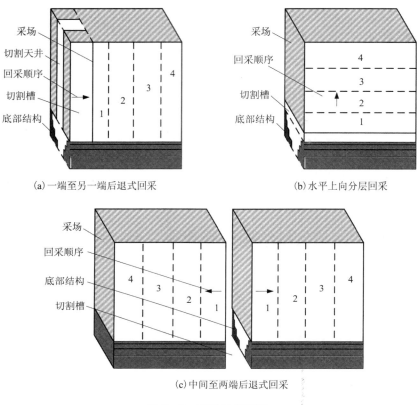

(a) 一端至另一端后退式回采

(b) 水平上向分层回采

(c) 中间至两端后退式回采

图 8 – 2 矿块回采顺序

8.3 采场结构体回采可移动性分析方法

　　未进行回采的采场矿块中赋存有埋藏和固定两类结构体，不同回采顺序下，两类结构体的移动性各不相同。

　　埋藏结构体由于周围不存在临空面而不可产生移动，但由于回采活动的影响，埋藏结构体或其周围的矿岩将受到破坏并且在埋藏结构体周围可能形成临空面。具有临空结构面的埋藏结构体将转变为出露结构体，且可能产生运动。

　　固定面位于顶底板和间柱时，不直接因回采爆破而发生破坏，可能的破坏是受爆破振动的影响而开裂形成次生结构面。在固定结构体可移动性分析过程中只考虑一个或两个固定面，且只在固定面处发生破断。当所有的固定结构面演变为次生结构面时，结构体由固定结构体变为埋藏结构体。如此，则之后的可移动形式的分析和稳定性计算将与埋藏结构体的分析计算类似。但如何确定卸荷扰动、爆破震动等作用是否在固定面处产生了次生结构面、次生结构面与固定面的产状是否一致、次生结构面是否完全贯穿了固定面等难题，目前尚难以解决。因此，固定结构体的回采可移动性分析难以进行。目前常采用的手段为只要是固定结构体一般不进行可移动性分析，但需进行回采稳定性分析。

块体理论认为，利用矢量方法判断出的不可移动结构体一般是稳定的，但实际上埋藏结构体在自身重力作用下可能剪切破坏岩桥，使得原本矢量不可移动结构体发生移动。因此，为使分析结果更符合工程实际，对于用矢量方法判断出的不可移动结构体，需要再次基于破坏岩桥理论用力学方法进行可移动性分析。结构体重力是破坏岩桥的直接作用力，为便于研究，当地应力不高时，分析过程只考虑重力作用破坏岩桥。当地应力较高时，只需结合高地应力作用下的岩桥贯通准则进行岩桥破坏判断。本书主要对只考虑结构体重力作用破坏岩桥的情况进行分析，当地应力较高而必须考虑时，可结合上述准则进行分析。

岩桥是岩体承受外力的主要内部结构，它和结构面共同承担载荷作用，岩体的破坏通常由结构面和岩桥的共同破坏组成。岩桥的存在，使非贯通结构面岩体的受力及破坏特征发生了质的变化，结构面端部应力高度集中，将导致脆性断裂破坏，整体破坏特征表现为预制结构面的扩展和预制结构面尖端产生的翼裂纹引起岩桥破坏，其破坏后的结构体移动形式有掉落和滑动 2 种。

本章重点对埋藏结构体移动性进行分析。图 8 - 3 为一九面体结构体，平面 ABCD 以下的结构面和结构面 BCHG 均为重力约束面，结构面 ABGF、ADF、DCHF、HFG 均非重力约束面。

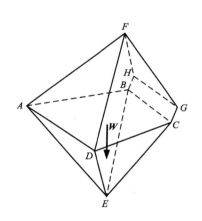

（1）一端至另一端后退式回采

在矿块内部采用一端至另一端后退式回采的顺序时，出露结构面位于结构体侧面，结构体潜在的移动方式只有滑动，因此其移动性为滑动和不可移动。假设相邻面为重力约束面时，其指向临空面的单位方向矢量为 p，出露结构面指向下方的单位矢量为 q。

图 8 - 3　回采可移动性示例结构体

①结构体移动性矢量分析

（A）滑动

出露结构面的相邻面同时存在重力约束面和非重力约束面且重力约束面满足 $p \cdot q \geq 0$ 时，结构体可能出现滑动。

当相邻面为重力约束面且其满足 $p \cdot q \geqslant 0$ 时，结构体的赋存形态实为楔形或类似楔形，如图8-4所示。楔形结构体受其重力的影响，可能将沿重力约束面进行滑动。

（B）不可移动

当相邻面为重力约束面且其满足 $p \cdot q < 0$ 时，结构体的赋存形态实为倒楔形，如图8-5所示。倒楔形的结构体具有矢量不可移动的特性，该结构体将不发生移动。

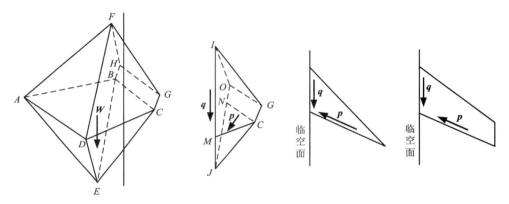

图8-4　滑动结构体示意图　　　　图8-5　不可移动结构体示意图

当回采工作面在结构体侧面时，将结构体切割为出露结构面为 IJOK 的类似倒楔形结构体，如图8-6所示。结构面 JEDO 为重力约束面且结构体满足 $p \cdot q < 0$，该结构体不可移动。

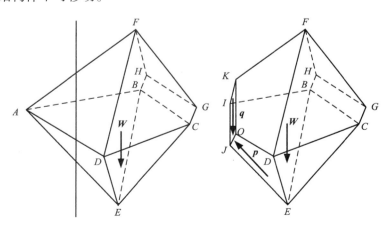

图8-6　不可移动结构体示意图

②矢量不可动结构体移动性力学分析

对于有岩桥的情况下，采用一端至另一端后退式回采时，只存在破坏岩桥后滑动一种形式，如图 8 - 7 所示。

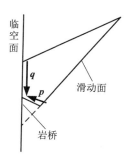

图 8 - 7　结构体破坏岩桥滑动示意图

当回采工作面在结构体侧面时，将结构体切割为出露结构面为 *IJOK* 的类似倒楔形结构体。由于重力作用，结构体可能破坏岩桥 *EDOJMN* 而发生滑动，如图 8 - 8 所示。

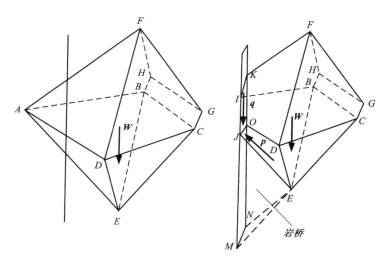

图 8 - 8　结构体破坏岩桥滑动示意图

采场中结构体稳定性系数的最低容许值为 1.3[17]，结构体要破坏岩桥而发生移动所需克服的阻力为岩桥破坏面上的剪切力 F_τ，存在岩桥时的结构体不发生移动的临界稳定性计算公式为 $K = F_\tau / F_S$，其中 F_τ 为发生破坏的岩桥上的剪力之

和，F_s 为结构体滑动力。则

$$F_\tau \geq 1.3F_s \qquad (8-1)$$

式($8-1$)中只考虑结构体重力破坏岩桥，因此 $F_s = \gamma V$。假设发生破坏的岩桥的面积为 s（图 $8-8$ 中的 MNE 面积），且结构体要发生移动需破坏 n 个岩桥，则 $F_\tau = \sum_{i=1}^n s_i \cdot \tau_i$。$\tau_i$ 为剪切面上的剪切应力，计算公式为 $\tau_i = c + \sigma_i \tan\varphi_i$。

结构体要破坏岩桥而发生滑动要克服的阻力除了岩桥破坏面上的剪切力 F_τ 外还有滑动面上的摩擦力与黏聚力。令 F 为滑动面上的阻力（摩擦力与黏聚力的合力，其值可参考一般块体理论中的块体沿单一面滑动的稳定性进行计算），则结构体不破坏岩桥发生滑动时的稳定性系数为 $K = (F + F_\tau)/F_s$。由此可得

$$F_\tau \geq 1.3F_s - F \qquad (8-2)$$

又因为 $\sum_{i=1}^n s_i \cdot \tau_i \leq \sum_{i=1}^n s_i \cdot \sum_{i=1}^n \tau_i$，则

$$\sum_{i=1}^n s_i \cdot \sum_{i=1}^n \tau_i \geq 1.3F_s - F \qquad (8-3)$$

因此，结构体破坏岩桥发生滑动的条件为

$$\sum_{i=1}^n s_i \leq (1.3\gamma V - F)\Big/ \sum_{i=1}^n \tau_i \qquad (8-4)$$

双面滑动可参照单面滑动的计算公式进行计算。

（2）中间至两端后退式回采

在矿块内部采用中间至两端后退式回采的顺序时，由于出露结构面的位置及回采过程中对埋藏结构体的切割形式、移动性分析方法等与一端至另一端单向回采的相似，故本书于此处不再赘述。

（3）水平上向分层回采

在矿块内部采用水平上向分层的回采顺序时，出露结构面位于结构体下方，结构体潜在的移动方式为掉落和滑动，因此，其移动性为掉落、滑动和不可移动。

①结构体移动性矢量分析

（A）掉落

除出露结构面外，其余结构面满足 $\boldsymbol{w} \cdot \boldsymbol{n}_i \geq 0$ 时，结构体掉落，如图 $8-9$ 所示。

结构体在回采过程中受回采工作面的切割，使得面 $IJHG$ 成为出露结构面。并且，除面 $IJHG$ 外，其余面均满足 $\boldsymbol{w} \cdot \boldsymbol{n}_i \geq 0$。因此，结构体将发生掉落。

（B）滑动

出露结构面的相邻面同时存在重力约束面和非重力约束面时，结构体可能出现滑动。

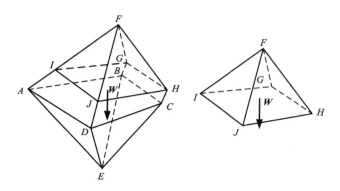

图 8 - 9 结构体掉落示意图

非重力约束面不可能成为滑动面,非重力约束面之间、重力约束面与非重力约束面之间的交棱也不可能为滑动棱(双面滑动其实为沿双面的交棱滑动),因此潜在的滑动棱为重力约束面的交线,潜在的单滑动面为重力约束面。此时需要运用块体理论中块体单面滑动和双面滑动的判断原理对可能的滑动方向进行判断。设出露结构面的相邻面为重力约束面时的平面方程为:$a_j x + b_j y + c_j z = d_j$,$j = 1$,2,3,4,倾斜线的单位方向矢量为 $\boldsymbol{m} = [a_j c_j,\ b_j c_j,\ -(a_j^2 + b_j^2)]$,重力约束面的交线为 $\boldsymbol{l}$,结构体各结构面(除出露结构面)的单位法向量为 $\boldsymbol{n}_i$,则

当 $\boldsymbol{m} \cdot \boldsymbol{n}_i \geq 0$ 时,结构体沿该结构面单面滑动,如图 8 - 10 所示。

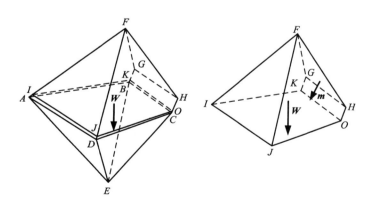

图 8 - 10 结构体单面滑动示意图

受回采活动影响,结构体变为了六面体 $FIJOHGK$,出露结构面为 $IJOK$。面 $IJOK$ 的相邻面为 FIJ、$FJOH$、$OHGK$、$FIKG$,并且除 $OHGK$ 为重力约束面外,其余

三个面均为非重力约束面。面 $OHGK$ 满足 $\boldsymbol{m} \cdot \boldsymbol{n}_i \geqslant 0$，因此，结构体沿该结构面滑动。

当 $\boldsymbol{n}_i \cdot \boldsymbol{l} \geqslant 0$ 时，结构体沿重力约束面的交线（棱）滑动。$\boldsymbol{l}$ 为重力约束面的交线，方向为指向结构体内部，依此可得 $\boldsymbol{w} \cdot \boldsymbol{l} \geqslant 0$。因此，当 $\boldsymbol{n}_i \cdot \boldsymbol{l} \geqslant 0$（交线与各结构面的法向量夹角为锐角）时，结构体沿该交线（棱）滑动。

（C）不可移动

出露结构面的相邻面全部为重力约束面时，结构体不可移动，如图 8 – 11 所示。

出露结构面的相邻面同时存在重力约束面和非重力约束面，结构体的结构面同时满足 $\boldsymbol{m} \cdot \boldsymbol{n}_i < 0$、$\boldsymbol{w} \cdot \boldsymbol{l} < 0$ 时，结构体不发生移动。

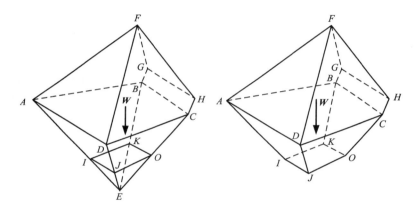

图 8 – 11　不可移动结构体示意图

②矢量不可动结构体移动性力学分析

出露结构面位于结构体下方时，同样存在在结构体自身重力的作用下，破坏阻碍结构体移动的岩桥而发生移动的情况，该情况下破坏岩桥而发生移动的形式有破坏岩桥后掉落和破坏岩桥后滑动两种。

（A）破坏岩桥后掉落

对于满足矢量不可移动条件的结构体，在其重力的作用下可能破坏阻碍结构体移动的岩桥而发生掉落，如图 8 – 12 所示。

采场中结构体稳定性系数的最低容许值为 1.3，结构体要破坏岩桥而发生掉落要克服的阻力为岩桥破坏面上的剪切力 F_τ。因此，存在岩桥时的结构体不发生坠落的稳定性计算公式为 $K = F_\tau / F_s$，其中 F_τ 为发生破坏的岩桥上的剪力之和，F_s 为结构体滑动力。则结构体破坏岩桥坠落所需的最小剪切力为

$$F_{\tau \min} = 1.3 F_s \tag{8 – 5}$$

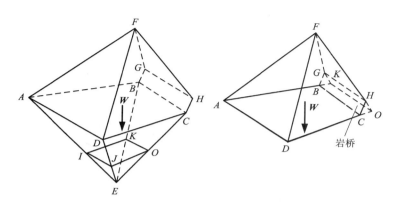

图 8 - 12　破坏岩桥掉落结构体示意图

只考虑结构体重力破坏岩桥的情况下，假设发生破坏的岩桥的面积为 s（图 8 - 12 中的 $GKOH$ 面积），且结构体掉落需破坏 n 个岩桥，则 $F_{\tau\min} = \sum\limits_{i=1}^{n} s_i \cdot \tau_i$。则有岩桥结构体发生掉落的条件为

$$\sum_{i=1}^{n} s_i \cdot \tau_i \leqslant 1.3\gamma V \qquad (8-6)$$

又因 $\sum\limits_{i=1}^{n} s_i \cdot \tau_i \leqslant \sum\limits_{i=1}^{n} s_i \cdot \sum\limits_{i=1}^{n} \tau_i$，则当阻碍结构体运动的岩桥总面积满足公式（8 - 7）时，结构体破坏岩桥掉落，

$$\sum_{i=1}^{n} s_i \leqslant 1.3\gamma V / \sum_{i=1}^{n} \tau_i \qquad (8-7)$$

（B）破坏岩桥后滑动

对于满足矢量不可移动条件的结构体，在重力的作用下可能破坏阻碍结构体移动的岩桥而发生滑动。破坏岩桥滑动结构体示意图如图 8 - 13 所示。

图 8 - 13 中 $IJBC$ 为出露结构面，在结构体重力的影响下，可能破坏岩桥 $BCOKGH$ 而沿结构面 $AIJD$ 进行滑动。

出露结构面位于结构体下方时，结构体破坏岩桥而发生滑动的条件与出露结构面位于结构体侧面的条件相同，即当 $\sum\limits_{i=1}^{n} s_i \leqslant (1.3\gamma V - F) / \sum\limits_{i=1}^{n} \tau_i$ 时结构体破坏岩桥后滑动。

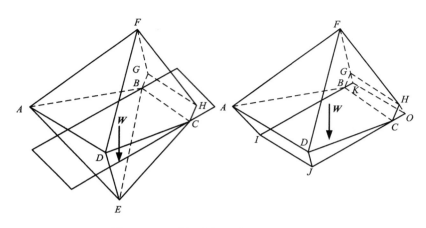

图 8 - 13 破坏岩桥滑动结构体示意图

8.4 采场结构体回采稳定性计算方法

回采过程中结构体的稳定性主要受其赋存条件、受力状况等影响，因此，对采场中结构体回采稳定性计算按埋藏结构体和固定结构体分别进行。

（1）埋藏结构体回采稳定性计算方法

埋藏结构体的稳定性计算参考一般块体理论，结构体掉落时不进行计算，稳定性系数为 0，即 $f = 0$；

当埋藏结构体滑动时，参照一般块体理论，

滑动力 F_s 为：

$$F_s = W\sin\alpha \tag{8-8}$$

摩擦力 F_f 为：

$$F_f = W\cos\alpha\tan\varphi \tag{8-9}$$

黏聚力 F_c 为：

$$F_c = CA \tag{8-10}$$

则埋藏结构体稳定性系数：

$$f = (F_f + F_c)/F_s \tag{8-11}$$

式中：α、φ、C、A 分别为滑动面的倾角、摩擦角、黏聚力系数和滑动面面积。

当埋藏结构体周围不存在临空面而不可移动时，可视其稳定，不进行稳定性计算。但当埋藏结构体存在临空面而使得原本的移动状态改变时，其稳定性需参照块体理论中的块体稳定性计算方法进行计算。

（2）固定结构体回采稳定性计算方法

回采后，临空面只在矿块内出现，顶底板、顶底柱和间柱等一般不受回采破坏，结构体无论为哪种运动形式，总的运动趋势是指向矿块内的。在稳定性分析的过程中，只考虑单固定面，且仍假设结构体只在固定处发生破断。

① 当 $w \cdot m_i \geq 0$ 时，固定面一般位于顶板、间柱及顶底柱处

假设固定面为结构面，图 8 - 14 为当 $w \cdot m_i \geq 0$ 时满足掉落运动条件的固定结构体。图 8 - 14(a)为一固定面位于间柱处的结构体，经过回采，其下部和右部形成了临空面；图 8 - 14(b)为一个固定面位于顶板处的结构体，回采后，其下部形成了临空面。两结构体满足掉落运动的条件，发生掉落，s 为其运动方向矢量。此种结构体的稳定性计算参考最小固定面面积求法部分，计算出结构体所对应的最小固定面面积 $A_{\min}$，结构体的固定面面积为 A_d，则其稳定性系数为：

$$f = \frac{A_d}{A_{\min}} \qquad (8-12)$$

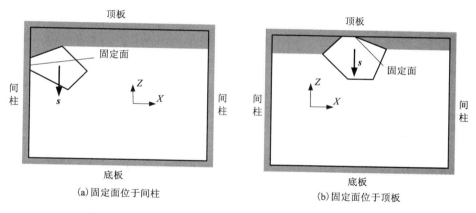

(a)固定面位于间柱　　　　　　　　　　(b)固定面位于顶板

图 8 - 14　$w \cdot m_i \geq 0$ 时满足掉落运动条件的固定结构体

若结构体满足滑动条件，图 8 - 15 为一固定面位于间柱处的结构体。经过回采，其右部形成了临空面，上部和下部还留有矿石，假设固定面为结构面时，结构体满足滑动运动的条件，s 为其滑动方向矢量。

结构体滑动失稳的过程为：首先固定面破断，产生了次生结构面，然后结构体滑动。由于岩体容易发生拉破坏，固定面不会成为滑动面，所以在固定处破断为次生结构面的过程中只考虑拉应力的作用，且次生结构面总体上垂直于滑动矢量。图 8 - 15 中给出了受力示意图。将作用于结构体的力移到原点 O 上，以滑动方向线为 x 轴，以重力线与滑动方向线确定的平面为 xy 平面建立如图坐标系，F_m 为滑动面上的支承力。β_t 为滑动方向矢量和固定面法向矢量的夹角，其他符号意

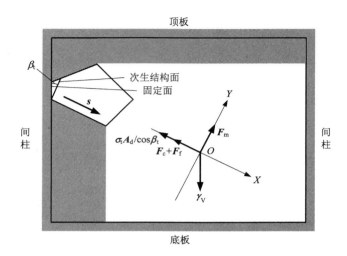

图 8-15　$w \cdot m_i \geqslant 0$ 时满足滑动运动条件的固定结构体

义同前。由于固定面的破断产生的次生结构面形态复杂，其面积的确定较为困难，可大致取其面积为 $A_d/\cos\beta_t$。设固定面单位法向矢量为 n_d，由固定面产生的阻力为 F_d。

$$\beta_t = \arccos\frac{|n_d \cdot s|}{|n_d| \cdot |s|} \tag{8-13}$$

$$F_d = \sigma_t A_d/\cos\beta_t \tag{8-14}$$

此时，固定结构体的稳定性系数 f_d 可定义为：

$$f_d = \frac{F_f + F_c + F_d}{F_s} \tag{8-15}$$

式中：F_f、F_c 和 F_s 参考一般块体理论中块体稳定性计算方法。

②当 $w \cdot m_i < 0$，固定面位于底板、间柱或底柱处。假设固定面为结构面时，由于固定面一般不因回采而破坏，结构体不会满足掉落运动条件，可能满足滑动条件。

假设固定面为结构面时，结构体满足滑动条件，但固定面不为滑动面，如图 8-16 所示。该情况下，固定面处较易发生剪切破坏，对结构体作前述类似处理与分析。图 8-16 中给出了结构体的受力分析图。假设次生结构面产生于固定处，且总体上平行于滑动矢量，垂直于 xy 平面。β_τ 为滑动矢量与固定面的线面夹角，取次生结构面的面积大致为 $A_d/\cos\beta_\tau$。稳定性系数计算使用式(8-17)。

$$\beta_\tau = 90° - \arccos\left(\frac{|s \cdot n_d|}{|s| |n_d|}\right) \tag{8-16}$$

$$F_{d} = \tau A_{d} / \cos\beta_{\tau} \qquad\qquad (8-17)$$

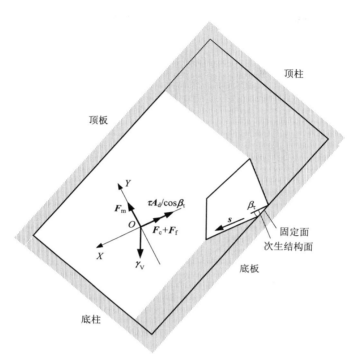

图 8-16 $\boldsymbol{w} \cdot \boldsymbol{m}_{i} < 0$ **时，固定面不为滑动面**

假设固定面为结构面时，固定面为滑动面。固定面受剪切作用，固定面处受力超过岩石的抗剪强度时，结构体滑动失稳，结构面上不需要计算 F_{f} 和 F_{c}，如图8-17所示。

$$F_{d} = \tau A_{d} \qquad\qquad (8-18)$$

$$f = \frac{F_{d}}{F_{S}} \qquad\qquad (8-19)$$

8.5 空场法开采试验区采场结构体回采可移动性分析

将 +255 m 中段 1# 矿块采场（尺寸为 50 m × 120 m × 35 m）为样本，进行结构体回采可移动性分析。利用 GeneralBlock 软件构建出采场结构体模型，定义一阶边坡模型为开挖类型，且6个面均为固定面，不含自由面。对 1# 矿块内采场结构体进行解构，解构结果如图8-18所示。

解构出的采场内单固定面结构体与埋藏结构体共 19 个，解构内容为体积、重

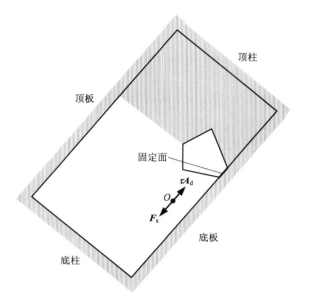

图 8 – 17 $w \cdot m_i < 0$ 时，固定面为滑动面

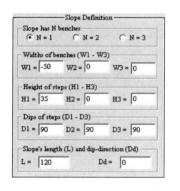

图 8 – 18 1# 矿块内采场结构体解构结果图

心坐标、包裹长方体大小和构成结构面数等，如表 8 – 1 所示。试验区采场内矿岩黏聚力为 3.4 ~ 3.72 MPa，内摩擦角为 26.81° ~ 27.57°，抗拉强度为 2.4 MPa，抗压强度为 44.25 MPa，抗剪强度为 4.57 MPa，平均容重为 27 kN/m³。矿块试验区采用分段凿岩阶段矿房法进行回采，水平深孔排距 1.5 m，每次爆破 2 排深孔。

表 8-1　解构结果统计表

结构体	体积/V³	重心坐标/m	包裹长方体大小	固定面面积/m²	最小固定面积/m²	结构面数/个
fixed10	426.495	8.6, 82.4, 45.2	14.665 m×18.433 m×9.598 m	97.19	24.070	7
fixed12	327.358	36.160, 97.188, 40.327	16.822 m×7.401 m×19.722 m	129.14	15.686	4
fixed15	249.209	6.786, 89.861, 45.706	14.625 m×12.087 m×8.447 m	21.91	11.115	7
fixed16	221.462	18.56, 95.781, 45.160	14.637 m×8.277 m×9.110 m	27.46	8.128	5
unexposed17	213.863	6.378, 85.941, 42.877	12.296 m×9.603 m×11.964 m	0	0	7
fixed21	126.292	19.988, 85.727, 43.469	9.726 m×8.140 m×12.755 m	10.75	8.240	5
fixed22	121.113	4.068, 75.966, 40.638	7.791 m×10.348 m×18.724 m	1.05	13.042	5
fixed23	117.011	3.323, 84.823, 30.487	6.645 m×8.102 m×18.818 m	7.41	5.979	4
fixed28	89.285	13.775, 96.44, 44.819	7.624 m×6.340 m×10.362 m	13.32	3.067	4
fixed31	58.227	3.15, 86.91, 37.909	7.24 m×5.737 m×9.716 m	8.64	4.004	5
fixed34	46.945	3.876, 78.014, 44.669	6.336 m×10.527 m×10.861 m	1.09	5.709	4
fixed40	38.852	1.279, 82.319, 41.877	2.627 m×5.654 m×11.439 m	8.92	1.916	5
unexposed44	32.015	13.479, 95.423, 40.754	7.321 m×5.062 m×9.509 m	0	0	5
unexposed45	25.195	10.251, 90.545, 44.378	7.283 m×3.730 m×8.967 m	0	0	6
fixed46	24.326	8.975, 3.032, 40.193	9.194 m×6.064 m×9.140 m	12.04	1.755	3
fixed53	12.154	3.329, 9.266, 47.381	5.224 m×6.405 m×5.237 m	5.28	0.853	4
fixed56	7.444	4.973, 90.087, 37.459	9.946 m×3.273 m×9.077 m	0.03	0.806	4
unexposed58	6.007	15.206, 92.572, 46.371	5.514 m×3.500 m×5.278 m	0	0	4
fixed60	5.378	59.059, 14.844, 9.984	2.239 m×14.027 m×13.501 m	1.54	0.923	5

注：结构体重心坐标与包裹长方体大小用于表征结构体位置及形态。

（1）试验区采场结构体回采可移动性分析

在结构体移动性分析中，由于固定结构体的回采可移动性分析难以进行，所以只对埋藏结构体和固定面被破坏的固定结构体进行回采移动性分析。利用 8.3 中所述关于结构体回采移动性分析的理论对埋藏结构体和固定面被破坏的固定结构体分别进行三种回采顺序下的结构体回采移动性分析。

①一段至另一端单向后退回采时，固定结构体 46 的固定面被破坏，对固定面被破坏的固定结构体和埋藏结构体移动性进行分析，结果如表 8-2 所示。

表 8-2　一段至另一端单向后退式回采结构体移动性分析结果

结构体编号	结构面数	重力约束面数	非重力约束面数	失稳形式
17	7	3	4	滑动
44	5	2	3	滑动
45	6	2	4	不可移动
46	3	1	2	滑动
58	4	2	2	滑动

　　结构体 45 矢量不可移动,阻碍其移动的岩桥总面积为 4.59 m^2,岩桥倾角为 61.83°。由式(8-7)计算出结构体可破坏的岩桥面积为 2.15 m^2。因此,结构体 45 不会破坏岩桥而发生移动。

　　②中间至两端后退回采时,固定结构体 21、22、23、34 和 60 的固定面被破坏,同①对体移动性进行分析,结果如表 8-3 所示。

表 8-3　中间至两端后退式回采结构体移动性分析结果

结构体编号	结构面数	重力约束面数	非重力约束面数	失稳形式
17	7	3	4	滑动
21	5	3	2	滑动
22	5	2	3	不可移动
23	4	1	3	滑动
34	4	2	2	不可移动
44	5	2	3	滑动
45	6	2	4	滑动
58	4	2	2	滑动
60	5	1	4	滑动

　　结构体 22 和 34 矢量不可移动,阻碍其移动的岩桥总面积分别为 1.39 m^2 和 4.98 m^2,岩桥倾角分别为 108.83° 和 130.42°。由式(8-7)可计算出结构体可破坏的岩桥面积分别为 3.18 m^2 和 3.29 m^2。因此,结构体 22 破坏岩桥滑动,结构体 34 不会破坏岩桥而发生移动。

　　③水平上向分层回采时,固定结构体 22、34、56 和 60 的固定面被破坏,同①对体移动性进行分析,结果如表 8-4 所示。

结构体 45 和 56 矢量不可移动,阻碍其移动的岩桥总面积分别为 5.10 m² 和 7.31 m²,岩桥倾角分别为 95.4°和 87.3°。由式(8 - 7)和式(8 - 12)计算出结构体可破坏的岩桥面积分别为 2.78 m² 和 2.61 m²。因此,结构体 45 和 56 不会破坏岩桥而发生移动。

表 8 - 4 水平上向分层回采结构体移动性分析结果

结构体编号	结构面数	重力约束面数	非重力约束面数	失稳形式
17	7	3	4	滑动
22	5	2	3	滑动
34	4	1	3	掉落
44	5	2	3	掉落
45	6	2	4	不可移动
56	4	1	3	不可移动
58	4	2	2	滑动
60	5	2	3	滑动

(2)试验区采场结构体稳定性计算

①埋藏结构体稳定性计算

由移动性分析可知,解构出的埋藏结构体受回采影响可能发生单面滑动。因此,利用块体理论中的稳定性计算公式 $f = (F_f + F_c)/F_s$ 对埋藏结构体稳定性进行计算,计算结果如表 8 - 5 所示。

表 8 - 5 埋藏结构体稳定性计算结果

结构体编号	W	α	φ	A	F_s	F_f	F_c	f
17	5744.301	28	27	17.56	2696.786	2928.272	63216	24.527
44	864.405	84	27	6.83	859.669	46.038	24588	28.655
58	162.189	42	27	2.45	108.526	61.413	8820	81.837

埋藏结构体赋存于岩体内部没有结构面出露,受母岩或结构体的夹制作用,不可产生移动。随着回采工作的进行,埋藏结构体可能转变为出露结构体,进而,稳定性系数小的结构体将可能产生失稳运动;稳定性系数大的结构体仍然能够维持其原本的稳定性,不发生失稳运动。

由表 8 – 5 可知，埋藏结构体 17、埋藏结构体 44、埋藏结构体 58 的稳定性系数分别为 24.527、28.655、81.837，均大于 1.0。即随着回采工作的进行，当结构体 17、结构体 44 和结构体 58 的周围出现临空面时，其仍不产生失稳运动。

②固定结构体稳定性计算

根据固定结构体的回采稳定性分析，对解构出的单固定面结构体进行稳定性计算。根据单固定结构体在采场中的赋存位置和形式对其进行了回采稳定性分析，分析出结构体 fixed10、fixed15、fixed16、fixed22、fixed28、fixed34、fixed46、fixed53、fixed56、fixed60 受回采及其自身重力影响，固定面受拉可能发生断裂而使结构体滑动。分析出结构体 fixed12、fixed21、fixed23、fixed31、fixed40 受回采及其自身重力影响，固定面可能发生剪切破坏而导致结构体滑动。

受拉滑动的结构体稳定性计算公式为 $f = A_d/A_{\min}$，受剪切滑动的结构体计算公式为 $f = F_d/F_s$。对不同破坏形式的结构体按照上述公式进行稳定性计算，结果如表 8 –6 所示。

表 8 –6　固定结构体回采稳定性计算结果

结构体	结构面数	重力约束面数	非重力约束面数	固定面破坏形式	可能失稳形式	f
fixed10	7	3	4	拉断	滑动	4.038
fixed12	4	3	1	剪断	滑动	67.604
fixed15	7	1	6	拉断	滑动	1.971
fixed16	5	3	2	拉断	滑动	3.378
fixed21	5	3	2	拉断	滑动	14.916
fixed22	5	3	2	拉断	滑动	0.081
fixed23	4	1	3	剪断	滑动	10.760
fixed28	4	2	2	拉断	滑动	4.343
fixed31	5	3	2	剪断	滑动	26.902
fixed34	4	1	3	拉断	滑动	0.191
fixed40	5	2	3	剪断	滑动	40.642
fixed46	4	2	2	剪断	滑动	6.860
fixed53	4	2	2	拉断	滑动	6.190
fixed56	4	1	3	拉断	滑动	0.037
fixed60	5	2	3	剪断	滑动	1.668

由表 8 - 6 可知，固定结构体 22、固定结构体 34 和固定结构体 56 的稳定性系数均小于 1.0，当固定面破坏后，极易产生滑动失稳。固定结构体 10、固定结构体 15、固定结构体 16、固定结构体 28、固定结构体 60 等稳定性系数也较小，当固定面破坏后，也存在发生失稳的风险，工程活动中应给予重视。

参考文献

[1] 徐营，张子新. 块裂结构岩质地下洞室松动特征试验研究[J]. 岩土工程学报，2010，32 (2)：216 - 224.

[2] R. E. GOODMAN, G. H. SHI. Block theory and application to rock engineering [M]. New York: Prentice Hall, 1985.

[3] P. M. Warburton. Vector stability analysis of an arbitrary polyhedral rock block with any number of free farces [J]. International Journal of Rock Mechanics and Mining Sciences, 1981, 18(5): 415 - 427.

[4] G. H. SHI. Rock global stability estimation by three dimensional blocks formed with statistically produced joint polygons [A]. Ming Lu (ed.). Development and Application of Discontinuousmodelling for Rock Engineering. The Sixth International Conference on Analysis of Discontinuous Defor - mation[C]. Blackman, 2003.

[5] 石根华. 岩体稳定分析的几何方法[J]. 中国科学，1981，31(4)：487 - 495.

[6] S. F. Hoerger. Probabilistic and deterministic keyblock analysis for excavation design [D]. Michigan Technological University, Halton, 1988: 22 - 48.

[7] L. Y. Chan. Application of block theory and simulation techniques to optimum design of rocks excavation [D]. Michigan Technological University, Halton, 1986: 18 - 53.

[8] J. S. Kuszmaul, R. E. Goodman. Analytical model for estimating keyblock sizes in excavation jointed rockmasses //Fractured and Jointed Rockmasses[M]. Balkema, 1995.

[9] Z. X. Zhang, Q. H. Lei. Amorphological visualization method for removability analysis of blocks in discontinuous rockmasses[J]. Rock Mechanics and Rock Engineering, 2014, 47(8): 1237 - 1254.

[10] 于青春，陈德基，薛果夫，等. 裂隙岩体一般块体理论初步[J]. 水文地质工程地质，2005，(6)：42 - 47.

[11] 徐东强，陈建设，彭永池. 金厂峪金矿缓倾斜难采矿体采矿方法研究[J]. 有色金属，2000，29(3)：9 - 12.

[12] 臧士勇. 块体理论及其在采场巷道稳定分析中的应用[J]. 昆明理工大学学报，1997，22 (4)：9 - 15.

[13] 孙世国，万林海，王思敬. 矿山复合开采岩体移动理论与安全评价方法[J]. 地学前缘，2000，6(7)：289 - 295.

[14] 陈斗勇. 采动斜坡稳定性的块体理论研究[J]. 水文地质工程地质，1996，2：28 - 32.

[15] 瞿英达. 采场上覆岩层中的面接触块体结构及其稳定性力学机制[M]. 北京：煤炭工业

出版社, 2006.

［16］陈庆发, 赵有明, 陈德炎, 等. 采场内结构体解算及其稳定性计算［J］. 岩土力学, 2013,
34(7)：2051 - 2058.

［17］郑银河, 夏露, 于青春. 考虑岩桥破坏的块体稳定性分析方法［J］. 岩土力学, 2013, 34
(z1)：197 - 203.

第 9 章　空场法开采矿柱结构体解构

　　矿柱作为空场法开采条件下采场中不可或缺的重要结构单元支撑着顶板不发生冒落，为矿体的安全回采提供基础保障，既是支撑地下开采系统的结构，又为有价值的可回收矿产资源，其自身稳定性一直备受关注。

　　地下矿山裂隙矿岩空场法回采条件下，矿柱范围内结构体的赋存形态及其力学性质严重影响着采矿工程结构的安全[1]。矿柱失稳破坏将导致采空区的冒落，甚至造成地表塌陷，因此矿柱的稳定性是整个采矿工程结构稳定性的关键，开展矿柱内结构体解构及其稳定性计算对于指导矿山的安全生产具有重要意义。区别于采场结构体对采矿工艺过程影响，矿柱结构体由于其赋存形态及其力学性质则严重影响采矿工程结构的中后期安全运行，本章从未进行回收的矿柱稳定性角度出发，重点开展矿柱内结构体解构、可移动性分析及其稳定性计算。

9.1　矿柱模型与矿柱结构体模型

9.1.1　矿柱模型

　　考虑既满足一般研究需要，又能说明基本理论问题，取上中段底柱和当前中段的顶柱、当前中段的底柱和下中段的顶柱及当前中段 2 个采场 3 个间柱共同组合构成的正六面体区域作为研究范围，定义开挖类型为隧洞模型，利用 GeneralBlock 软件构建出基本矿柱模型(简称为矿柱模型)。

9.1.2　矿柱结构体模型

　　本书将涵盖了结构体的矿柱模型称为矿柱结构体模型。

　　在矿柱模型的基础上构建矿柱结构体模型，需要在 GeneralBlock 软件中输入相关结构面参数，这些参数主要有：产状、赋存位置、张开度、黏滞系数、摩擦角和半径等参数。结构面参数一般在所研究矿柱模型相关区域巷道内调查获取。

　　将所有调查结构面数据进行统计、处理，按照 GeneralBlock 软件的要求格式，输入矿柱模型中，构建出矿柱结构体模型。

9.2 矿柱结构体初步解构

基于矿柱结构体模型，利用 GeneralBlock 软件的分析与计算功能，对结构体进行解构，显现出矿柱上结构体及其在矿柱内的赋存形态。具体解构方法为：将结构面调查数据输入 GeneralBlock 软件中，在矿柱模型内生成实际调查的结构面，构建出矿柱结构体模型。并对矿柱结构体模型中的结构面互相切割形成的结构体进行计算，解构和识别出矿柱内结构体。

通过对大量矿柱结构体模型的解构与分析，总结出结构体在矿柱上的一般赋存形式，即固定结构体和非固定结构体。结构体的位置分布也较为复杂，有单独赋存在间柱或顶底柱的结构体，也有位于间柱与顶底柱连接处的结构体。

9.3 矿柱结构体真实性分析

结构面调查与统计存在着各种误差，如产状统计误差、迹长统计误差、半径估算误差等，这些因素影响了结构体解算结果的真实性[2]。

结构体是由若干个多边形组成的多面体，每个多边形均由结构面切割而成。若多边形面真实存在，则多边形必包含于其所在的结构面，因此，可将结构体真实性分析转化为多边形面的真实性分析。

假设结构面上存在一点 B，使得实测点 A 到 B 的距离最大，且最大距离为 μ（即 $\mu = \max|AB|$），根据一般块体理论中结构面恢复原理[3]以及测线法测量原理[4]绘制出 μ 与 r 的几何关系图，如图 9-1 所示。

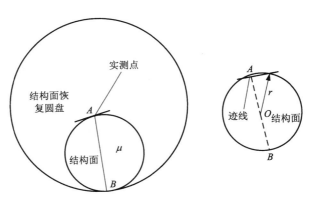

图 9-1 μ 与结构面半径关系示意图

由图 9 - 3 可知，μ 与 r 关系为：

$$\mu = |AB| = r + \sqrt{r^2 - (l/2)^2} \tag{9-1}$$

利用 GeneralBlock 软件的计算功能，可以解构出结构体多边形面所在的结构面及多边形面各顶点的坐标。令多边形各顶点与其所在调查结构面实测点间的最大距离为 λ_{max}、最小距离为 λ_{min}，则：

当 $\mu \geqslant \lambda_{max}$ 时，多边形包含于其所在结构面，结构体的多边形面真实存在。

当 $\mu \leqslant \lambda_{min}$ 时，多边形不包含于其所在结构面，结构体的多边形面不真实存在。

根据结构体的多边形面的真实性分析可对结构体的真实性进行分级，分级方法与采场结构体真实性分级方法相同。

9.4　矿柱结构体赋存位置

利用 GeneralBlock 软件可解构出矿柱内结构体体积 V 及各顶点 A_i 坐标 (x_i, y_i, z_i)。运用多面体重心求解公式[5]，求出结构体重心 O_j 的坐标 (x_j, y_j, z_j)。

$$\left.\begin{aligned}
x_j &= \frac{\iiint\limits_V x\mathrm{d}x\mathrm{d}y\mathrm{d}z}{V} = \frac{\sum \mathrm{simplex} - \mathrm{integration} - 3\mathrm{d}(\mathrm{point} - \mathrm{data}, 1, 0, 0)}{\sum \mathrm{simplex} - \mathrm{integration} - 3\mathrm{d}(\mathrm{point} - \mathrm{data}, 0, 0, 0)} \\[2mm]
y_j &= \frac{\iiint\limits_V y\mathrm{d}x\mathrm{d}y\mathrm{d}z}{V} = \frac{\sum \mathrm{simplex} - \mathrm{integration} - 3\mathrm{d}(\mathrm{point} - \mathrm{data}, 0, 1, 0)}{\sum \mathrm{simplex} - \mathrm{integration} - 3\mathrm{d}(\mathrm{point} - \mathrm{data}, 0, 0, 0)} \\[2mm]
z_j &= \frac{\iiint\limits_V z\mathrm{d}x\mathrm{d}y\mathrm{d}z}{V} = \frac{\sum \mathrm{simplex} - \mathrm{integration} - 3\mathrm{d}(\mathrm{point} - \mathrm{data}, 0, 0, 1)}{\sum \mathrm{simplex} - \mathrm{integration} - 3\mathrm{d}(\mathrm{point} - \mathrm{data}, 0, 0, 0)}
\end{aligned}\right\} \tag{9-2}$$

将结构体的固定面投影到水平面，各顶点分别为 A_1，A_2，$\cdots$，A_n。

如果固定面的投影为凸状，则其面积为：

$$S_{A_1A_2\cdots A_n} = S_{A_1A_2\cdots A_{n-1}} + S_{A_1A_{n-1}A_n} = \frac{1}{2}\left|\left[\sum_{h=1}^{n-1}(x_{h+1}y_h - x_hy_{h+1}) + (x_1y_n - x_ny_1)\right]\right| \tag{9-3}$$

如果固定面的投影为凹状，则其面积为：

$$S_{A_1A_2\cdots A_n} = S_{A_1A_2\cdots A_{n-1}} - S_{A_1A_{n-1}A_n} = \frac{1}{2}\left|\left[\sum_{h=1}^{n-1}(x_{h+1}y_h - x_hy_{h+1}) + (x_1y_n - x_ny_1)\right]\right| \tag{9-4}$$

结构体固定面形心 $C_k(x_k, y_k, z_k)$ 的解算方法如下：

设 A_1，A_2，…，A_n 分别为结构体固定面各顶点，任取三个不在同一直线上的三点 $A_m(x_m, y_m, z_m)$、$A_p(x_p, y_p, z_p)$、$A_q(x_q, y_q, z_q)$，可得固定面的平面方程为：

$$ax + by + cz + d = 0 \tag{9-5}$$

式中： $a = (x_p - y_m)(z_q - z_m) - (z_p - z_m)(y_q - y_m)$，

$b = (z_p - z_m)(x_q - x_m) - (x_p - x_m)(z_q - z_m)$，

$c = (x_p - x_m)(y_q - y_m) - (y_p - y_m)(x_q - x_m)$，

$d = -(ax_m + by_m + cz_m)$。

令 $\text{sum}x = \sum_{i=1}^{n} [(x_i + x_{i+1}) \times (x_i y_{i+1} - x_{i+1} y_i)]$、$\text{sum}y = \sum_{i=1}^{n} [(y_i + y_{i+1}) \times (x_i y_{i+1} - x_{i+1} y_i)]$，联合式(9-5)可求出固定面的形心坐标为 $(\text{sum}x/6S_{C_0 C_1 \cdots C_n}$, $\text{sum}y/6S_{C_0 C_1 \cdots C_n}$, $-(ax_k + by_k + d)/c)$，$S_{C_0 C_1 \cdots C_n}$ 为结构体固定面面积。

9.5 矿柱结构体最小固定面面积计算

将使结构体恰好保持稳定的固定面面积称为最小固定面面积。解算出的矿柱内结构体包括固定和非固定两类，分析过程中可将非固定结构体固定面面积视为0。固定结构体实为块体理论中定义的无限块体，其自身可能在应力作用下发生断裂破坏，需对其稳定性进一步分析。

运用块体理论进行结构体稳定性分析时，常认为具有 2 个及以上固定结构面的结构体不易发生失稳。本章主要对单个固定面易失稳的结构体情形进行分析。在实际矿山工程中，易失稳的结构体以块状居多，也存在部分板状结构体。为符合工程实际，按结构面的破坏形式建立块状固定结构体破坏和板状固定结构体破坏两种单固定面计算力学模型。假设块状结构体所受驱动力只考虑重力作用、板状结构体所受驱动力除重力外还有与上覆岩层间的接触力，并设结构体除固定面、接触面外其他面均为临空面[6-11]。

（1）单固定面块状结构体力学计算模型

矿柱单固定面块状结构体在固定面处发生破坏的力学模型与采场中相似，据此可推导出矿柱结构体保持稳定条件为：

$$\frac{32\gamma V \left(l - \dfrac{d}{2}\tan\alpha\right)\sin\alpha}{\pi d^3} + \frac{4\gamma V \cos\alpha}{\pi d^2} \leqslant \sigma_t \tag{9-6}$$

$$\frac{32\gamma V \left(l - \dfrac{d}{2}\tan\alpha\right)\sin\alpha}{\pi d^3} - \frac{4\gamma V \cos\alpha}{\pi d^2} \leqslant \sigma_c \tag{9-7}$$

$$\frac{16\gamma V\sin\alpha}{3\pi d^2}\leqslant\tau \tag{9-8}$$

式中：γ 为结构体岩石重度；V 为结构体体积；α 重力方向与 x 轴夹角；d 为固定结构体圆柱模型直径；σ_t 为岩石抗拉强度；σ_c 为岩石抗压强度；τ 为岩石抗剪强度。

单固定面块状结构体的最小固定面面积为：

$$A_{\min}=\max(A_t,\ A_c,\ A_\tau)/\cos\alpha \tag{9-9}$$

式中：A_t、A_c 和 A_τ 分别为临界抗拉、抗压、抗剪状态时固定面的面积。

（2）单固定面板状结构体力学计算模型

间柱与顶底柱结合处折断破坏的最小固定面解算模型可用外接长方体近似代表，如图 9-2 所示。

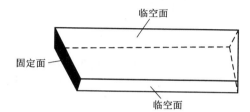

图 9-2　单固定面板状结构体力学计算模型

结构体受重力与接触力影响，可用向下载荷作用下的悬臂梁板模型进行分析，其受力情况如图 9-3 所示。设长方形梁板承受集度为 q，长、宽和高分别为 L、b 和 h，固定面面积为 A，则其固定面面积为 $A=bh$。

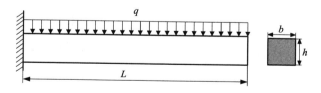

图 9-3　悬臂梁板模型受力分析图

由材料力学知，结构体所受最大剪力为 $F_{s,\max}$、最大弯矩为 $M_{\max}$、抗弯截面系数为 W_z。则其最大弯曲正应力和最大弯曲切应力为：

$$\sigma_{\max}=\frac{M_{\max}}{W_z}=\frac{\dfrac{qL^2}{2}}{\dfrac{bh^2}{6}}=\frac{3qL^2}{bh^2} \tag{9-10}$$

$$\tau_{max} = \frac{3F_{s,max}}{2bh} = \frac{3qL}{2bh} \quad\quad (9-11)$$

结构体的抗拉强度为$[\sigma]$、抗剪强度为$[\tau]$，则结构体保持稳定的条件为：

$$\sigma_{max} = 3qL^2/bh^2 \leqslant [\sigma] \quad\quad (9-12)$$

$$\tau_{max} = 3qL/2bh \leqslant [\tau] \quad\quad (9-13)$$

因$A = bh$，所以结构体抗拉强度面积和抗剪强度面积分别为：

$$A_\sigma \geqslant 3qL^2/h[\sigma] \quad\quad (9-14)$$

$$A_\tau \geqslant 3qL/2[\tau] \quad\quad (9-15)$$

单固定面板状结构体的最小固定面面积为：

$$A_{min} = max[A_\sigma, A_\tau] \quad\quad (9-16)$$

9.6 矿柱结构体可移动性分析

空场采矿法将矿块划分为矿房与矿柱，先回采矿房，待回采工作完毕，只剩下各类矿柱，如图 9-4 所示。矿柱进行回采或作为永久矿柱损失，需视矿岩稳固程度、工艺需要与矿石价值等因素确定。本章主要进行矿柱结构体的解构及可移动性分析，故不考虑矿柱回采问题。本书建立的矿柱结构体可移动性分析理论基于如下条件：

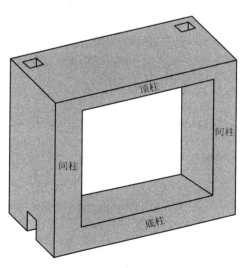

图 9-4 矿柱示意图

（1）剩余的矿柱不受矿房回采的直接影响，而是在采动效应、地压及其他应力的作用下受到破坏。

（2）赋存于矿柱内的埋藏结构体，在存在临空面的情况下才会发生移动。

（3）赋存于矿柱内的固定结构体，一般不发生移动，只有当所有固定面被破坏后才可能发生移动。

在不考虑岩桥破坏的情况下，具有临空面是埋藏结构体发生移动的必要条件，即 $D = \varphi \cap Q \neq \varphi$；固定结构体的固定面全部被破坏且存在临空面是其发生运动的必要条件。即 $D = P \cap Q \neq \varphi$。因此，对矿柱结构体的移动性分析是在 $D = P \cap Q \neq \varphi$ 的前提下的。

9.6.1 埋藏矿柱结构体可移动性分析

埋藏结构体在矿柱模型内不同的赋存位置具有不同的移动性。

令重力约束面的交线指向结构体内部的方向矢量为 l，临空面指向下方的单位方向矢量为 q，临空面的相邻面为重力约束面时，其指向临空面的单位方向矢量为 p。

（1）埋藏结构体单独赋存于顶柱

①当临空面位于结构体下方，且其余结构面满足 $\omega \cdot n_i$，则结构体掉落。

②当临空面的相邻面均为重力约束面时（即 $K = J$），结构体不可移动。

③当临空面的相邻面同时存在重力约束面和非重力约束面且重力约束面满足 $p \cdot q \geq 0$ 时（即 $(K = I \cup J) \cap p \cdot q \geq 0$），结构体可能出现滑动。

④当临空面的相邻面有重力约束面（即 $K \cap J \neq \varphi$），结构体可能出现滑动。

⑤当临空面的相邻面同时存在重力约束面和非重力约束面，且结构体的结构面同时满足 $m \cdot n_i < 0$、$w \cdot l < 0$ 时，结构体不发生移动。

⑥当临空面的相邻面存在重力约束面且重力约束面满足 $p \cdot q < 0$ 时（即 $(K \cap J \neq \varphi) \cap p \cdot q < 0$），结构体的赋存形态实为倒楔形，结构体将不发生移动。

（2）埋藏结构体单独赋存于底柱

当埋藏结构体单独赋存于底柱时，由于底柱的下表面为固定面（即重力约束面），故在其约束下，一般认为埋藏结构体不发生移动。

（3）埋藏结构体单独赋存于间柱

当埋藏结构体单独赋存于间柱时，临空面一般处于结构体一侧，其移动形式只有滑动一种。

①临空面的相邻面同时存在重力约束面和非重力约束面且重力约束面满足 $p \cdot q \geq 0$ 时（即 $(K = I \cup J) \cap p \cdot q \geq 0$），结构体可能出现滑动。

②当相邻面为重力约束面且其满足 $p \cdot q < 0$ 时（即 $(K \cap J \neq \varphi) \cap p \cdot q < 0$），结构体的赋存形态实为倒楔形，因此该结构体将不发生移动。

（4）埋藏结构体赋存于顶柱和间柱

当埋藏结构体赋存于顶柱和间柱时，结构体的间柱部分和顶柱部分同时存在临空面且满足滑动条件时，结构体才可发生移动。此时，结构体的移动形式只有滑动一种，且主要滑动面一般为间柱上的重力约束面。

结构体滑动条件为：

①当结构体在间柱上和顶柱上的临空面的相邻面同时存在重力约束面和非重力约束面且重力约束面满足 $\boldsymbol{p} \cdot \boldsymbol{q} \geqslant 0$ 时，结构体可能出现滑动。

②当结构体在间柱和顶柱上临空面的相邻面全部为非重力约束面时，结构体出现滑动。

（5）埋藏结构体赋存于底柱和间柱

当埋藏结构体赋存于底柱和间柱时，由于结构体的底柱部分对其整体的限制性导致结构体一般不发生移动。

当考虑结构体破坏岩桥时，埋藏结构体在不存在临空面的情况下仍可能破坏岩桥后而产生移动。矿柱结构体能否破坏岩桥后而产生移动，需根据矿柱结构体的赋存位置、破坏岩桥总面积和埋藏结构体移动性分析进行综合判断，具体分析可参考采场内结构体在考虑岩桥破坏时的移动性分析方法。计算矿柱内破坏岩桥总面积时，结构体稳定系数的最低容许值一般取 1.5 ~ 2.0[12]。

9.6.2 固定矿柱结构体可移动性分析

固定结构体产生条件为 $D \neq \varphi$（即存在固定面）。固定结构体的移动建立在其所有固定面被破坏而成为非固定面结构体的基础上，固定结构体固定面被破坏后的移动性分析与矿柱内埋藏结构体移动性分析类似。

9.7 矿柱结构体稳定性计算

9.7.1 埋藏结构体稳定性计算

矿柱内埋藏结构体的稳定性计算与采场中埋藏结构体稳定性计算类似，可参考一般块体理论进行计算分析。

（1）当埋藏结构体直接掉落时，不进行稳定性计算。将其稳定性系数直接取为 0，即 $f = 0$；

（2）当埋藏结构体滑动时，参照一般块体理论，

滑动力 F_s 为：

$$F_s = W\sin\alpha \qquad (9-17)$$

摩擦力 F_f 为：

$$F_f = W\cos\alpha\tan\varphi \qquad (9-18)$$

黏聚力 F_c 为：

$$F_c = CA \tag{9-19}$$

则，埋藏结构体稳定性系数：

$$f = (F_f + F_c)/F_s \tag{9-20}$$

式中，α、φ、C、A 分别为滑动面的倾角、摩擦角、黏聚力系数和滑动面面积。

9.7.2　固定结构体稳定性计算

在重力和其他应力等作用下，固定面仍未被破坏时（即 $A_d/A_{min} > 1$），无论是赋存在间柱、顶柱或者底柱上的结构体，均认为是稳定的，对其稳定性系数不进行求解。

在重力、其他应力等的作用下固定面被破坏（即 $A_d/A_{min} < 1$），可根据移动性分析结果进行稳定性判断，具体判断方法如下：

（1）当固定面破坏后的结构体各结构面均满足 $\boldsymbol{\omega} \cdot \boldsymbol{n}_i \geq 0$ 时，结构体掉落，稳定性系数直接取为 $f = A_d/A_{min}$；

（2）当固定面破坏后的结构体各面满足 $M \subset J$ 时，结构体不可移动，可认为结构体是稳定的，不进行稳定性系数的计算；

（3）当固定面破坏后的结构体满足滑动条件，则其稳定性可根据块体理论与力学知识进行计算。

①固定面受拉破坏产生的滑动失稳

将作用在结构体上的力移至坐标原点 O 处，以滑动方向为 x 轴，以重力线与滑动方向线所确定的平面为 Oxy 平面建立平面坐标系，如图 9-5 所示。β_t 为次生结构面与固定面之间的夹角，F_m 为滑动面支撑力，F_d 为固定面产生的阻力。

则：

$$\beta_1 = \arccos\left(\frac{|\boldsymbol{s} \cdot \boldsymbol{n}_d|}{|\boldsymbol{s}||\boldsymbol{n}_d|}\right) \tag{9-21}$$

$$F_d = \sigma A_d \sin\beta_t / \cos\beta_t \tag{9-22}$$

令 $f_1 = \dfrac{(F_f + F_c + F_d)}{F_s}$，$f_2 = \dfrac{A_d}{A_{min}}$，则固定结构体稳定性系数 f 为：

$$f = \max[f_1, f_2] \tag{9-23}$$

②固定面受剪破坏产生的滑动失稳

固定面受剪破坏产生滑动的结构体稳定性系数计算公式与式（9-22）相同，但固定面阻力 F_d 值不同。将作用在结构体上的力移至坐标原点 O 处，以滑动方向为 x 轴，以重力线与滑动方向线所确定的平面为 Oxy 平面建立平面坐标系，如图 9-6 所示。β_τ 为次生结构面与固定面之间的夹角，τ 为固定面所受剪力。

则：

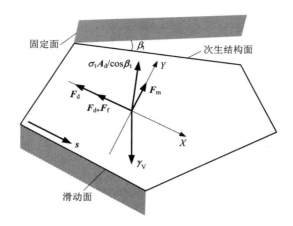

图 9 - 5　结构体固定面受拉破坏后滑动示意图

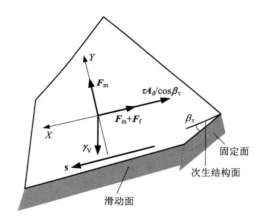

图 9 - 6　结构体固定面受剪破坏后滑动示意图

$$\beta_{\tau} = 90° - \cos^{-1}\left(\frac{|\boldsymbol{s} \cdot \boldsymbol{n}_{d}|}{|\boldsymbol{s}||\boldsymbol{n}_{d}|}\right) \quad\quad (9 - 24)$$

$$F_{d} = \tau A_{d} / \cos\beta_{\tau} \quad\quad (9 - 25)$$

9.8　空场法开采试验区内矿柱结构体解构

（1）矿柱模型与矿柱结构体模型构建

试验区内单个矿块宽长高尺寸为 60 m × 120 m × 50 m，采场区域尺寸为

50 m×120 m×35 m。回采完毕后,剩余区域矿柱尺寸为顶底柱 8 m,间柱 4 m。因此,将研究的区域矿柱定义为取上中段底柱和当前中段的顶柱、当前中段的底柱和下中段的顶柱及当前中段 2 采场 3 间柱共同组合构成的正六面体区域。区域范围 x:−30~30 m,y:0~120 m,z:−25~25 m。定义隧洞模型为开挖类型,模型除前、后、上表面为固定面外其余表面均为临空面,利用 GeneralBlock 软件构建出矿柱模型,如图 9−7 所示。

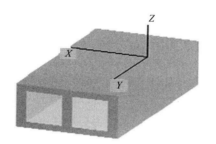

图 9−7　矿柱模型图

(2)矿柱结构体模型 GeneralBlock 软件初步解构

将试验区域内的结构面调查数据导入 GeneralBlock 软件中,进行矿柱模型的结构体的初步解构,解构结果如图 9−8 所示。解算出的各结构体参数为结构体种类(Type)、结构体体积(V)、稳定系数(Safety)、滑动结构面(Slide−frac)、滑动力(Slide−F)、摩擦力(Friction)、黏滞力(Cohesion),具体结果如表 9−1 所示。

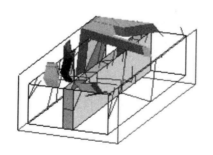

图 9−8　矿柱结构体解构图

由表 9−1 的解算结果可知,研究区域矿柱内存在的结构体有固定结构体(Fixed)14 个、掉落结构体(Falling)3 个、可移动结构体(Removable)11 个、不可移动结构体(Unremovable)3 个和埋藏结构体(Unexposed)1 个。其中,固定结构体中存在有单固定面结构体(Fixed(1))6 个、双固定面结构体(Fixed(2))4 个和多固定面(3 个结构面以上 Fixed(3))结构体 4 个。

表 9 - 1 GeneralBlock 计算结果

No.	Type	V/m^3	Safety	Slide - frac		Slide - F/kN	Friction/kN	Cohesion/kN
1	fixed(2)	26636.130	—	—		—	—	—
2	removable	24442.890	5.893	13	1	1.34×10^5	4.502×10^5	3.401×10^5
3	removable	16534.340	0.348	19		3.818×10^5	9.072×10^4	4.233×10^4
4	removable	11778.920	0.216	16		2.912×10^5	3.700×10^4	2.589×10^4
5	fixed(3)	7833.480	—	—		—	—	—
6	unremovable	7824.008	—	—		—	—	—
7	fixed(2)	6677.178	—	—		—	—	—
8	fixed(2)	3321.926	—	—		—	—	—
9	fixed(1)	2366.750	—	—		—	—	—
10	fixed(1)	2138.507	—	—		—	—	—
11	unremovable	578.866	—	—		—	—	—
12	unremovable	515.142	—	—		—	—	—
13	fixed(3)	409.415	—	—		—	—	—
14	removable	360.676	0.275	4	16	7.159×10^2	7.842×10^3	3.329×10^4
15	removable	282.214	0.326	21	7	6.197×10^3	3.547×10^3	1.665×10^4
16	fixed(3)	264.398	—	—		—	—	—
17	removable	205.073	0.438	7	21	4.503×10^3	2.577×10^3	1.712×10^4
18	removable	100.249	0.600	10		1.774×10^3	1.061×10^3	9.579×10^3
19	falling	85.714	0.0000	—		—	—	—
20	removable	59.746	0.270	22		1.470×10^3	2.008×10^3	3.774×10^3
21	fixed(1)	52.032	—	—		—	—	—
22	removable	46.276	0.661	1	4	73.814	9.059×10^2	1.135×10^4
23	fixed(1)	22.703	—	—		—	—	—
24	removable	20.318	0.938	15	13	40.405	1.613×10^3	7.252×10^3
25	falling	18.080	0.0000	—		—	—	—
26	removable	10.454	0.803	12	13	1.124×10^2	1.260×10^2	1.902×10^3
27	fixed(1)	7.788	—	—		—	—	—
28	fixed(3)	7.062	—	—		—	—	—
29	fixed(2)	1.686	—	—		—	—	—
30	fixed(1)	0.095	—	—		—	—	—
31	unexposed	0.032	—	—		—	—	—
32	falling	0.008	0.0000	—		—	—	—

（3）单固定面结构体最小固定面面积计算

解构出的单固定面结构体有结构体 9、结构体 10、结构体 21、结构体 23、结构体 27 和结构体 30，利用 9.5 节所述方法对上述各结构体的固定面分别进行计算，求解得出：$S_9 = 10.16$ m^2、$S_{10} = 22.25$ m^2、$S_{21} = 2.12$ m^2、$S_{23} = 9.09$ m^2、$S_{27} = 2.29$ m^2、$S_{30} = 0.14$ m^2。单固定面结构体的解构参数见表 9 – 2。

表 9 – 2　结构体解构参数表

结构体编号	固定面面积/m^2	结构体长度/m	$\alpha/(°)$	厚度/m	结构体类型
9	10.16	31.245	—	9.705	梁板模型
10	22.25	9.197		10.0	梁板模型
21	2.12	2.725	25	—	块状模型
23	9.09	2.149	37	—	块状模型
27	2.29	0.501	3	—	块状模型
30	0.14	0.753	55	—	块状模型

试验区内矿岩的岩体力学参数可参见表 7 – 3，结构体 9 和结构体 10 为梁板模型，所受上覆岩层作用力与结构体自重的合力的均布载荷 q 分别为 $q_9 = 195.86$ kN/m^2，$q_{10} = 814.6$ kN/m^2，则由式（9 – 13）和式（9 – 14）可得：

$A_{\sigma9} \geq 26.38$ m^2、$A_{\tau9} \geq 2.1$ m^2　　$A_{min9} = max(A_{\sigma9}, A_{\tau9}) = 26.38$ m^2

$A_{\sigma10} \geq 9.228$ m^2、$A_{\tau10} \geq 2.57$ m^2　　$A_{min10} = max(A_{\sigma10}, A_{\tau10}) = 9.228$ m^2

结构体 21、结构体 23、结构体 27、结构体 30 为块状模型，则维持其稳定的最小固定面面积求解公式为：

$$\pi\sigma_t d^3 + (16\gamma V\tan\alpha\sin\alpha - 4\gamma V\cos\alpha)d - 32\gamma Vl\sin\alpha \geq 0$$

将上式化为标准的一元三次不等式可得：

$a = \pi\sigma_t$、$b = 0$、$c = (16\gamma V\tan\alpha\sin\alpha - 4\gamma V\cos\alpha)$、$d = -32\gamma Vl\sin\alpha$。

利用盛金公式[13]对其进行求解：

$$A = b^2 - 3ac = 12\pi\sigma_t\gamma V\cos\alpha - 48\pi\sigma_t\gamma V\tan\alpha\sin\alpha$$

$$B = bc - 9ad = 288\pi\sigma_t\gamma Vl\sin\alpha$$

$$C = c^2 - 3bd = (16\gamma V\tan\alpha\sin\alpha - 4\gamma V\cos\alpha)^2$$

$$\Delta = B^2 - 4AC$$

则：

$A_{21} = 14002182$；$B_{21} = 3278985000$；$C_{21} = 3386$；$\Delta_{21} = 1.08 \times 10^{19} > 0$

$A_{23} = -52559155$；$B_{23} = 1606707543$；$C_{23} = 6198100$；$\Delta_{23} = 2.583 \times 10^{18} > 0$

$A_{27} = 17537817$；$B_{27} = 11174239$；$C_{27} = 690101$；$\Delta_{27} = 7.6452 \times 10^{13} > 0$

$A_{30} = -889356$；$B_{30} = 3206544$；$C_{30} = 1774.6$；$\Delta_{30} = 1.029 \times 10^{13} > 0$

$d_{t21} = 1.744$ m；$A_{t21} = 2.388$ m^2

$d_{t23} = 1.453$ m；$A_{t23} = 1.658$ m^2

$d_{t27} = 0.421$ m；$A_{t27} = 0.139$ m^2

$d_{t30} = 0.182$ m；$A_{t30} = 0.026$ m^2

同理可得：

$A_{21} = 272917545$；$B_{21} = 6.391 \times 10^{10}$；$C_{21} = 3386$；$\Delta_{21} = 4.08 \times 10^{21} > 0$

$A_{23} = -1024434245$；$B_{23} = 3.132 \times 10^{10}$；$C_{23} = 6198100$；$\Delta_{23} = 9.81 \times 10^{20} > 0$

$A_{27} = 341830862$；$B_{27} = 217797900$；$C_{27} = 690101$；$\Delta_{27} = 4.649 \times 10^{16} > 0$

$A_{30} = -17334491$；$B_{30} = 62498983.9$；$C_{30} = 1774.6$；$\Delta_{30} = 3.906 \times 10^{15} > 0$

$d_{c21} = 0.77$ m；$A_{c21} = 0.608$ m^2

$d_{c23} = 0.556$ m；$A_{c21} = 0.439$ m^2

$d_{c27} = 0.09$ m；$A_{c27} = 0.071$ m^2

$d_{c30} = 0.073$ m；$A_{c30} = 0.058$ m^2

由式（9 - 21）可知 $d_\tau \geqslant \sqrt{16\gamma V \sin\alpha / 3\pi\tau}$，则，

$d_{\tau21} = 0.48$ m；$A_{\tau21} = 0.3792$ m^2

$d_{\tau23} = 0.378$ m；$A_{\tau21} = 0.299$ m^2

$d_{\tau27} = 0.066$ m；$A_{\tau27} = 0.052$ m^2

$d_{\tau30} = 0.029$ m；$A_{\tau30} = 0.023$ m^2

由 $A_{\min} = \max(A_t, A_c, A_\tau)/\cos\alpha$ 可得：

$A_{\min21} = \max(A_{t21}, A_{c21}, A_{\tau21})/\cos\alpha = 2.635$ m^2

$A_{\min23} = \max(A_{t23}, A_{c23}, A_{\tau23})/\cos\alpha = 2.076$ m^2

$A_{\min27} = \max(A_{t27}, A_{c27}, A_{\tau27})/\cos\alpha = 0.139$ m^2

$A_{\min30} = \max(A_{t30}, A_{c30}, A_{\tau30})/\cos\alpha = 0.101$ m^2

所以，$A_{d9} < A_{\min9}$、$A_{d10} > A_{\min10}$、$A_{d21} < A_{\min21}$、$A_{d23} > A_{\min23}$、$A_{d27} > A_{\min27}$、$A_{d30} > A_{\min30}$。

由以上结果可知，结构体 10、结构体 23、结构体 27 和结构体 30 的固定面面积大于其各自对应的最小固定面面积，结构体 9 和结构体 21 的固定面面积小于其对应的最小固定面面积，在各力的作用下结构体 10、结构体 23、结构体 27 和结构体 30 的固定面一般不会发生破坏，而结构体 9 和结构体 21 的固定面很容易发生破坏并产生次生结构面，使结构体变为非固定结构体，最终可能产生移动。

（4）矿柱结构体移动性分析

利用 GeneralBlock 软件对研究区域内矿柱进行解算,解算出的结构体有固定结构体、掉落结构体、可移动结构体、不可移动结构体和埋藏结构体。其中,掉落结构体、可移动结构体和不可移动结构体通过 GeneralBlock 软件的传统解算已可以确定移动性,不必进行移动性分析,因此只对固定结构体与埋藏结构体进行移动性分析。

在块体移动性分析中经常认为具有两个及以上固定面的固定结构体不会发生失稳破坏,不进行移动性分析,只需对结构体 9、21 和 31 进行移动性分析。

通过 GeneralBlock 软件解构出组成结构体的结构面数量以及各结构面顶点的三维坐标,根据解构出的结构面各顶点三维坐标求得各结构面指向结构体内部的单位法向量 n_i。再将 n_i 与 $w = (0, 0, -1)$ 作积,求解出的结构面性质如下:

①结构体 9 由 5 个单元结构体组成,组合成的复合结构体具有 7 个结构面,分别为 2 个重力约束结构面、5 个非重力约束面。其中,非重力约束面被破坏,并且临空面的相邻面有重力约束面,结构体 9 可能沿重力约束面进行滑动。

②结构体 21 有 6 个结构面,分别为 2 个重力约束面、4 个非重力约束面。其中,重力约束面被破坏,并且临空面的相邻面除有 1 个重力约束面外其余面均为非重力约束面,结构体 21 将沿该重力约束面进行滑动。

③结构体 31 有 5 个结构面,分别为 3 个重力约束面、2 个非重力约束面。由于在结构体 31 周围不存在临空面,结构体 31 不会发生移动。

(5)结构体稳定性计算

①结构体 9 和 21 均为单固定面结构体,其自身固定面面积小于最小固定面面积(即 $A_d/A_{min} < 1$),因此固定面极易发生破坏而形成次生结构面。结构体 9 的固定面受剪应力作用而发生破坏、结构体 21 的固定面受拉应力作用而发生破坏,并且结构体 9 和 21 在固定面破坏后均满足滑动条件,则其稳定性计算如下:

(A)结构体 9:$\beta_2 = 31°$、$F_d = 26720.1$ kN、$F_s = 58822.3$ kN、$F_f = 12887.2$ kN、$F_c = 19081.6$ kN,则

$f_1 = F_f + F_c + F_d/F_s = 0.998$

$f_2 = A_d/A_{min} = 0.385$

稳定性系数 $f = \max[f_1, f_2] = 0.998$

(B)结构体 21:$\beta_1 = 18°$、$F_d = 1543.0$ kN、$F_s = 1302.6$ kN、$F_f = 271.6$ kN、$F_c = 19224$ kN,则

$$f_1 = F_f + F_c + F_d/F_s = 16.25$$
$$f_2 = A_d/A_{min} = 0.80$$

稳定性系数 $f = \max[f_1, f_2] = 16.25$

②结构体 31 为埋藏结构体且不可移动,因此,可视其稳定不进行稳定性系数计算。但当其周围存在临空面时,需重新对结构体进行移动性分析,再按照块体

理论的稳定性计算公式计算其稳定性系数。

参考文献

[1] R. E. GOODMAN, G. H. SHI. Block theory and application to rock engineering[M]. New York: Prentice Hall, 1985.

[2] G. H. SHI. Rock global stability estimation by three dimensional blocks formed with statistically produced joint polygons[A]. ming Lu (ed.). Development and Application of Discontinuous modelling for Rock Engineering. The Sixth International Conference on Analysis of Discontinuous Defor-mation[C]. Blackman, 2003.

[3] 李晓昭, 周扬一, 汪志涛, 等. 测量统计范围大小对结构面迹长估计的影响[J]. 岩石力学与工程学报, 2011, 30(10): 2049-2056.

[4] 陈剑平, 石炳飞, 王树林, 等. 单测线法估算随机节理迹长的数值技术[J]. 岩石力学与工程学报, 2004, 23(10), 1755-1759.

[5] 武艳强, 陈光齐, 江在森. 任意多面体重心及积分的精确算法[J]. 科学技术与工程, 2011, 11(27): 6515-6520.

[6] 潘岳, 张勇, 吴敏应等. 非对称开采矿柱失稳的突变理论分析[J]. 岩石力学与工程学报, 2006, 25(z2): 3694-3072.

[7] 王兴明, 付玉华, 张耀平. 矿房与矿柱稳定性的断层影响数值模拟研究[J]. 金属矿山, 2006, 12(12): 13-17.

[8] 张晓君. 矿柱及围岩对采空区破坏影响的数值模拟研究[J]. 采矿与安全工程学报, 2006, 23(1): 123-126.

[9] 唐春安, 乔河, 徐小荷, 等. 矿柱破坏过程及其声发射规律的数值模拟[J]. 煤炭学报, 1999, 24(3): 266-269.

[10] 李江腾, 曹平. 硬岩矿柱纵向劈裂失稳突变理论分析[J]. 中南大学学报(自然科学版), 2006, 37(2): 371-375.

[11] 陆毅中. 工程断裂力学[M]. 西安: 西安交通大学出版社, 1986.

[12] 梁运培. 采场覆岩移动的组合岩梁理论[J]. 地下空间, 2001, (z1): 341-345.

[13] 范盛金. 一元三次方程的新求根公式与新判别法[J]. 海南师范学院学报(自然科学版). 1989, 2(2): 91-98.

第 10 章　崩落法开采岩体结构解构基础

崩落法开采裂隙矿岩时，受采动效应及其他采矿行为影响，巷道常出现冒顶、片帮和突然规模性垮塌等事故，甚至采用加固措施后仍出现二次灾害现象，严重威胁井下作业人员的安全健康，极大影响矿山企业的安全高效生产[1, 2]。不同稳定性的裂隙岩体巷道往往发生不同形式的失稳现象，其失稳规律、失稳机制与顶板的稳定性具有密切关系[3]。赋存于裂隙矿岩内的结构体是影响巷道失稳的本质因素，结构体的赋存位置、大小、类型及稳定性等参数是开采工艺与参数、工程布置与实施的重要依据[4-7]。因此，裂隙矿岩用崩落法开采时，对岩体结构进行解构，有助于预判顶板失稳发生区域、提前支护危险区域，优化采矿工艺和采场布局，促进矿山企业安全高效生产。

10.1　崩落法开采岩体结构解构内容与流程

10.1.1　崩落法开采岩体结构解构内容

崩落法开采岩体结构解构，重点对裂隙矿岩崩落法开采巷道围岩结构的解构，识别并三维显现出结构体，对赋存于巷道围岩周边的结构体的移动性和稳定性进行分析。崩落法开采岩体结构解构结果可应用于裂隙矿岩崩落法回采巷道顶板失稳机制分析、裂隙岩体环境下巷道轴线走向优化选择和裂隙岩体巷道顶板稳定性分级等方面。

崩落法开采岩体结构解构包括以下四个方面内容：

（1）凿岩巷道工程结构面基础数据调查及分布规律分析

在凿岩巷道工程内布置测网或测线，详尽调查出露于巷道的结构面；将调查的结构面基础数据进行处理，并利用 DIPS 软件对结构面进行分组，统计分析结构面的产状、类型、力学性质、间距、迹长、隙宽、地下水状态、充填物硬度和粗糙度等规律。

（2）巷道围岩模型与巷道围岩结构体模型构建

首先，利用 GeneralBlock 软件构建巷道围岩模型；然后，基于结构面调查数据及分布规律，将结构面参数输入软件中，构建巷道围岩结构体模型。

（3）裂隙岩体巷道围岩结构初步解构

基于巷道围岩结构体模型，利用 GeneralBlock 软件的计算功能对裂隙岩体巷道围岩结构进行初步解构，初步解算出巷道围岩内结构面的迹线、结构体的类型、结构体的组成结构面、结构体体积等参数，并结合工程地质调查数据及结果分析结构体的真实性并确定真实存在的结构体。

（4）崩落法开采围岩结构体移动性分析与稳定性计算

以裂隙岩体巷道围岩结构初步解构结果为基础，结合崩落法回采工艺，分析崩落法回采过程中，出露于巷道内的结构体的可移动性；以崩落法回采条件下结构体可移动性分析结果为基础，利用块体理论、材料力学等，将出露结构体和埋藏结构体均次分为非固定结构体与固定结构体两类，分别计算各类结构体的稳定性系数。

10.1.2　崩落法开采裂隙岩体结构解构流程

裂隙岩体结构解构的整体流程为：首先，在凿岩巷道工程内开展结构面基础数据调查，并根据调查数据分析结构面在岩体内的分布规律；进而，基于结构面调查数据构建裂隙岩体结构模型和裂隙岩体结构体模型，解构赋存于巷道围岩内的结构体，详尽解算结构体的类型、大小、位置，分析崩落法回采条件下结构体的可移动性，计算结构体的稳定性系数。

崩落法开采裂隙岩体结构解构的流程如图 10 - 1 所示。

10.2　崩落法开采应用工程背景

（1）铜坑矿 92 号矿体概况

92 号矿体产出于长坡铜坑矿床下部，处于长坡—铜坑倒转背斜北东翼平缓的次级近东西向短轴背斜北西倾伏端部位，水平方向上位于 207 号线至 210 号线之间，垂直方向上位于 +250 ~ +580 m 标高内，埋藏深度为 +250 ~ +450 m[8]。矿体产出面积为 $7.0 \times 10^5 \, m^2$，其水平投影面积为 $5.0 \times 10^5 \, m^2$。

图 10 - 2 为铜坑矿三大矿体的赋存特征。

92 号矿体赋存于泥盆系上统榴江组下段 D_3^1 硅质岩中，受地层岩性和构造双重控制，呈似层状产出，其产状与容矿岩石地层一致，并呈同步褶皱。矿体产状随地层产状而变化，属于似层状网脉浸染交代型锡多金属硫化物矿体。空间上矿体走向近东西，倾向北，向北东方向侧伏呈南高北低，西高东低。矿体东西走向680 m，南北倾向830 m，倾角15°~25°，矿体厚度变化大，最小厚度1 m，最大厚度71 m，平均厚度14.7 m，厚度变化系数为86.76%。

矿体所赋存的硅质岩岩性脆，裂隙发育，矿体内单位裂隙脉为5~8条/m。如包含无矿裂隙，则单位裂隙为8~15条/m，伸张性3.02 dm/m。容矿硅质岩抗压强度最大达153 MPa，矿石坚硬，普氏系数为15.6，属普氏Ⅰ、Ⅱ级坚固岩石。

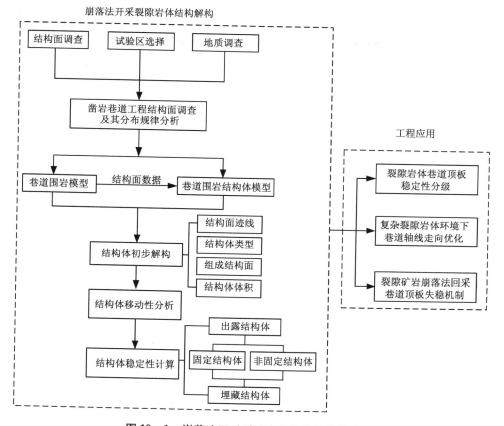

图 10 - 1　崩落法开采裂隙岩体结构解构的流程

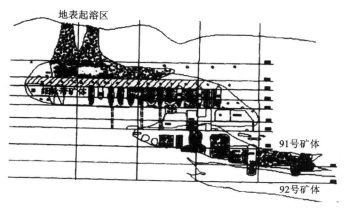

图 10 - 2　铜坑矿三大矿体的赋存特征图

凿岩性差，爆破性好，爆破块度均匀。矿体与围岩无明显界限，矿石矿物成分大部分为硫化物，主要是黄铁矿和磁黄铁矿，矿石中平均含硫量为 7.35%，自燃发火性不明显。矿体顶板围岩为宽条带灰岩、泥灰岩及部分硅质岩，宽条带灰岩和泥灰岩裂隙不发育，宽条带灰岩厚度为 15~20 m，泥灰岩厚 3 m 左右。围岩物理力学性质如表 10-1 所示。

通过 +531 m 水平、+505 m 水平、+455 m 水平、+405 m 水平、+386 m 水平、+374 m 水平等区段采场和揭露坑道的调查表明，92 号矿体因受构造影响，裂隙较发育，对矿体开采稳定性影响较大的主要地质构造为：大断层（Ⅱ~Ⅲ 级结构面）、褶皱引起的软弱层面和裂隙（Ⅱ~Ⅳ 级结构面）和直接影响岩体强度的层理、节理等（Ⅳ~Ⅴ 级结构面）。92 号矿体节理裂隙极为发育，主要存在二至三组主要优势产状的节理，有些节理组成共扼节理，在一定条件下组成多组裂隙结构体，对其岩体结构的强度有很大的影响。

表 10-1　顶板围岩物理力学性质

试验目的	试验参数	宽条带灰岩	泥灰岩	硅质岩
岩石密度试验	密度 $\rho/(g\cdot cm^{-3})$	2.72	2.803	2.796
岩石劈裂试验	抗拉强度/MPa	7.1	6.544	5.488
单轴压缩试验	单轴抗压强度/MPa	175	66.55	81.27
	弹性模量 E/MPa	8.7	4.653	4.181
	泊松比	0.31	0.3	0.18
三轴压缩试验	相关系数	—	—	0.956
	黏结力/MPa	—	—	26.15

（2）采矿方法

根据 92 号矿体的开采技术条件，将 92 号矿体划分为与 91 号矿体重叠的区域、与 91 号矿体非重叠的区域，分别选取不同的采矿方法。其中，重叠区采用无底柱分段崩落法、组合式崩落法回采，非重叠区采用留连续矿柱空场法回采[9]。

各采矿方法的具体开采工艺参数如下：

①无底柱分段崩落法

（A）矿块布置

将矿体沿走向划分为东西两大独立采区，以分区中心为切割槽，在采区内划分为矿块，作为回采单元。回采巷道沿走向布置，每个矿块布置 5~6 条回采巷道和一个溜井，垂直方向上，上下回采巷道错开布置。分段高度为 12 m，回采巷道进路间距为 10 m。

（B）采切工程

采切工程除回采巷道和溜井外，还有联通回采巷道的联络巷道、进风天井和回风天井，以及通达各分段的联络斜坡道。

（C）凿岩爆破和出矿

用 YQZ－90 型凿岩机或 CS－100 型环形钻机在回采巷道向上打扇形中深孔或 φ100 大孔，边孔倾角为 45°～50°。采用 2 号岩石硝铵炸药或黏性铵油炸药，用装药器在回采巷道中向上向扇形深孔内装药。以切割槽或已爆区为自由面进行分层爆破，从矿体中央向两翼后退式回采。用铲运机从回采巷道中出矿，倒入矿块溜井。

（D）覆盖层形成

在 91 号矿体充填体下的部分，用自然崩落充填体的办法形成覆盖层，上部没有 91 号充填体部分，用强制崩落顶板的办法形成覆盖层。

（E）主要技术经济指标（矿块）

采场生产能力：400～500 t/d；

凿岩台效：45～50 m/台·班；

采切比：450～550 m³/万 t；

损失率：20%～30%；

贫化率：30%～45%。

②组合式崩落法

（A）矿块布置

将矿块划分为矿房和矿柱，矿房宽度为 20～25 m，长度 70～80 m，矿柱宽度12～15 m，并预留 5～8 m 的顶柱。先用空场法回采矿房，再滞后约两个矿房宽度崩落间柱、端柱和顶柱，在区域内实现组合式崩落连续回采。

（B）采切工程

矿房采用空场法回采，按空场法布置采准切割工程，针对具体区域的矿体情况及矿块开采技术条件，选择采用大直径深孔空场法、上向孔竖条崩矿空场法和中深孔凿岩分段空场法，底部结构采用堑沟出矿进路结构、漏斗电耙出矿结构等。间柱和端柱回采用相应的采矿方法进行回采，顶柱回采切割工程布置在间柱内。

（C）凿岩爆破与出矿

根据矿房和矿柱回采所采用的采矿方法，分别采用不同的凿岩设备进行凿岩。矿房回采以切割槽为自由面进行侧向崩矿爆破。矿柱（间柱）回采以空场为自由面大规模爆破，先采矿房，后采矿柱，矿柱滞后 1～2 个矿房宽度再进行大爆破，一次爆下一条矿柱及一个矿房的顶柱，实现区域内的连续回采。采场出矿采

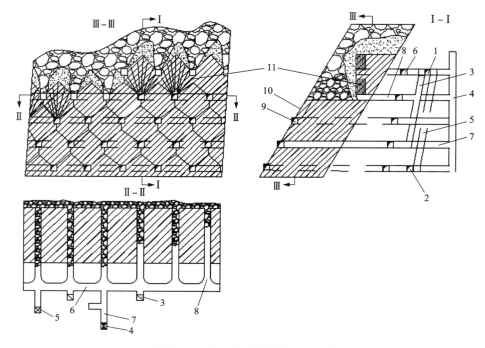

图 10 – 3   无底柱分段崩落法示意图

1、2—上、下阶段沿脉运输巷道；3—矿石溜井；4—设备井；
5—通风行人天井；6—分段运输平巷；7—设备井联络道；8—回采巷道；
9—分段切割平巷；10—切割天井；11—上向扇形炮孔

用铲运机或电耙从底部结构运出，进入附近的溜矿井。

（D）覆盖层的形成

在崩落顶柱的同时，强制崩落 91 号矿体与 92 号矿体之间的夹石，及让顶部 91 号充填体自然崩落而形成空区缓冲垫层。

（E）主要技术经济指标（矿块）

采场生产能力 300～400 t/d；

凿岩台效 25 m/台·班（孔径 165 mm 和 110 mm），45～50 m/台·班（中深孔）；

采切比 400～500 m³/万 t；

损失率 15%～20%；

贫化率 15%～18%。

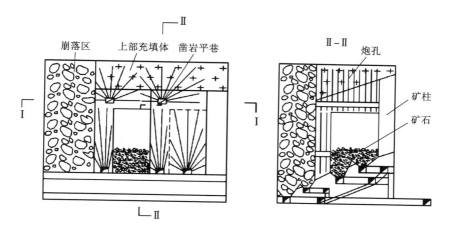

图 10 - 4　组合式崩落法示意图

10.3　崩落法开采试验区选择

10.3.1　试验区选择原则

崩落法开采裂隙岩体结构解构技术能够为不同类型裂隙岩体提出科学的处理方法,优化现有采矿工艺,降低事故发生概率和巷道返修率,为矿山复杂环境下安全生产提供良好环境,实现矿山安全高效回收矿产资源,取得最大效益。

现场试验区的选择应遵循以下几项原则:

(1)巷道顶板裂隙发育比较明显

为了达到既定目标,试验区的选择首先要考虑裂隙比较发育的区域。

(2)巷道顶板裂隙分布规律具有典型性

为体现出研究成果的科学性,在试验区选择时,裂隙的分布规律在 92 号即将待采矿体工程中具有较好的典型性,比如,特别密集分布的裂隙、对采矿活动影响较大的断层等。裂隙分布导致巷道顶板失稳规律应有所区别,支护、加固等处理方法有所差别。

(3)顶板裂隙发育应能体现出采矿活动的影响

采矿活动,能够通过多次量测裂隙发育与发展规律,分析采矿活动对裂隙发育和顶板稳定性的影响。比如,多个出矿川同步后退式回采,需研究回采活动对于裂隙发展规律的影响,反复发展与变形破坏规律;周边均是空区,仅有一条巷道处于正在回采状态。

（4）选择试验区裂隙应便于测量

一些区域的巷道顶板已实施过工程加固措施，无法有效观测到裂隙产状和岩体性质，为便于开展相关研究，选定的试验区顶板的裂隙应便于测量。

10.3.2　试验区确定及工程性状

基于试验区选择的基本原则和矿山实际开采情况，在铜坑矿 92 号矿体内确定了四个试验区，分别命名为 1# 试验区、2# 试验区、3# 试验区和 4# 试验区，各试验区平面位置关系分别如图 10 - 5、图 10 - 6、图 10 - 7 和图 10 - 8 所示。

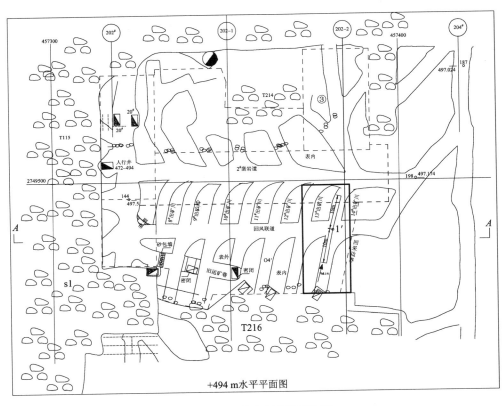

图 10 - 5　1# 试验区平面位置

各图中矩形圈定区域为试验区所处位置，1# 试验区位于 + 494 m 水平 T214 采场 14# 出矿川，以 14# 出矿川与回风联道交叉点为中心，沿回采方向截取 20 m 范围；2# 试验区位于 + 434 m 水平 T201 盘区，回采方向截取 20 m 范围作为试验区；3# 试验区位于 + 405 m 水平 2 号盘区，以 3# 凿岩道与 1# 通风联道相交处为中心，4 个分支方向上均取 10 m 范围，整体上约 20 m × 20 m 的范围；4# 试验区位于

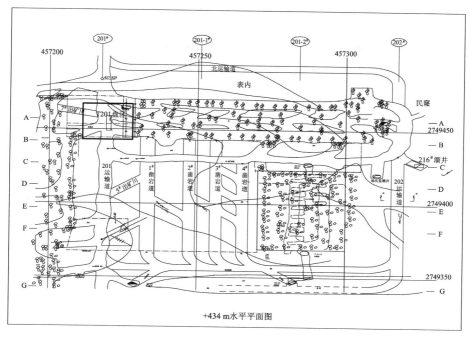

图 10 - 6　2#试验区平面位置

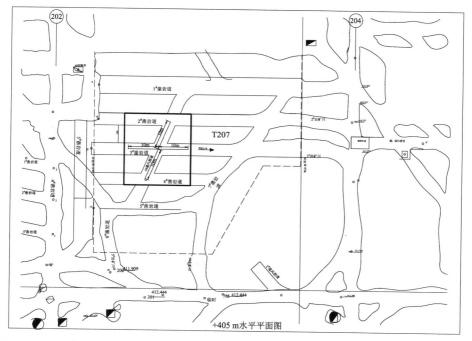

图 10 - 7　3#试验区平面位置

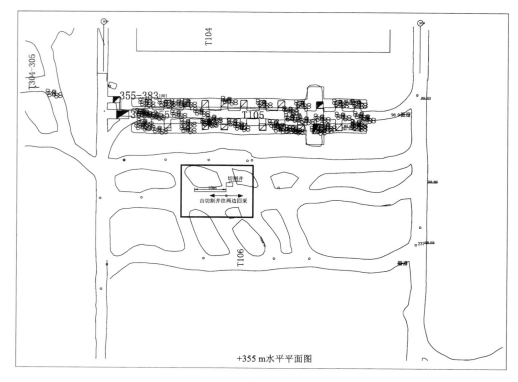

图 10 - 8　4#试验区平面位置

　　+355 m水平1#拉底硐室，沿切割井形成切割槽方向10 m。

　　1#试验区内揭露的地层为上泥盆统榴江组下段（D_3^1）深灰色薄层状硅质岩，层厚1~3 cm，细粒至隐晶质结构，块状构造，局部具条带状构造。岩层近东西走向，由于受构造运动影响，岩层倾向及倾角变化较大，倾角从30°~70°不等。该试验区巷道岩石坚硬、性脆，岩层较干燥和破碎，岩层间的空隙很小，0.1 cm左右。试验区内的构造以节理和褶皱构造为主，发育有张性节理、张扭性节理及压性节理，它们的产状分别为：280°∠42°，110°∠67°，115°∠52°，走向均为北东 -南西。节理宽度0.1~2.5 cm，节理面较粗糙，充填物为黄铁矿、少量闪锌矿和方解石。除节理外，褶皱构造也较发育，20 m的试验巷道内出现了3个倒转褶皱，另外在巷道10 m处发现一个小断层，断层断距约3 cm。1#试验区总体上岩体较为破碎，常出现浮石，采动来压后易出现规模较大的掉块现象。

　　2#试验区内揭露的地层为上泥盆统榴江组下段（D_3^1）灰黑色薄至中层状硅质岩，层厚1~10 cm，细粒至隐晶质结构，块状构造。该试验区内岩层产出较陡，产状变化较大，变化范围为190°∠78°~20°∠40°。试验区内巷道掘进时间久远，岩石风化、氧化现象较严重，岩层从 5 m 位置开始到 10 m，岩层风化、氧化特别严重。试验区内沿北东 – 南西向发育一组张性节理脉，间距约为 20 cm，产状 110°∠65°，张开宽度 2～5 cm，充填物为黄铁矿、闪锌矿、方解石。从第 5 m 开始，疑似有两条断层交叉，其中还可见小褶皱，断层倾向北东，倾角 35°～65°，断层充填物大部分为泥质，有少量方解石。由于氧化、风化严重，大部分的岩石已经泥质化，并且较潮湿。

3#试验区内揭露的地层为上泥盆统榴江组下段（D₃¹）深灰色薄至中层状硅质岩，层厚 1～3 cm，岩层平缓，产状为 335°∠20°，岩石非常破碎，并且较潮湿，巷道顶板均已做了锚网支护。本试验区内巷道的节理、裂隙非常发育，相互纵横交叉，每米为 3～5 条，节理力学性质多为压性，倾向南东，倾角 60°左右，张开度大小不等，最大 5 cm，最小 0.1 cm，节理间距 10 cm 左右。在 4.3～8 m 范围内层理面与局部小节理形成复杂切割关系，有较多较大结构体历史上曾发生了冒落现象。

4#试验区内揭露的地层为上泥盆统榴江组下段（D₃¹）深灰至灰色薄层状硅质岩，层厚 1～3 cm，细粒至隐晶质结构，块状构造。岩层走向为北西 – 南东，岩层产出较平缓，产状稳定，范围为 190°∠20°～220°∠32°。岩层间空隙 0.1 cm 左右，部分岩层之间有少量的方解石、黄铁矿充填。本试验区内巷道构造不发育，以北东 – 南西走向的节理矿脉为主，均为张性，倾向南东，倾角 60°左右。节理密度为 2～3 条/m，间距 10～20 cm，节理宽度最大 20 cm，最小 1 cm。在未受到采动影响下，本试验区基本稳定，局部出现了掉大块现象。

10.4 崩落法开采试验区巷道失稳破坏现象现场调查分析

10.4.1 巷道失稳破坏现象

通过对铜坑矿现场实地勘察，初步发现铜坑矿 92 号矿体崩落法回采巷道主要有松动掉块、顶板离层冒落、挂网破裂和锚网失效等失稳破坏现象。

（1）松动掉块

在裂隙岩体中开挖巷道，部分结构体（块体）暴露在巷道临空面上，

图 10 – 9 松动掉块

各种载荷作用下可由原始的静止状态进入运动状态，出现脱落或沿结构面滑移、失稳等不良现象，如图 10 – 9 所示。顶板掉块在裂隙岩体巷道中是一种普遍现

象，一般掉落结构体的规模比较小，在巷道形成后进行撬顶清理。然而，在采动影响、爆破震动、风化作用、次生裂隙等多因素的共同影响下，顶板可能出现新的可移动结构体，这些结构体随时可能发生掉落。

（2）离层冒落

92 号矿体赋存于泥盆系上统榴江组下段的硅质岩中，呈明显地层状分布，并且受多组节理裂隙切割，且各分层及节理裂隙胶结程度低，力学性能差。巷道失稳经常由这些弱面开始，其微观表现为软弱面产生滑动或逐渐张开，宏观上则表现为折曲或较大幅度位移。由于受采动或爆破震动

图 10 - 10　离层冒落

的影响十分剧烈，加上受到地下水等因素影响，各层间的黏结强度不断降低，当弱面张开到一定程度，各层之间失去了力学联系，在岩层自重作用或其他力作用下，即出现了岩层离层冒落现象，如图 10 - 10 所示。顶板离层冒落一般规模比较大，需要较大的支撑作用力，因此支护比较困难，在部分位置采用一般的锚网支护难以到理想效果。

（3）挂网破裂

挂网破裂区域主要集中发生在大规模的破碎带位置，特别是顶板跨度较大的巷道交汇处。巷道开挖后已进行了锚网支护，然而随着周边采场采动影响，在采动应力变化或爆破震动动力波反复作用下，顶板破碎结构体脱落，块度较小的结构体穿过网片掉落到巷道底板，而块度较大的结

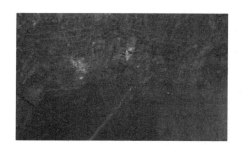

图 10 - 11　挂网破裂

构体则存留在钢丝网上形成"网兜"，随着结构体不断累计，当其重量超过锚网强度时，即发生挂网破裂现象，大量块石掉落，如图 10 - 11 所示。

（4）锚杆失效

现场勘察发现，在凿岩巷道顶板部分位置出现有锚杆脱落或未起到支护作用造成顶板围岩大面积冒落失稳，锚杆失效造成的顶板破坏十分剧烈，当某根锚杆无法承受顶板重量时被拔出后增大了其他锚杆的受力，造成周围多根锚杆相继失效，产生连锁反应，引起顶板整体冒落，如图 10 - 12 所示。锚杆失效引起顶板大面积冒落，往往具有突发性，危害比较大。锚杆设置在裂隙内未起到支护作用是导致锚杆失效的主要原因。

图 10 - 12　锚杆失效

10.4.2　巷道失稳破坏因素分析

92 号矿体凿岩巷道稳定较差，许多地方出现了冒顶、片帮及整体垮塌等不良灾害现象，甚至部分不稳定区域在已经采取挂网及锚杆等加固措施情况下仍发生挂网破裂、锚杆失效、较大规模冒顶的现象，对井下作业人员的生命健康构成严重威胁，影响矿山安全正常生产。巷道失稳破坏是由多方面因素共同作用造成的，主要包括：地质因素、工程因素和生产技术因素等三大方面。

（1）地质因素

一般条件下，对巷道稳定性影响的地质因素主要包括：岩石物理力学性质、结构面发育程度、地下水作用、风化作用等。

92 号矿体凿岩巷道顶板失稳破坏的主要因素是节理构造过于发育，矿体处于长坡 - 铜坑倒转背斜北东翼平缓的次级近东西向短轴背斜北西倾伏端部位，以层状矿化节理脉状矿化为主，因受多组地质构造和层理面控制，节理裂隙发育，将岩体切割得支离破碎，局部位置接近于散体，顶板围岩极不稳定。

此外，地下水作用也是造成顶板稳定降低的一个因素，主要表现在溶蚀结构面中易溶胶结物，潜蚀充填物中的细小颗粒，使结构面充填物泥化，结构面强度不断降低，结构体间的相互黏结力也随之减小，影响巷道顶板的稳定性。

风化作用对巷道稳定的影响主要表现在由于生产管理不善、采掘失调，部分凿岩巷道存留过长，巷道围岩不断风化，其强度从表面向深部不断弱化。

（2）工程因素

影响裂隙岩体巷道稳定性的工程因素主要包括：巷道尺寸的大小、断面形状以及埋藏深度等。

92 号矿体主要采用无底柱崩落法进行后退式回采，利用大型铲运机出矿，为满足铲运机顺利通行，凿岩出矿巷道的尺寸为 4 m × 3.3 m，属于大断面巷道。巷道跨度和高度都比较大，尤其在巷道分岔位置，巷道断面进一步增大，顶板暴露面积较大。在穿过节理裂隙发育的地带，巷道开挖后顶板变形量、破裂范围、离层厚度都很大，出现大范围可移动破碎结构体，造成顶板支护困难。

92 号矿岩体节理裂隙发育，巷道掘进过程超挖欠挖十分严重，加上受掘进工程量的限制，巷道成型较差，大断面巷道形状不规则，顶板大多为平面形状，矩形巷道较多，拱形巷道较少。不规则的断面形状造成的应力集中现象，致使巷道围岩进一步受到挤压或拉伸破裂，顶板稳定性降低，引起局部岩石掉落。

92 号矿体埋藏深度不大，主要埋藏在 +250 ~ +450 m，但原岩应力场分布比较复杂，且水平构造应力要远大于自重应力。布置在矿体内的巷道其稳定性受到水平构造应力的控制，使得处在不同水平位置的巷道的受力状态差别比较大。此外，受采动的剧烈影响，巷道围岩的受力状态不断发生变化，围岩应力状态是引起巷道失稳破坏根本作用力，且其影响规律十分复杂。

（3）生产技术因素

影响裂隙岩体巷道稳定性的生产技术因素主要包括：重复采动、爆破震动、支护问题等。

92 号矿体采用沿凿岩道后退式回采方式，开采强度较大，矿石在崩落围岩覆盖下，借助自重从凿岩道端部采用铲运机放出。根据凿岩出矿巷道应力变化规律，在放出体松动椭球体内应力大幅度降低，出现卸荷区域，应力往后方转移；在距离工作面一定距离范围应力增大，沿巷道轴线方向形成应力场变化的支承压力区，并随着回采推进而不断转移，这种由采动所形成的反复加荷、卸荷现象是导致裂隙巷道失稳的一大诱因。此外，各凿岩巷道间距较小，相邻工作面采动也会对巷道的围岩稳定性产生比较重要的影响。

巷道掘进爆破、采场回采爆破等，都会使巷道受到爆破应力波的破坏作用，爆破产生的冲击波、应力波和地震波具有瞬时、挤压交替、多次多向的特点，其直达波与界面反射波叠加作用于巷道周边，产生动应力场引起围岩出现环向纵向裂隙、剥层破坏、局部冒落等，尤其对于节理裂隙极为发育的巷道，当爆破应力波作用于裂尖，可使原有裂隙扩张和延伸，致使松动圈范围逐渐变大，稳定性不断削弱，若原有的支护强度不足，巷道顶板就出现大面积冒落失稳。92 号矿体开采强度大，掘进和回采爆破往往炮孔多、药量大、次数频繁，爆破震动是引起巷道破坏和失稳十分重要的因素。

92 号矿体部分巷道支护形式单一，主要以锚网支护为主，未根据顶板稳定程度选择合适支护形式；支护施工达不到设计要求，锚杆间排距过大，锚网受力不均匀，并且锚杆锚索预紧力达不到设计要求，造成锚固力不够而使锚杆、锚索失效，支护体不能承受设计要求载荷，巷道支护能力达不到设计要求；对巷道顶板破碎松动圈厚度没有进行探测，局部位置松动破碎高度远超过顶板锚杆锚固范围，锚杆锚固位置处在破碎带范围内，锚杆对顶板的支护作用大大减弱，无法起到抑制顶板冒落的作用，顶板破碎结构体下沉过程容易将锚杆拔脱，造成锚杆失效引发大面积失稳。对重复采动及爆破震动引起的巷道失稳规律缺乏足够的认识，没有根据顶板稳定性削弱情况采取二次支护措施。上述支护问题也会对巷道的围岩稳定性产生比较重要的影响。

10.5　崩落法开采试验区结构面调查

10.5.1　结构面调查方法选取

92 号矿体已形成了完善的开拓系统，但采场内较危险，不宜调查，所以结构面调查主要在开拓巷道内进行。根据 92 号矿体的岩体特征，为记录更详细全面的数据，选取精测网法进行调查。

取各试验区巷道顶板在水平地面的投影图，建立以巷道左边壁起点为原点的坐标系，以回采方向为 x 轴正向。沿 x 轴正向拉皮尺，皮尺线与巷道走向线平行，测量顶板矩形内与矩形相交的所有可以辨认出的结构面，测量的方向一律沿着回采方向进行。由于将皮尺固定在巷道壁或顶板上较为困难，所以置于巷道底板。为了与调查数据相互印证，调查的过程中，对整个巷道顶板进行数码相机拍照和素描。拍照工作沿回采方向进行，且预先设置固定焦距，以保证每张照片准确拼接。

沿着回采方向进行拍照，相邻照片之间有一定的重叠区域，放大位数固定。

1# 试验区巷道布置的精测网面积为 74 m^2，测网长度为 20 m，测网宽度为 7 m；2# 试验区巷道布置的精测网面积为 45 m^2，测网长度为 10 m，测网宽度为 4.5 m；3# 试验区巷道布置的精测网面积为 100 m^2，测网长度为 20 m，测网宽度为 5 m；4# 试验区巷道布置的精测网面积为 70 m^2，测网长度为 10 m，测网宽度为 7 m。

10.5.2　试验区结构面调查

将精测网法调查的结构面基础数据进行处理，利用 DIPS 软件对各试验区结构面进行分组，并对结构面的类型、力学性质、间距、迹长、隙宽、地下水状态、充填物硬度和粗糙度等分别进行统计分析。各实验区结构面调查结果分析如下：

(1)1# 试验区结构面调查结果分析

1# 试验区共测得 535 条结构面，结构面的二维密度为 7.23 条/m^2，平均间距为 37.38 mm。结构面主要由 80% 的压性层理面和 20% 的张扭性节理构成(见图 10 - 13)，按倾向可分为四组，分别为第 1 组 10°~20°、第 2 组 30°~40°、第 3 组 280°~290°、第 4 组 300°~310°，其中第 1 组和第 2 组为优势组(见图 10 - 14)。第 1、第 2 与第 4 组结构面平均间距级别为密集的间距，第 3 组为极密集的间距。1# 试验区内 98% 的结构面为中等连续性，2% 为低连续性，因此，该试验区结构面连续性级别主要为中等连续性，如图 10 – 15 所示。

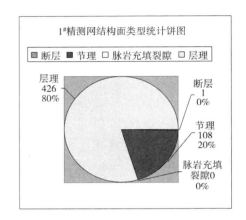
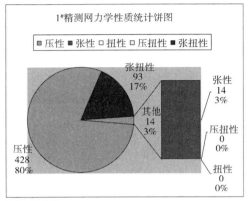

图 10 – 13   1#试验区结构面类型与力学性质统计分析结果

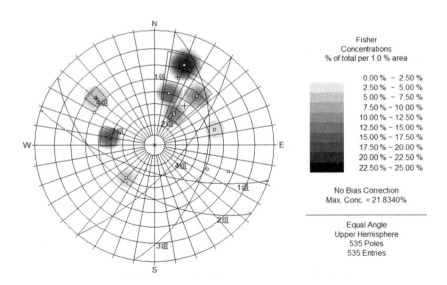

图 10 – 14   1#试验区结构面分组等密图

由 1#试验区结构面数据统计分析结果可知，影响该试验区稳定性的不利因素有：经历过强烈的构造运动、结构面分布很密、较多为中等连续性为主的迹长、隙宽较大、粗糙度以平直光滑和光滑波状为主。影响该试验区稳定的有利因素有：干燥的地下水状态和较硬的充填硬度。总体上，1#试验区结构面发育，稳定性很差。

（2）2#试验区结构面调查结果分析

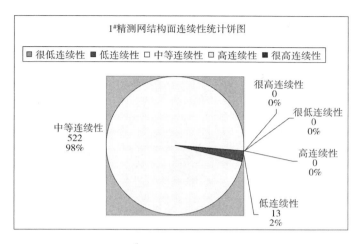

图 10 – 15　1#试验区结构面连续性统计饼图

2#试验区共测得 113 条结构面，结构面的二维密度为 2.51 条/m²，平均间距为 88.49 mm。结构面主要由 77%的压性层理面和约 21%张性的脉岩充填裂隙构成（见图 10 – 16），按倾向可分为三组，第 1 组 10°～20°，第 2 组 110°～120°。第 3 组 180°～190°，其中第 1 组和第 2 组为优势组，且第 1 组有绝对优势（见图 10 – 17）。2#试验区结构面间距总体为密集型，第 1 组与第 2 组结构面平均间距级别为密集型，第 3 组为宽间距。2#试验区内 63%的结构面为低连续性，23%为中等连续性，14%为高连续性，因此，该试验区结构面连续性级别主要为低连续性，其次为中等连续性和高连续性，如图 10 – 18 所示。

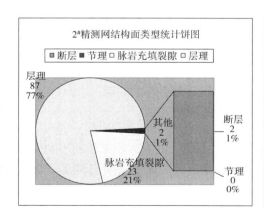

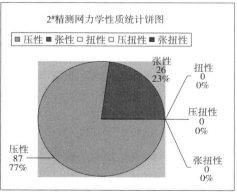

图 10 – 16　2#试验区结构面类型与力学性质统计分析结果

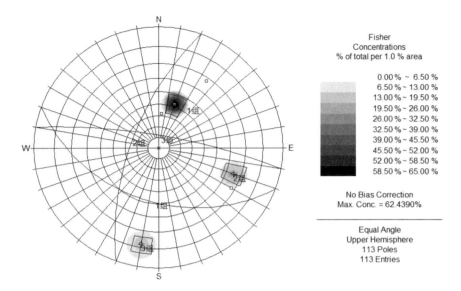

图 10 – 17 2#试验区结构面分组等密图

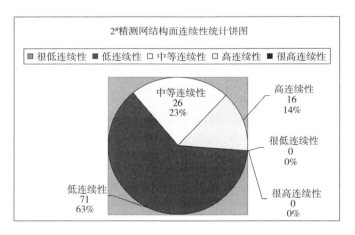

图 10 – 18 2#试验区结构面连续性统计饼图

由 2#试验区结构面数据统计分析结果可知，影响该试验区稳定性的不利因素有：经历强烈的构造运动、间距密集、隙宽级别为裂开、地下水状态潮湿和以平直光滑和光滑波状为主的粗糙度。影响该试验区稳定性的有利因素有：以低连续性为主，兼有部分中等与高的连续性的迹长、较硬的充填硬度。总体上，2#试验区结构面很发育，稳定性较差。

(3)3#试验区结构面调查结果分析

3#试验区共测得 429 条结构面,结构面的二维密度为 4.29 条/m²,平均间距为 46.62 mm。结构面主要由 93% 的压性层理面和 7% 的张性节理构成(见图 10 - 19),按倾向可分为三组,分别为第 1 组 330°～340°,第 2 组 110°～120°,第 3 组 150°～160°,其中第 1 组为优势组,占绝对优势(见图 10 - 20)。3#试验区结构面间距总体很密,第 1 组结构面平均间距级别为极密集型,第 2 组为密集型,第 3 组为宽间距。3#试验区内 95% 的结构面为中等连续性,5% 为高和很高连续性,因此,该试验区内结构面连续性级别主要为中等连续性,如图 10 - 21 所示。

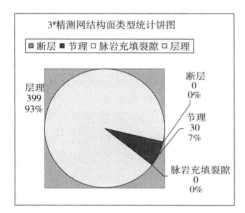
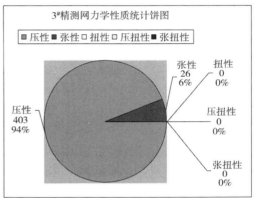

图 10 - 19　3#试验区结构面类型与力学性质统计分析结果

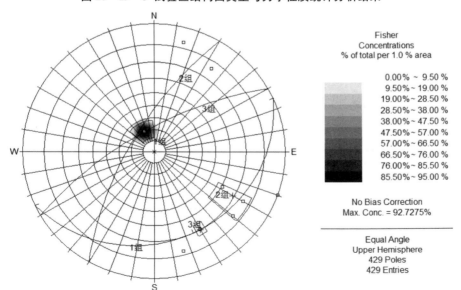

图 10 - 20　3#试验区结构面分组等密图

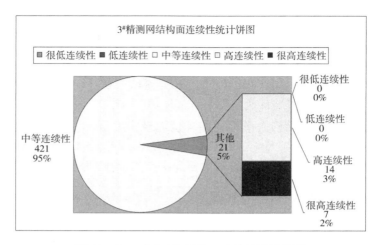

图 10 - 21   3#试验区结构面连续性统计饼图

由 3#试验区结构面数据统计分析结果可知,影响该试验区稳定性的不利因素有:间距密集、迹长以中等连续性为主、隙宽级别为裂开、以平直光滑为主的粗糙度和滴水的地下水状态。影响该试验区稳定性的有利因素有:充填物的硬度较大。总体上,3#试验区结构面很发育,稳定性很差。

(4)4#试验区结构面调查结果分析

4#试验区共测得 227 条结构面,结构面的二维密度为 3.24 条/m²,平均间距为 44.05 mm。结构面主要由 96% 的压性层理面和 4% 的张性矿脉充填裂隙构成(见图 10 - 22),按倾向可分为三组,分别为第 1 组 180° ~ 190°,第 2 组210° ~ 220°,第 3 组 100° ~ 110°,其中第 1 组与第 2 组为优势组,第 1 组占绝对优势(见图 10 - 23)。4#试验区结构面间距总体很密,第 1 组平均间距级别为极密集

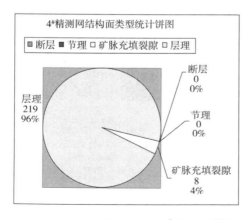

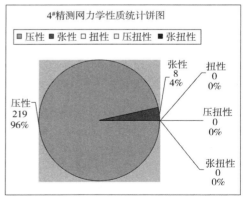

图 10 - 22   4#试验区结构面类型与力学性质统计分析结果

型，第 2 组为密集型，第 3 组为宽间距。4#试验区内 96% 的结构面为中等连续性，4% 为高连续性，因此，该试验区内结构面连续性级别主要为中等连续性，如图 10 - 24 所示。

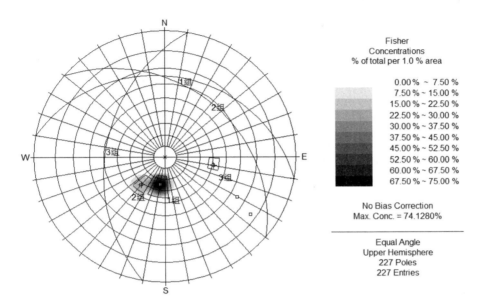

图 10 - 23　4#试验区结构面分组等密图

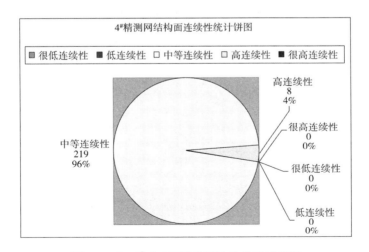

图 10 - 24　4#试验区结构面连续性统计饼图

由 4#试验区结构面数据统计分析结果可知，影响该试验区稳定性的不利因素有：间距很密、迹长以中等连续性为主、隙宽级别为裂开、以平直光滑为主的粗糙度和滴水的地下水状态。影响该试验区稳定性的有利因素有：充填物硬度较大。总体上，4#试验区结构面较发育，稳定性较差。

参考文献

［1］王思敬，张菊明. 岩体结构稳定性的块体力学分析[J]. 地质科学，1980，22(1)：19-33.

［2］黄润秋，许模，陈剑平，等. 复杂岩体结构精细描述及其工程应用[M]. 北京：科学出版社，2004.

［3］顾铁凤，黄景. 裂隙岩体巷道顶板失稳的块体力学分析与支护强度设计[J]. 湖南科技大学学报(自然科学版)，2005，20(4)：21-25.

［4］谷德振，黄鼎成. 岩体结构的分类及其质量系数的确定[J]. 水文地质工程地质，1979，23(2)：8-13.

［5］孙广忠. 岩体结构力学[M]. 北京：科学出版社，1988.

［6］臧士勇. 块体理论及其在采场巷道稳定分析中的应用[J]. 昆明理工大学学报，1997，22(4)：9-15.

［7］瞿英达. 采场上覆岩层中的面接触块体结构及其稳定性力学机制[M]. 北京：煤炭工业出版社，2006.

［8］秦德先，洪托，田毓龙，等. 广西大厂锡矿92号矿体矿床地质与技术经济[M]. 北京：地质出版社，2002.

［9］冯乃华. 铜坑矿92号矿体大范围开采条件下地质灾害预防措施[J]. 采矿技术，2011，11(4)：86-88.

第 11 章   崩落法开采凿岩巷道顶板
危险区域确定的解构法

裂隙矿岩崩落法开采，凿岩巷道（为叙述方便，本章亦简称巷道）是矿体内最主要的工程结构，随着回采工作面的后退式移动，为了保障矿山生产安全和人员生命安全，弄清凿岩巷道顶板的稳定性至关重要，与此同时，崩落法开采条件下还需进一步考虑支护措施对放矿工作的干扰，因此对巷道顶板危险区域的确定是顶板围岩结构三维解构的重要内容。本书以块体理论为基础，结合崩落法回采工艺，通过对崩落法回采过程中巷道顶板危险结构体的解构，形成了一种裂隙矿岩崩落法回采巷道顶板危险区域确定的解构法。

11.1   崩落法开采凿岩巷道围岩结构体模型

11.1.1   巷道围岩模型

裂隙矿岩崩落法开采，为便于开展岩体解构工作，首先需建立巷道围岩模型。巷道围岩模型中巷道的长宽高与实测尺寸有关，围岩的尺寸根据结构面调查区域长度和结构面赋存范围等确立。所建巷道模型的围岩宽度要求能够包裹大部分结构面，以使各结构面在巷道围岩内能够充分地交错、切割；巷道围岩模型的高度以巷道底板为原点上下各取至少一个分段的高度。

利用 GeneralBlock 软件构建巷道围岩模型的方法有两种：通过软件自带的隧洞、地下硐室模型构建或通过编写 model_domain.dat 文件构建[1]。结构面数据调查时，通常将测量的原点定于巷道底板和侧帮的交线上以便高效准确开展测量工作。为便于后期结构面数据与 GeneralBlock 软件的对接，构建的巷道围岩模型原点坐标应尽量与结构面数据调查时选取的坐标原点一致。

本章采用第二种方法构建巷道围岩模型，如图 11 - 1 所示。构建的巷道围岩模型原点在

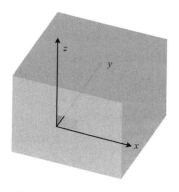

图 11 - 1   巷道围岩模型图

巷道底板与左侧帮的交线上，且以回采方向为 y 轴正方向，以垂直巷道底板并指向巷道顶板的方向为 z 轴正方向，根据右手坐标系原则，以沿巷道跨度的右方为 x 轴正方向。构建的巷道围岩模型将巷道顶板、底板和侧帮定义为自由面，其余面定义为固定面。

11.1.2　巷道围岩结构体模型

结构面在岩体内相互交错，将巷道围岩切割成多种结构体，将包含结构体的巷道围岩模型称为巷道围岩结构体模型。

以巷道围岩模型为基础，将调查的结构面数据输入至 GeneralBlock 软件中，构建出巷道围岩结构体模型。结构面调查数据一般较多，若直接将其全部输入 GeneralBlock 软件中参与结构体的生成和计算，常导致软件运行耗时较长或软件的内存不足而无法继续计算，甚至因多个结构面在同一平面上产生交集或某个点被结构面多次切割而使软件发生错误，终止结构体的生成和分析。所以，在构建巷道围岩结构体模型后，需对结构体模型内的结构面进行筛选，剔除半径较小且对成块没有贡献的结构面。结构面筛选方式有两种，即通过设置最小结构面半径（Minimum fracture radius）筛选或设置结构面与开挖面的最大距离筛选。

结构面筛选窗口如图 11 - 2 所示。窗口中有针对随机结构面（Random fracture）和确定性结构面（Deterministic fracture）进行筛选的两个选项，若输入数据为基于实测产生的随机结构面，则选择随机性结构面窗口[2]；若输入软件内的结构面数据为实测的确定性结构面，则选择确定性结构面窗口。不同工程领域，选取生成结构面网络模型的结构面类型不同，采矿工程领域常侧重于利用确定性结构面模拟结构面网络。

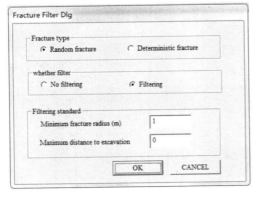

图 11 - 2　裂隙筛选窗口

图 11 - 3　巷道围岩结构体模型

构建的巷道围岩结构体模型如图 11 -3 所示。图中黑线为结构面迹线，结构面间在巷道围岩内相互交错、切割形成复杂的结构体。

11.2　崩落法开采巷道顶板结构体初步解构

基于巷道围岩结构体模型，利用 GenenralBlock 软件的计算功能对结构体模型进行初步解构，解构的核心内容为赋存于顶板围岩内的结构体的编号、类型、体积、稳定性系数、滑移面、下滑力、摩擦力和黏滞力等。巷道顶板结构体的初步解构结果示例如图 11 -4 所示。

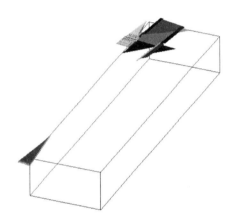

图 11 -4　巷道顶板结构体初步解构图

解构出的结构体由实测结构面在巷道围岩内互相交错切割形成，故结构体的空间形态与实际相比较具有较大的一致性。由于结构面调查数据存在一定的误差，特别是结构面迹长、半径等的误差[3,4]，可能导致解构出的结构体大小与实际存在略微差异，但该差异对巷道围岩内结构体的可移动性与稳定性影响不大。

11.3　巷道顶板结构体赋存位置与最小固定面面积解构

基于巷道顶板结构体初步解构结果，利用 GenenralBlock 软件与 3DMine 软件[5]的耦合功能，可进一步解算出结构体的赋存位置、固定面面积等参数。

崩落法开采裂隙矿岩时，凿岩巷道作为主要的工程巷道，其稳定性是回采工作正常进行的重要保障[6]。初步解构的出露于巷道表面的掉落结构体和可移动结构体对巷道的稳定性和回采工作具有重要影响，常针对性采取一定的安全措施。但解构出的固定面面积较小的结构体，其固定面也可能因开挖作用或其他工程扰动作用而发生破坏[7-11]，最终导致结构体的移动失稳。因此，对初步解构的固定结构体需进一步解算维持其稳定的最小固定面面积。当结构体的固定面面积大于计算得到的最小固定面面积时该结构体稳定性较好；当固定面面积小于最小固定面面积时，结构体的固定面可能发生破坏，结构体可能产生移动。

11.4　崩落法开采巷道顶板结构体可移动性分析

由岩体结构控制理论可知，巷道稳定性取决于赋存于巷道顶板内结构体的移动性与稳定性。裂隙矿岩崩落法回采时，开拓阶段与回采阶段的可移动性不尽相同。开拓阶段，凿岩巷道初步形成，部分出露于巷道表面的结构体因产生了临空面，在重力作用下可能发生移动；回采阶段，凿岩巷道顶板受卸荷作用、爆破震动作用、风化作用等，可能导致不可移动的结构体因周围力学环境的改变或自身重力约束面的改变而发生移动。固定结构体的固定面可能因各类扰动作用而破坏，进而整个结构体发生移动。块体化程度较高的巷道顶板，在回采阶段甚至可能产生一系列的结构体失稳连锁反应，最终导致巷道的失稳。

为促进矿体的安全高效回采，需分别根据开拓阶段和回采阶段结构体的可移动性预测巷道顶板失稳的区域，以便提前采取有效措施，优化工艺方案。因此，本书对崩落法回采条件下，巷道顶板结构体的可移动性分析分回采前和回采过程中两个过程分别进行。

（1）回采前结构体可移动性分析

利用 GenenralBlock 软件初步解构出的巷道顶板内的结构体类型有掉落结构体、可移动结构体、出露不可移动结构体、埋藏结构体和固定结构体。掉落结构体和可移动结构体的移动方式通过初步解构已能够准确确定，但固定结构体的可移动性由于解构依托工具的局限性，不能直接得出，仍需进一步分析。

有结构面出露于巷道表面的固定结构体，当固定面面积小于维持其自身稳定的最小固定面面积时，固定面很可能因结构体自身重力或爆破震动等因素发生破坏。固定面破坏后的结构体可能转变为掉落结构体、可移动结构体或仍保持原有不可移动的状态，具体可移动性通过矢量方法进行分析。因此，固定结构体发生移动的先决条件为固定面被破坏且存在临空面，即 $P = D \cap Q \neq \varphi$。固定面破坏的难易程度可通过固定面面积与最小固定面面积的比值定性判断，对固定面破坏的结构体，利用矢量方法分析其可移动性。

①结构体掉落

当所有的固定面破坏，且临空面的相邻面无重力约束面，即 $P = D \wedge K \cap J = \varphi$ 时，结构体掉落。

图 11-5 为固定面断裂后结构体发生掉落的示意图。图中固定结构体位于巷

道顶板，该结构体仅有固定面为重力约束面，其余面均为非固定结构面，若固定面发生破坏后，结构体将从顶板掉落。

②结构体滑动

（A）当固定面全部被破坏，临空面的相邻面同时存在重力约束面和非重力约束面，且重力约束面满足 $\boldsymbol{p} \cdot \boldsymbol{q} \geqslant 0$，即 $P = D \wedge (K = I \cup J) \cap \boldsymbol{p} \cdot \boldsymbol{q} \geqslant 0$ 时，结构体可能沿重力约束面滑动。

图 11 - 6 为固定面断裂后结构体单面滑动的示意图。图中固定面 1、固定面 2 分属两个不同的结构体，固定面 2 的面积大于结构体 1 的最小固定面面积，且在回采前不被破坏。固定面 1 的面积小于该结构体最小固定面面积，在回采前可能破坏。固定面 1 破坏后，结构体 1 的重力约束面（即结构体 1 与结构体 2 间的结构面）满足 $\boldsymbol{p} \cdot \boldsymbol{q} \geqslant 0$，结构体 1 可沿该面滑动。

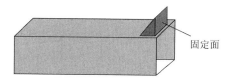

图 11 - 5　固定面断裂后结构体掉落图　　　图 11 - 6　固定面断裂后结构体单面滑动图

（B）当固定面全部被破坏，临空面的相邻面同时存在重力约束面和非重力约束面，且重力约束面的交线与各结构面的法向量夹角为锐角，即 $(K = I \cup J) \cap \boldsymbol{n}_i \cdot \boldsymbol{l} \geqslant 0$ 时，结构体沿重力约束面的交线滑动（双面滑动）。

图 11 - 7 为固定面断裂后结构体双面滑动的示意图。图中结构体的固定面面积小于其最小固定面面积，固定面在回采前就可能被破坏。固定面破坏后，结构体重力约束面的交线与结构体各面的法向量满足 $\boldsymbol{n}_i \cdot \boldsymbol{l} \geqslant 0$，故该结构体将沿重力约束面的交线滑动。

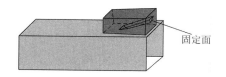

图 11 - 7　固定面断裂后结构体双面滑动图

③结构体不可移动

当固定面全被破坏，临空面的相邻面既有非重力约束面又有重力约束面，且重力约束面满足 $\boldsymbol{p} \cdot \boldsymbol{q} < 0$，即 $P = D \wedge (K = I \cup J) \cap \boldsymbol{p} \cdot \boldsymbol{q} < 0$ 时，结构体的赋存形

态为类倒楔形，故不可移动。

图 11 -8，为一固定面被破坏后仍不可移动的结构体示意图。图中固定面 2 的面积大于结构体 2 的最小固定面面积，且在回采前不破坏。固定面 1 的面积小于该结构体 1 的最小固定面面积，在回采前就可能被破坏。固定面 1 破坏后，结构体的重力约束面满足 $p \cdot q < 0$，故结构体 1 不可移动。

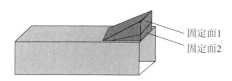

固定面1
固定面2

图 11 -8   固定面断裂后结构体不可移动图

（2）回采过程中结构体可移动性

矿体回采对结构体可移动性的影响存在两种情况，因回采工作面对矿岩的切割，使位于回采工作面周围的结构体被切割，进而移动性可能发生变化；因回采扰动（如卸荷、爆破震动等）的影响，促进位于未回采巷道顶板内结构体的移动。

受上述 2 种工程活动影响，可能导致回采前固定面不破坏的结构体，因回采作用而固定面被破坏，进而产生移动；回采前不可移动的结构体，因回采作用对结构体的切割与破坏，使结构体产生移动。因此，回采过程中应结合矿体回采步距，对每步回采后结构体的稳定性变化情况进行分析，以便促进矿体的安全高效开采。

矿体回采过程中，出露于凿岩巷道表面的不可移动结构体及固定结构体，受回采工作面的切割，将变为新的结构体，其运动状态可能发生改变。

①结构体掉落

回采工作面切割结构体后，形成的新结构体满足 $P = D \wedge K \cap J = \varphi$ 时，该结构体将会掉落。图 11 -9 为出露而不可移动的结构体在回采作用下掉落的一种情况，图中结构体在回采前受周围结构体的夹制约束作用而不可移动，但受回采作用，结构体被切割成了新的结构体，且新的结构体无重力约束面，最终掉落。

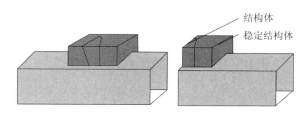

结构体
稳定结构体

图 11 -9   出露而不可移动结构体在回采作用下掉落

图 11 – 10 为出露于巷道表面的固定结构体在回采作用下掉落的一种情况。图中结构体在回采前因固定面不被破坏而不可移动，但受回采作用，结构体固定面被破坏，且临空面的相邻面无重力约束面，因此结构体发生掉落。

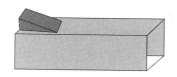

图 11 – 10　固定结构体回采过程掉落示意图

②结构体滑动

（A）回采工作面切割结构体后，形成的新结构体满足 $P \subset J \wedge (K = I \cup J) \cap p \cdot q \geq 0$ 时，该结构体可能沿重力约束面滑动。

图 11 – 11 为出露而不可移动的结构体在回采作用下单面滑动的一种情况，图中结构体被镶嵌在巷道顶板稳定的结构体中而不可移动，但受回采工作面切割作用，形成新结构体的临空面的相邻面同时存在重力约束面和非重力约束面，且重力约束面满足 $p \cdot q \geq 0$，因此，结构体可产生单面滑动。图 11 – 12 为固定结构体在回采作用下单面滑动的一种情况，结构体在回采前固定面不被破坏而不可移动。但受回采工作面切割作用，该结构体被切成非固定结构体，且形成的新结构体临空面的相邻面同时存在重力约束面和非重力约束面，重力约束面又满足 $p \cdot q \geq 0$，因此该结构体可能产生单面滑动。

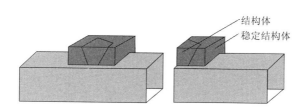

图 11 –11　出露不可移动结构体在回采作用下单面滑动

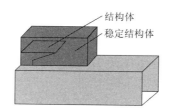

图 11 –12　固定结构体回采过程单面滑动示意图

（B）回采工作面切割结构体后，形成的新结构体满足$(K=I\cup J)\cap \boldsymbol{n}_i\cdot \boldsymbol{l}\geqslant0$时，结构体沿重力约束面的交线滑动。

图11-13为出露而不可移动的结构体在回采作用下双面滑动的一种情况，图中结构体被镶嵌在巷道顶板稳定的结构体中而不可移动，但受回采工作面切割作用，形成的新结构体重力约束面的交线与各结构面的法向量夹角为锐角$\boldsymbol{n}_i\cdot \boldsymbol{l}\geqslant0$，因此，结构体可沿该交线双面滑动。

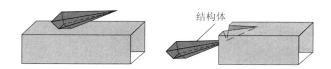

结构体

图11-13　出露不可移动结构体在回采作用下双面滑动示意图

图11-14为固定结构体在回采作用下双面滑动的一种情况，结构体在回采前因固定面不被破坏而不可移动，但受回采工作面对结构体的切割，形成的新结构体重力约束面的交线与各结构面的法向量夹角为锐角，因此，结构体可沿该交线滑动。

结构体

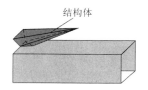

图11-14　固定结构体回采过程双面滑动示意图

③结构体不可移动

回采工作面切割结构体后，形成的新结构体满足$P=I\wedge(K=I\cup J)\cap \boldsymbol{p}\cdot \boldsymbol{q}\leqslant0$，则该结构体仍不可移动。

图11-15所示为出露于巷道表面的不可移动结构体受回采工作面切割仍不可移动的一种情况。结构体回采前不可移动，受回采工作面切割，所形成的新结构临空面的相邻面既有非重力约束面又有重力约束面，且重力约束面满足$\boldsymbol{p}\cdot \boldsymbol{q}<0$，故该结构体仍不会发生移动。

图11-16为固定结构体在回采作用下仍不可移动的一种情况，结构体在回采前固定面不被破坏而不可移动，但受回采工作面对结构体的切割，形成的新结构体临空面的相邻面同时存在重力约束面和非重力约束面，但重力约束面满足$\boldsymbol{p}\cdot \boldsymbol{q}<0$，因此结构体仍不可移动。

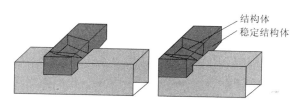

图 11 – 15　出露不可移动结构体回采作用下不可移动情况

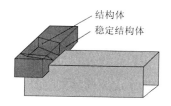

图 11 – 16　固定结构体回采过程不可移动示意图

11.5　崩落法开采巷道顶板结构体稳定性计算

裂隙矿岩崩落法回采时，赋存于巷道顶板内结构体的移动性分矿体回采前与回采过程中两个过程、分别分析，因此结构体稳定性也分为两个过程分别进行计算。结构体的稳定性系数是衡量结构体的稳定程度的重要指标，通过对结构体稳定性系数大小的计算可判断结构体发生失稳的可能性及危险性程度[12]。

（1）回采前结构体稳定性计算

①埋藏结构体稳定性

矿体回采前，当巷道顶板内的埋藏结构体因周围不存在临空面而不可移动时，可使其稳定，不进行稳定性计算。但当埋藏结构体因产生了临空面而运动状态发生改变时，可参照空场法开采条件下埋藏结构体稳定性计算公式对其稳定性系数进行计算。

②固定结构体稳定性

固定结构体稳定性系数的计算，只考虑单固定面结构体情况，且仍假设结构体只在固定面处发生破断。当固定结构体的固定面不发生破坏或固定面发生破坏后结构体仍不可移动时，可将其视为稳定状态，不进行稳定性系数的计算。结构体的运动状态因固定面破坏而发生变化时，其稳定性计算方法与空场法开采条件下相似。

（A）当固定结构体的固定面破坏后，结构体掉落时，稳定性系数 $f = \dfrac{A_d}{A_{min}}$。

（B）固定面受拉破坏后，当结构体单面滑动时，$f = \max[f_1, f_2]$。其中：
$f_1 = \dfrac{(F_f + F_c + F_d)}{F_s}$，$f_2 = \dfrac{A_d}{A_{min}}$，$F_d = \sigma A_d \sin\beta_1 / \cos\beta_1$，$\beta_1 = \arccos^{-1}\dfrac{|\boldsymbol{n}_d \cdot \boldsymbol{s}|}{|\boldsymbol{n}_d| \cdot |\boldsymbol{s}|}$，符号意义同 9.7，下同。

当结构体双面滑动时，结构体稳定性计算方法与单面滑动时相同，但 F_s、F_c、F_f 的计算公式不同。设两个滑动面的面积分别为 A_1、A_2，单位法线矢量为 $\boldsymbol{n}_1$、$\boldsymbol{n}_2$，则 $F_s = |\boldsymbol{w}(\boldsymbol{n}_1 \times \boldsymbol{n}_2)| / |\boldsymbol{n}_1 \times \boldsymbol{n}_2|$，$F_c = C_1 A_1 + C_2 A_2$，
$F_f = \{|(\boldsymbol{w} \times \boldsymbol{n}_1) \cdot (\boldsymbol{n}_1 \times \boldsymbol{n}_2)| \tan\alpha_1 + |(\boldsymbol{w} \times \boldsymbol{n}_1) \cdot (\boldsymbol{n}_1 \times \boldsymbol{n}_2)| \tan\alpha_2\} / |(\boldsymbol{n}_1 \times \boldsymbol{n}_2)|^2$。

（C）固定面受剪破坏后，结构体单面滑动时，$f = \max[f_1, f_2]$，$F_d = \tau A_d / \cos\beta_2$，$\beta_2 = 90° - \beta_1$。

结构体双面滑动时，结构体稳定性的计算方法与固定面受拉破坏后的双面滑动结构体稳定性计算方法相同。

（2）回采过程中结构体稳定性计算

由崩落法回采过程中结构体的可移动性可知，因回采工作面对巷道围岩的切割作用，使得赋存于回采界面附近的结构体受到切割，进而移动性发生改变。剩余位于未回采巷道顶板内的结构体可能因爆破震动或回采卸荷的应力变化而发生破坏，进而产生移动。块体理论对于受爆破震动、应力变化等作用下结构体的稳定性计算问题未涉及。随着计算机模拟技术的迅速发展，将解构理论与数值模拟技术耦合，通过将解构结果与离散元数值模拟软件[13]（如 3DEC 软件）的对接，实现应力变化或爆破作用下的结构体可移动性分析与稳定性计算。

此处仅对受回采工作面切割的结构体稳定性进行计算。

①结构体受回采工作面切割后，若直接掉落，则稳定性系数 f 直接取为 0。

②结构体受回采工作面切割后，若仍不可移动，则稳定性系数 f 取为 1。

③结构体受回采工作面切割后，若沿单面滑动，则参照一般块体理论对其稳定性进行计算，即 $f = (F_f + F_c) / F_s$，其中 $F_s = W\sin\beta$、$F_f = W\cos\beta\tan\varphi$、$F_c = CA$。

④结构体受回采工作面切割后，若沿双面滑动，稳定性系数求解公式与单面滑动时相同。但 F_s、F_c、F_f 的计算公式与回采前双面滑动条件下相同。

11.6 崩落法开采巷道顶板危险区域显现

裂隙矿岩崩落法回采时，凿岩巷道作为主要生产井巷工程，其稳定性至关重要。以崩落法开采顶板结构的解构结果为基础，利用危险结构体的系统显现原理对崩落法开采过程中凿岩巷道的危险区域进行显现，为回采工艺优化和巷道支护措施提供科学依据。

基于结构体可移动性与稳定性分析结果，确立崩落法回采过程中巷道内的危险结构体。利用 GeneralBlock 软件与 3DMine 软件的耦合方法，将巷道内的危险结构体进行三维显现，并对危险结构体的主要集中区域进行系统显现。具体显现方法见第 6 章。

图 11 - 17 所示为某一凿岩巷道顶板危险区域的显现图。由图可直观看出危险区域的范围，以及危险结构体在危险区域内的展布形态。根据危险结构体的形态、移动形式，提前采取有效措施对巷道的危险区域进行针对性支护，以提高支护工程的效率与质量，有效保证人员安全和回采工作的正常进行。

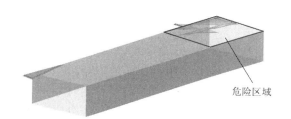

危险区域

图 11 - 17　巷道顶板危险区域显现图

11.7　崩落法开采试验区巷道围岩结构解构

11.7.1　试验区采矿工艺参数

所选 4 个试验区均采用无底柱分段崩落法进行后退式回采，回采方向沿巷道的走向（巷道围岩模型的 y 轴），每次回采步距为 5 m，如图 11 - 18 所示。

根据回采工艺可确立 1#试验区分 5 步回采，回采工作面分别落在巷道围岩模型的 $y=0$ m、$y=5$ m、$y=10$ m、$y=15$ m 和 $y=20$ m 处。2#试验区分 3 步回采，回采工作面分别落在巷道围岩模型的 $y=0$ m、$y=5$ m 和 $y=10$ m 处。3#试验区分 5 步回采，回采工作面分别落在巷道围岩模型的 $y=0$ m、$y=5$ m、$y=10$ m、$y=15$ m 和 $y=20$ m 处。4#试验区分 5 步回采，回采工作面分别落在巷道围岩模型的 $y=0$ m、$y=5$ m 和 $y=10$ m 处。

11.7.2　试验区巷道围岩模型构建

（1）试验区巷道围岩模型

试验区域的宽、长和高分别对应巷道围岩模型在 x、y、z 方向的尺寸，以巷道底板与左侧帮的交线为 y 轴，回采方向为 y 轴正方向；以垂直巷道底板并指向巷道顶板的方向为 z 轴正方向；以沿巷道跨度的右方为 x 轴正方向。根据试验区域

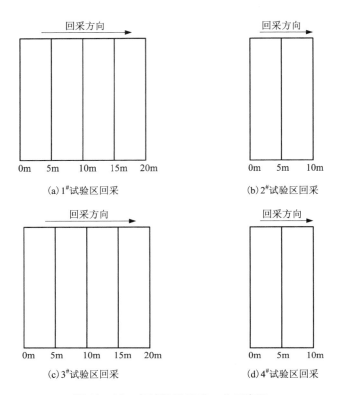

图 11 – 18　各试验区回采工艺示意图

范围确定巷道围岩模型大小,利用 GeneralBlock 软件分别构建各试验区巷道围岩模型,模型有 4 个临空面、6 个固定面,如图 11 – 19 所示。

图 11 – 19 中,1#试验区巷道围岩模型的巷道长宽高为 20 m × 3.7 m × 2.8 m,整体模型的长宽高为 20 m × 20 m × 22 m。x 轴取值为 – 8.15 ~ 11.85 m,y 轴取值为 0 ~ 20 m,z 轴取值为 – 11 ~ 11 m。

2#试验区巷道围岩模型的巷道长宽高为 10 m × 4.5 m × 3.2 m,整体模型的长宽高为 10 m × 20 m × 22 m。x 轴取值为 – 7.75 ~ 12.25 m,y 轴取值为 0 ~ 10 m,z 轴取值为 – 11 ~ 11 m。

3#试验区巷道围岩模型的巷道长宽高为 20 m × 5 m × 5 m,整体模型的长宽高为 20 m × 20 m × 22 m。x 轴取值为 – 7.5 ~ 12.5 m,y 轴取值为 0 ~ 20 m,z 轴取值为 – 11 ~ 11 m。

4#试验区巷道围岩模型的巷道长宽高为 10 m × 7 m × 3.5 m,整体模型的长宽高为 10 m × 20 m × 22 m。x 轴取值为 – 6.5 ~ 13.5 m,y 轴取值为 0 ~ 10 m,z 轴取

值为 – 11 ~ 11 m。

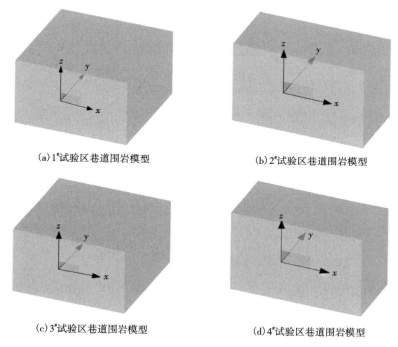

(a) 1#试验区巷道围岩模型　　　　　　　(b) 2#试验区巷道围岩模型

(c) 3#试验区巷道围岩模型　　　　　　　(d) 4#试验区巷道围岩模型

图 11 – 19　各试验区巷道围岩模型图

（2）试验区巷道围岩结构体模型

将 1# 试验区调查所获的 4 组共 535 条结构面数据、2# 试验区调查所获的 3 组共 113 条结构面数据、3# 试验区调查所获的 3 组共 429 条结构面数据、4# 试验区调查所获的 3 组共 227 条结构面数据分别进行筛选，去除大部分对结构体形成无贡献的结构面，并将剩余结构面各参数输入巷道围岩模型中，利用 GeneralBlock 软件构建各试验区的巷道围岩结构体模型，如图 11 – 20 所示。

11.7.3　试验区巷道顶板结构体初步解构

基于 4 个试验区的巷道围岩结构体模型，运用 GeneralBlock 软件的解算功能对各试验区巷道围岩结构体进行初步解构，试验区巷道顶板初步解构的结果如表 11 – 1 ~ 表 11 – 4 所示（因数据太多，对表格内的部分数据进行了删减）。

(a) 1#试验区巷道围岩结构体模型

(b) 2#试验区巷道围岩结构体模型

(c) 3#试验区巷道围岩结构体模型

(d) 4#试验区巷道围岩结构体模型

图 11 - 20 各试验区巷道围岩结构体模型图

表 11 - 1 1#试验区巷道顶板初步解构结果表

No.	V/m^3	type	safety	slide – frac	slide – f/kN	friction/kN	cohesion/kN
1	0.4747	unexposed	—	—	—	—	—
2	0.0512	unexposed	—	—	—	—	—
3	0.025	unexposed	—	—	—	—	—
4	0.02388	unexposed	—	—	—	—	—
5	0.001686	unexposed	—	—	—	—	—
6	0.4126	removable	4009.807	[15, 34]	1.81692	27.8026	715.792
…	…	…	…	…	…	…	…
178	0.002404	fixed	—	—	—	—	—
179	0.000115	fixed	—	—	—	—	—

表 11－2　2#试验区巷道顶板初步解构结果表

No.	V/m^3	type	safety	slide－frac	slide－f/kN	friction/kN	cohesion/kN
1	0.02135	unremovable	—	—	—	—	—
2	0.01096	unremovable	—	—	—	—	—
3	0.001884	unremovable	—	—	—	—	—
4	0.003885	removable	27492.29	[28, 15]	0.013877	0.11466	38.8178
5	0.00105	removable	43749.02	[27, 16]	0.003753	0.030988	16.7188
6	0.3502	unremovable	—	—	—	—	—
7	0.00069	unexposed	—	—	—	—	—
…	…	…	…	…	…	…	…
30	0.001713	unremovable	—	—	—	—	—
31	0.005802	unremovable	—	—	—	—	—
32	0.000501	removable	17284.52	[22, 24]	0.004596	0.023873	8.08696

表 11－3　3#试验区巷道顶板初步解构结果表

No.	V/m^3	type	safety	slide－frac	slide－f/kN	friction/kN	cohesion/kN
1	0.09329	fixed	—	—	—	—	—
2	0.05011	fixed	—	—	—	—	—
3	0.1263	fixed	—	—	—	—	—
…	…	…	…	…	…	…	…
11	0.0115	unremovable	—	—	—	—	—
12	0.01618	removable	8289.693	[39, 23]	0.10437	0.334768	87.9354
13	0.02411	removable	6409.269	[39, 24]	0.155428	0.498722	101.136
14	0.0099	removable	14027.03	[39, 25]	0.063837	0.20482	91.1694
15	0.01039	unremovable	—	—	—	—	—
16	0.02611	unremovable	—	—	—	—	—
17	8.7E－05	removable	31184.9	[39, 27]	0.000562	0.001803	1.7836
…	…	…	…	…	…	…	…
176	0.001998	fixed	—	—	—	—	—
177	0.000318	fixed	—	—	—	—	—
178	4.12E－05	fixed	—	—	—	—	—

表 11 – 4   4#试验区巷道顶板初步解构结果表

No.	v/m^3	type	safety	slide – frac	slide – f/kN	friction/kN	cohesion/kN
1	0.4689	unexposed	—	—	—	—	—
2	0.4759	unexposed	—	—	—	—	—
3	0.4829	unexposed	—	—	—	—	—
4	0.49	unexposed	—	—	—	—	—
5	0.3523	removable	4246.771	[10, 6]	4.09542	15.1312	1760.08
6	0.3525	removable	4252.024	[10, 7]	4.09836	15.141	1763.02
7	0.3556	removable	4254.729	[10, 8]	4.13462	15.2684	1779.68
8	0.3616	removable	4254.895	[10, 9]	4.2042	15.533	1810.06
…	…	…	…	…	…	…	…
30	0.2146	fixed	—	—	—	—	—
31	0.2225	fixed	—	—	—	—	—

由表 11 – 1 的 1#试验区巷道顶板初步解构结果表可知,1#试验区巷道顶板共有 179 个结构体,其中可移动结构体 88 个、不可移动结构体 7 个、埋藏结构体 46 个、固定结构体 38 个。

由表 11 – 2 的 2#试验区巷道顶板初步解构结果表可知,2#试验区巷道顶板内共有结构体 32 个,其中可移动结构体 14 个、不可移动结构体 10 个、埋藏结构体 8 个。2#试验区内结构面大部分被包裹在巷道围岩模型内,结构面在模型边界的切割对结构体生成无贡献,故无固定结构体生成。

由表 11 – 3 的 3#试验区巷道顶板初步解构结果表可知,3#试验区巷道顶板内共有结构体 178 个,其中掉落结构体 1 个、可移动结构体 51 个、不可移动结构体 22 个、固定结构体 62 个、埋藏结构体 42 个。

由表 11 – 4 的 4#试验区巷道顶板初步解构结果表可知,4#试验区巷道顶板内共有结构体 31 个,其中可移动结构体 4 个、埋藏结构体 8 个、固定结构体 19 个。

对各试验区的结构体解构结果进行分析可知,除 1#试验区的结构体分布范围较大外,其余试验区的结构体均集中分布在一定范围内。1#试验区和 3#试验区受结构面切割较为严重,得到的结构体数量较多,可移动的结构体数量也较多,特别是 3#试验区受结构面交错切割,形成了一段碎裂区。2#试验区和 4#试验区内的结构体较少,但均存在较大体积规模的结构体。

(a) 1#试验区初步解构结果　　　　　　　(b) 2#试验区初步解构结果

(c) 3#试验区初步解构结果　　　　　　　(d) 4#试验区初步解构结果

图 11 - 21　各试验区初步解构结果图

11.7.4　试验区巷道顶板结构体最小固定面面积

（1）各试验区结构体三维空间形态解构

将各试验区巷道顶板结构的 GeneralBlock 初步解构结果导入 3DMine 软件中，解算各试验区内结构体的空间形态、固定面面积、重心坐标、形心坐标等参数，结果如表 11 - 5 ~ 表 11 - 7 所示。由于 2# 试验区内无固定结构体生成，因此该试验区无需进行固定结构体三维空间形态的解构。

表 11 - 5　1# 试验区固定结构体空间形态解构结果表

块体编号	体积 /m³	固定面 面积/m²	固定结构体重心坐标			固定结构面形心坐标			l	α 弧度
			x_O	y_O	z_O	x_C	y_C	z_C		
12	2.659	0.92	−0.979	19.011	2.706	−3.069	20	2.757	2.312752	1.000243
13	0.0229	0.02	1.335	19.341	2.873	−0.403	20	3.009	1.863712	1.002668
14	0.01773	0.03	0.581	10.547	2.828	−0.805	20	2.934	9.554655	1.000062
15	0.0907	0.07	−1.222	19.775	2.697	−1.594	20	2.785	0.443568	1.020007
16	0.02403	0.03	1.254	19.435	2.877	−0.342	20	2.955	1.694853	1.00106

块体编号	体积/m³	固定面面积/m²	固定结构体重心坐标			固定结构面形心坐标			l	α 弧度
			x_O	y_O	z_O	x_C	y_C	z_C		
17	0.01676	0.04	0.166	19.624	2.824	– 0.71	20	2.886	0.955299	1.00211
18	0.01959	0.04	0.932	19.561	2.849	– 0.154	20	2.906	1.17276	1.001182
19	0.01307	0.05	– 0.035	19.75	3.156	– 0.602	20	2.829	0.700655	1.119751
20	0.00739	0.03	0.797	19.719	2.821	– 0.042	20	2.842	0.885055	1.000282
21	0.006829	0.04	– 0.338	19.953	2.753	– 0.473	20	2.761	0.143171	1.001563
22	0.001623	0.02	0.48	19.844	2.793	0.198	20	2.806	0.322535	1.000813
23	0.00478	0.04	– 0.184	19.933	2.693	– 0.369	20	2.705	0.197124	1.001856
24	0.1409	0.11	– 1.222	19.82	2.663	– 1.533	20	2.731	0.365712	1.017539
25	0.2091	0.17	– 1.284	7.914	2.303	– 1.455	20	2.661	12.09251	1.000438
26	0.1944	0.16	– 0.706	19.04	2.043	– 1.377	20	2.591	1.293114	1.097045
27	0.003691	0.05	– 0.156	19.946	2.614	– 0.23	20	2.638	0.0947	1.032997
28	0.000928	0.02	– 0.156	19.987	2.539	– 0.092	20	2.56	0.0686	1.048757
29	8.91E – 05	0.01	– 0.069	19.974	2.499	– 0.069	20	2.499	0.026	1
33	0.2149	0.1	– 2.055	19.203	2.139	– 3.278	20	2.469	1.496609	1.024812
143	0.0208	0.02	2.024	19.454	2.879	0.612	20	2.965	1.51633	1.001611
158	0.0208	0.02	1.598	19.435	2.886	0.16	20	2.965	1.547033	1.001305
159	0.01107	0.02	1.416	19.593	2.83	0.249	20	2.934	1.240304	1.003526
160	0.01461	0.02	1.908	19.57	2.832	0.751	20	2.916	1.237176	1.002309
161	0.006115	0.02	1.215	19.719	2.806	0.457	20	2.861	0.810278	1.002308
162	0.01032	0.03	1.663	19.687	2.83	0.924	20	2.855	0.802941	1.000485
163	0.001542	0.02	1.076	19.844	2.83	0.612	20	2.806	0.49011	1.0012
165	0.000788	0.01	1.525	19.876	2.824	1.131	20	2.801	0.413692	1.001548
169	0.003618	0.05	3.797	0.085	2.58	3.895	0	2.5	0.152411	1.155568
170	0.003899	0.08	3.773	0.034	2.409	3.773	0	2.411	0.034059	1.001727
171	0.000219	0.01	3.737	0.013	2.256	3.737	0	2.257	0.013038	1.002948
172	0.02946	0.09	4.381	0.069	2.058	4.576	0	1.889	0.267109	1.240029
173	0.06359	0.25	3.994	0.225	2.196	4.409	0	1.841	0.590656	1.21248
174	0.03779	0.22	3.941	0.163	1.979	4.181	0	1.776	0.354088	1.190316
175	0.02015	0.16	3.859	0.128	1.823	4.017	0	1.69	0.242975	1.17111
176	0.01361	0.15	3.798	0.091	1.629	3.896	0	1.548	0.156352	1.151038
177	0.001659	0.03	3.783	0.064	1.465	3.865	0	1.396	0.124824	1.174993
178	0.002404	0.06	3.73	0.04	1.353	3.759	0	1.33	0.054498	1.096183
179	0.000115	0.01	3.73	0.021	1.194	3.73	0	1.196	0.021095	1.004511

表 11 – 6　3#试验区固定结构体空间形态解算结果表

块体编号	体积 /m³	固定面 面积/m²	固定结构体重心坐标			固定结构面形心坐标			l	α 弧度
			x_O	y_O	z_O	x_C	y_C	z_C		
1	0.09329	0.06	− 0.199	1.558	4.629	− 0.397	0	4.279	1.609058	1.024133
2	0.05011	0.03	− 0.203	1.615	4.587	− 0.407	0	4.223	1.668034	1.024292
3	0.1263	0.08	− 0.214	1.678	4.541	− 0.429	0	4.164	1.733216	1.024132
4	0.09854	0.06	− 0.222	1.754	4.486	− 0.444	0	4.091	1.811581	1.024251
79	0.02688	0.01	0.604	18.869	5.583	0.86	20	5.808	1.181237	1.018419
80	0.02586	0.01	0.707	18.911	5.567	1.001	20	5.772	1.146465	1.016202
87	0.00536	0.0012	− 0.142	1.58	4.621	0.842	20	5.736	18.47993	1.001823
88	0.005157	0.0012	0.699	18.954	5.503	0.936	20	5.711	1.092497	1.018402
89	0.04822	0.03	1.356	18.954	5.334	1.59	20	5.543	1.092041	1.018598
95	0.00221	0.0024	2.117	19.488	5.276	2.251	20	5.386	0.540555	1.021068
98	0.0107	0.005	0.587	18.912	5.483	0.833	20	5.699	1.136185	1.018347
99	0.0103	0.005	0.577	18.873	5.475	0.833	20	5.699	1.177217	1.01838
100	0.09573	0.06	1.344	18.957	5.299	1.574	20	5.508	1.088315	1.018727
106	0.004446	0.005	2.097	19.484	5.241	2.226	20	5.341	0.5412	1.017317
108	0.01118	0.01	2.282	19.524	5.204	2.388	20	5.296	0.496262	1.017434
110	0.008014	0.005	0.567	18.874	5.433	0.822	20	5.657	1.176043	1.018418
111	0.00771	0.0012	0.67	18.916	5.417	0.916	20	5.633	1.132355	1.018473
112	0.07118	0.05	1.328	18.958	5.259	2.5	20	5.467	1.581965	1.008706
118	0.003356	0.0012	2.075	19.481	5.201	2.204	20	5.301	0.544061	1.017133
120	0.008453	0.01	2.259	19.521	5.164	2.369	20	5.256	0.500005	1.01717
122	0.02131	0.01	0.551	18.878	5.367	0.805	20	5.591	1.171997	1.018547
123	0.0205	0.01	0.654	18.92	5.352	0.899	20	5.566	1.127928	1.018272
124	0.1872	0.12	1.307	18.962	5.194	1.529	20	5.404	1.082048	1.019133
131	0.009041	0.01	2.038	19.474	5.138	2.169	20	5.24	0.55158	1.017345
133	0.02262	0.03	2.224	19.514	5.103	2.344	20	5.195	0.508979	1.016561
135	0.01063	0.0025	0.533	18.881	5.295	0.787	20	5.518	1.168934	1.018477
136	0.01022	0.0025	0.636	18.923	5.28	0.881	20	5.494	1.125056	1.018367
137	0.09116	0.06	1.276	18.965	5.126	1.504	20	5.333	1.079842	1.018659
141	0.004005	0.0025	2.013	19.526	5.08	2.131	20	5.172	0.497055	1.017377
142	0.008875	0.01	2.188	19.526	5.035	2.306	20	5.127	0.497055	1.017377
143	0.004598	0.02	2.49	19.758	5.018	2.662	20	5.035	0.297384	1.001636

块体编号	体积/m³	固定面面积/m²	固定结构体重心坐标			固定结构面形心坐标			l	α 弧度
			x_O	y_O	z_O	x_C	y_C	z_C		
144	0.01061	0.0025	0.521	18.883	5.247	0.774	20	5.47	1.166802	1.018546
145	0.0102	0.001	0.624	18.23	5.231	0.868	20	5.446	1.799628	1.007179
146	0.08348	0.06	1.251	18.965	5.081	1.486	20	5.287	1.08115	1.018431
150	0.002958	0.0025	2.031	19.7	5.069	2.16	20	5.127	0.33167	1.015487
151	0.005734	0.01	2.192	19.642	5.013	2.281	20	5.082	0.375295	1.017143
152	0.001299	0.01	2.45	19.875	5.006	2.55	20	5.013	0.160231	1.000955
153	0.01489	0.01	0.506	18.883	5.187	0.759	20	5.409	1.166611	1.018383
154	0.01403	0.01	0.609	18.925	5.171	0.853	20	5.385	1.122923	1.018438
155	0.09976	0.09	1.227	18.971	5.024	1.461	20	5.229	1.074999	1.018462
157	0.002475	0.01	2	19.7	5.013	2.075	20	5.071	0.314625	1.017236
158	0.002988	0.0035	2.225	19.879	5.013	2.242	20	5.013	0.122188	1.000000
159	6.66E - 05	0.001	2.406	19.933	5.003	2.446	20	5.006	0.07809	1.000738
160	0.01578	0.01	0.518	19.032	5.132	0.738	20	5.325	1.011273	1.018492
161	0.0146	0.01	0.626	19.093	5.12	0.832	20	5.301	0.947547	1.018526
162	0.08405	0.11	1.348	19.636	5.06	1.426	20	5.12	0.377068	1.012795
163	0.000368	0.0025	2.028	19.904	5.012	2.048	20	5.024	0.098793	1.007423
164	6.66E - 05	0.001	2.106	19.933	5.003	2.146	20	5.006	0.07809	1.000738
165	0.004706	0.0012	0.557	19.275	5.114	0.721	20	5.258	0.757137	1.018363
166	0.004266	0.0012	0.685	19.427	5.12	0.815	20	5.234	0.598519	1.018418
167	0.01864	0.03	0.969	19.442	5.051	1.329	20	5.102	0.666007	1.002939
168	0.004046	0.0012	0.568	19.366	5.096	0.712	20	5.222	0.662245	1.018377
169	0.003606	0.0012	0.696	19.518	5.102	0.806	20	5.198	0.503627	1.018447
170	0.01307	0.03	0.945	19.533	5.042	1.249	20	5.084	0.55881	1.002831
171	0.006873	0.01	0.573	19.457	5.054	0.697	20	5.162	0.567353	1.018396
172	0.005847	0.01	0.681	19.518	5.042	0.79	20	5.138	0.503409	1.018463
173	0.01438	0.04	0.929	19.685	5.021	1.163	20	5.042	0.392966	1.00143
174	0.00328	0.01	0.6	19.67	5.011	0.675	20	5.077	0.344791	1.018605
175	0.002253	0.01	0.69	19.73	5.027	0.769	20	5.054	0.282613	1.004581
176	0.001998	0.01	0.857	19.791	5.01	0.983	20	5.021	0.244291	1.001015
177	0.000318	0.001	0.643	19.912	5.012	0.661	20	5.023	0.090493	1.007434
178	4.12E - 05	0.001	0.72	19.943	5.003	0.754	20	5.006	0.066438	1.001020

表 11 - 7 4[#]试验区固定结构体空间形态解构结果表

块体编号	体积/m³	固定面面积/m²	固定结构体重心坐标			固定结构面形心坐标			l	α 弧度
			x_O	y_O	z_O	x_C	y_C	z_C		
9	0.3341	0.26	12.234	5.397	4.131	13.5	4.814	4.335	1.408638	1.010579
10	0.2891	0.1	11.739	4.559	4.945	13.5	2.629	6.17	2.885593	1.097411
11	0.3016	0.25	12.297	5.38	4.047	13.5	4.827	4.24	1.338009	1.010494
12	0.2769	0.1	13.5	2.721	6.009	11.802	4.581	4.828	2.781648	1.097434
13	0.2708	0.24	12.36	5.363	3.963	13.5	4.84	4.145	1.26738	1.0104
14	0.2647	0.1	11.928	4.535	4.755	13.5	2.812	5.848	2.575764	1.097321
15	0.2416	0.22	12.423	5.346	3.879	13.5	4.853	4.05	1.196754	1.010296
16	0.2525	0.1	11.928	4.626	4.594	13.5	2.904	5.687	2.575096	1.097375
17	1.255	1.8	11.41	5.815	3.671	13.5	4.551	3.914	2.454556	1.004921
18	2.518	1.95	12.223	4.895	3.759	13.5	4.043	3.686	1.536868	1.001129
27	10.11	5.96	11.303	6.959	2.387	13.5	6.149	1.702	2.4397	1.040754
28	0.1969	0.07	7.959	8.702	2.317	9.083	7.47	3.098	1.841511	1.097206
29	0.206	0.07	8.062	8.681	2.228	9.205	7.428	3.022	1.87267	1.097149
30	0.2146	0.07	8.165	8.659	2.138	9.327	7.386	2.946	1.903585	1.097381
31	0.2225	0.07	8.268	8.638	2.049	9.449	7.343	2.871	1.935838	1.097461

（2）各试验区固定结构体的最小固定面面积计算

所选取各试验区围岩力学参数相同见表 11 - 8。

表 11 - 8 试验区围岩力学参数表

单轴抗压强度 σ_c /MPa	抗剪强度 τ /MPa	抗拉强度 σ_t /MPa	容重 γ /(t·m⁻³)	内聚力 C /MPa	内摩擦角 φ /(°)
81.26	8.572	4.388	2.68	2.5	30

利用最小固定面面积计算公式[14]分别对各试验区内的单固定面结构体最小固定面面积进行计算，计算结果分别如表 11 - 9 ~ 表 11 - 11 所示。

由表 11 - 9 ~ 表 11 - 11 可知，1[#]试验区内的 38 个固定结构体中，有 24 个结构体的固定面面积小于维持其稳定的最小固定面面积；3[#]试验区内的 62 个固定结构体中，有 58 个结构体的固定面面积小于其各自的最小固定面面积；4[#]试验区内的 15 个固定结构体中，固定面面积均大于其各自的最小固定面面积。在工程实际中固定面面积小于其最小固定面面积的结构体，因重力或其他工程扰动作用，固定面极易发生破坏。当固定面破坏后，若在其周围存在临空面，则结构体很可能会发生失稳。因此，对各试验区内固定面容易破坏的结构体必须进行进一步分析，以深入了解其可能移动形式和稳定性情况，并采取针对性控制措施维持巷道的稳定性。

表 11－9　1#试验区最小固定面面积计算结果表

结构体编号	d_τ/m	d_c/m	d_t/m	d_{max}/m	A_{min}	结构体固定面面积/m²	结构面状态
12	0.873258	0.338977	0.267609	0.873258	0.598625	0.49	破坏
13	0.080887	0.302045	0.301431	0.302045	0.071617	0.02	破坏
14	0.071318	0.302662	0.302183	0.302662	0.071909	0.03	破坏
15	0.158764	0.298173	0.295857	0.298173	0.069792	0.07	不破坏
16	0.082963	0.302483	0.301836	0.302483	0.071824	0.03	破坏
17	0.069229	0.302112	0.301662	0.302112	0.071648	0.04	破坏
18	0.0749	0.302393	0.301865	0.302393	0.071782	0.04	破坏
19	0.055002	0.264099	0.263863	0.264099	0.054752	0.05	破坏
20	0.046035	0.302468	0.302269	0.302468	0.071817	0.03	破坏
21	0.044209	0.302126	0.301942	0.302126	0.071655	0.04	破坏
22	0.021565	0.302254	0.30221	0.302254	0.071716	0.02	破坏
23	0.036979	0.302022	0.301894	0.302022	0.071606	0.04	破坏
24	0.198277	0.299499	0.295876	0.299499	0.070414	0.11	不破坏
25	0.244847	0.305086	0.299444	0.305086	0.073066	0.17	不破坏
26	0.217013	0.274332	0.270491	0.274332	0.059078	0.16	不破坏
27	0.031685	0.293374	0.293283	0.293374	0.067564	0.05	破坏
28	0.015671	0.288604	0.288582	0.288604	0.065384	0.02	破坏
29	0.005055	0.302446	0.302443	0.302446	0.071807	0.01	破坏
33	0.243421	0.298333	0.292923	0.298333	0.069867	0.1	不破坏
143	0.077153	0.302296	0.301737	0.302296	0.071736	0.02	破坏
158	0.077171	0.302376	0.301816	0.302376	0.071774	0.02	破坏
159	0.056201	0.301665	0.301369	0.301665	0.071436	0.02	破坏
160	0.064626	0.302032	0.30164	0.302032	0.07161	0.02	破坏

结构体编号	d_τ/m	d_c/m	d_t/m	d_{max}/m	A_{min}	结构体固定面面积/m²	结构面状态
161	0.04181	0.301921	0.301757	0.301921	0.071558	0.02	破坏
162	0.054393	0.302454	0.302175	0.302454	0.07181	0.03	破坏
163	0.021014	0.302152	0.30211	0.302152	0.071667	0.02	破坏
165	0.015015	0.302051	0.30203	0.302051	0.071619	0.01	破坏
169	0.027839	0.249448	0.249393	0.249448	0.048846	0.05	不破坏
170	0.033401	0.302045	0.30194	0.302045	0.071616	0.08	不破坏
171	0.007916	0.301676	0.30167	0.301676	0.071442	0.01	破坏
172	0.071277	0.209289	0.209014	0.209289	0.034384	0.09	不破坏
173	0.10882	0.223545	0.22283	0.223545	0.039228	0.25	不破坏
174	0.086325	0.234097	0.233613	0.234097	0.043019	0.22	不破坏
175	0.064526	0.242776	0.24249	0.242776	0.046268	0.16	不破坏
176	0.05427	0.25145	0.251236	0.25145	0.049633	0.15	不破坏
177	0.018429	0.240909	0.240886	0.240909	0.045559	0.03	破坏
178	0.024153	0.27279	0.272743	0.27279	0.058415	0.06	不破坏
179	0.005716	0.301262	0.301259	0.301262	0.071246	0.01	破坏

表 11 - 10　3# 试验区最小固定面面积计算结果表

结构体编号	d_τ/m	d_c/m	d_t/m	d_{max}/m	A_{min}	结构体固定面面积/m²	结构面状态
1	0.160472	0.29703	0.294676	0.29703	0.069258	0.06	破坏
2	0.117595	0.296453	0.29519	0.296453	0.068989	0.03	破坏
3	0.186717	0.297437	0.294251	0.297437	0.069448	0.08	不破坏
4	0.16491	0.297061	0.294575	0.297061	0.069272	0.06	破坏
79	0.086541	0.297823	0.297134	0.297823	0.069629	0.01	破坏
80	0.085036	0.298427	0.297759	0.298427	0.069911	0.01	破坏
87	0.039159	0.302039	0.301894	0.302039	0.071613	0.0012	破坏
88	0.037906	0.297557	0.297425	0.297557	0.069504	0.0012	破坏

结构体编号	d_τ/m	d_c/m	d_t/m	d_{max}/m	A_{min}	结构体固定面面积/m²	结构面状态
89	0.115893	0.29804	0.296804	0.29804	0.06973	0.03	破坏
95	0.024761	0.296775	0.296719	0.296775	0.069139	0.0024	破坏
98	0.054604	0.297641	0.297367	0.297641	0.069544	0.005	破坏
99	0.053572	0.297627	0.297363	0.297627	0.069537	0.005	破坏
100	0.163276	0.298598	0.296144	0.298598	0.069991	0.06	破坏
106	0.035227	0.297849	0.297735	0.297849	0.069641	0.005	破坏
108	0.055857	0.297901	0.297614	0.297901	0.069665	0.01	破坏
110	0.047253	0.297588	0.297383	0.297588	0.069519	0.005	破坏
111	0.046346	0.297569	0.297371	0.297569	0.06951	0.0012	破坏
112	0.141929	0.301057	0.299179	0.301057	0.071149	0.05	破坏
118	0.030611	0.297887	0.2978	0.297887	0.069658	0.0012	破坏
120	0.048579	0.29794	0.297723	0.29794	0.069683	0.01	破坏
122	0.077047	0.297718	0.297172	0.297718	0.069579	0.01	破坏
123	0.075585	0.297785	0.297258	0.297785	0.06961	0.01	破坏
124	0.228249	0.299629	0.294837	0.299629	0.070475	0.12	不破坏
131	0.050234	0.297899	0.297666	0.297899	0.069664	0.01	破坏
133	0.079507	0.298287	0.297703	0.298287	0.069845	0.03	破坏
135	0.054419	0.297604	0.297332	0.297604	0.069526	0.0025	破坏
136	0.053364	0.29763	0.297368	0.29763	0.069538	0.0025	破坏
137	0.15934	0.29856	0.296223	0.29856	0.069973	0.06	破坏
141	0.033433	0.297827	0.297724	0.297827	0.06963	0.0025	破坏
142	0.049769	0.297888	0.29766	0.297888	0.069659	0.01	破坏
143	0.036274	0.302078	0.301954	0.302078	0.071632	0.02	破坏
144	0.054365	0.297585	0.297313	0.297585	0.069517	0.0025	破坏
145	0.053792	0.300683	0.300413	0.300683	0.070972	0.001	破坏
146	0.152509	0.298528	0.296386	0.298528	0.069958	0.06	破坏
150	0.028776	0.298336	0.298259	0.298336	0.069868	0.0025	破坏

结构体编号	d_τ/m	d_c/m	d_t/m	d_{max}/m	A_{min}	结构体固定面面积/m^2	结构面状态
151	0.040012	0.297914	0.297766	0.297914	0.069671	0.01	破坏
152	0.019291	0.302213	0.302178	0.302213	0.071696	0.01	破坏
153	0.064412	0.297684	0.297302	0.297684	0.069563	0.01	破坏
154	0.062522	0.297658	0.297298	0.297658	0.069551	0.01	破坏
155	0.166714	0.298723	0.296164	0.298723	0.07005	0.09	不破坏
157	0.026285	0.297847	0.297783	0.297847	0.06964	0.01	破坏
158	0.029279	0.302484	0.302403	0.302484	0.071825	0.0035	破坏
159	0.004368	0.302253	0.302251	0.302253	0.071715	0.001	破坏
160	0.066303	0.297664	0.29726	0.297664	0.069554	0.01	破坏
161	0.063774	0.29764	0.297266	0.29764	0.069543	0.01	破坏
162	0.153725	0.300104	0.297912	0.300104	0.070699	0.11	不破坏
163	0.010213	0.300491	0.300481	0.300491	0.070882	0.0025	破坏
164	0.004368	0.302253	0.302251	0.302253	0.071715	0.001	破坏
165	0.036212	0.297562	0.297442	0.297562	0.069506	0.0012	破坏
166	0.034476	0.297541	0.297432	0.297541	0.069497	0.0012	破坏
167	0.072961	0.301919	0.301419	0.301919	0.071557	0.03	破坏
168	0.033577	0.29755	0.297446	0.29755	0.069501	0.0012	破坏
169	0.031696	0.297525	0.297433	0.297525	0.069489	0.0012	破坏
170	0.0611	0.301874	0.301524	0.301874	0.071536	0.03	破坏
171	0.043761	0.29758	0.297404	0.29758	0.069515	0.01	破坏
172	0.040361	0.297549	0.297399	0.297549	0.0695	0.01	破坏
173	0.064159	0.30226	0.301873	0.30226	0.071718	0.04	破坏
174	0.030226	0.297477	0.297393	0.297477	0.069467	0.01	破坏
175	0.025333	0.301271	0.301211	0.301271	0.07125	0.01	破坏
176	0.023923	0.302206	0.302152	0.302206	0.071693	0.01	破坏
177	0.009501	0.300488	0.300479	0.300488	0.07088	0.001	破坏
178	0.003435	0.302179	0.302178	0.302179	0.07168	0.001	破坏

表 11 – 11   4#试验区最小固定面面积计算结果表

结构体编号	d_τ/m	d_c/m	d_t/m	d_{max}/m	A_{min}	结构体固定面面积/m²	结构面状态
9	0.307032	0.303928	0.295166	0.307032	0.074001	0.26	不破坏
10	0.264549	0.275115	0.269411	0.275115	0.059415	0.1	不破坏
11	0.291737	0.303532	0.29562	0.303532	0.072324	0.25	不破坏
12	0.258902	0.274989	0.269526	0.274989	0.059361	0.1	不破坏
13	0.27646	0.303161	0.296055	0.303161	0.072147	0.24	不破坏
14	0.253162	0.274912	0.269688	0.274912	0.059328	0.1	不破坏
15	0.261151	0.302814	0.296472	0.302814	0.071982	0.22	不破坏
16	0.247246	0.274774	0.269791	0.274774	0.059268	0.1	不破坏
17	0.597743	0.317807	0.284422	0.597743	0.280478	1.8	不破坏
18	0.849202	0.336645	0.269193	0.849202	0.566099	1.95	不破坏
27	1.647454	0.427522	0.193474	1.647454	2.130573	5.96	不破坏
28	0.21837	0.274297	0.270409	0.274297	0.059063	0.07	不破坏
29	0.223371	0.274407	0.270338	0.274407	0.05911	0.07	不破坏
30	0.227935	0.274404	0.270169	0.274404	0.059109	0.07	不破坏
31	0.232074	0.274451	0.270062	0.274451	0.059129	0.07	不破坏

11.7.5   试验区巷道顶板结构体可移动性分析

通过对结构体的初步解构,掉落结构体、可移动结构体的移动性已利用 GeneralBlock 软件确定。因此仅对出露于各试验区巷道表面的固定结构体的可移动性进行分析。

(1)1#试验区结构体可移动性分析

①回采前结构体可移动性分析

根据1#试验区结构体最小固定面面积计算结果可知,矿体回采前试验区内部分结构体的固定面就可能破坏。回采前结构体的可移动性分析对象为固定面可能破坏且出露于巷道表面的结构体。回采前,1#试验区内有 25 个固定结构体出露于巷道表面,且固定面可能破坏,对此 25 个结构体进行可移动性分析。

(A)掉落结构体

结构体 164 和 165 除固定面外,其余面均为非重力约束面。当固定面破坏时,临空面的相邻面均为非重力约束面,故此 2 个结构体将可能发生掉落。

（B）单面滑动结构体

结构体 171、179 的固定面被破坏后，临空面的相邻面既有重力约束面又有非重力约束面。重力约束面单位方向矢量与临空面单位矢量的乘积大于 0，即满足 $p \cdot q \geqslant 0$，故此 2 个结构体将可能沿着重力约束面单面滑动。

（C）双面滑动结构体

结构体 13、14、16、17、18、19、20、22、23、27、28、29、143、158、159、160、161、162 和 163 固定面被破坏后，临空面的相邻面即有重力约束面又有非重力约束面，且重力约束面的交线与各结构面的法向量夹角为锐角，即满足 $n_i \cdot l \geqslant 0$，故此类结构体可能沿重力约束面的交线双面滑动。

（D）不可移动结构体

结构体 177 固定面被破坏后，临空面的相邻面即有重力约束面又有非重力约束面，但重力约束面法向矢量与临空面法向矢量的乘积小于零，即 $p \cdot q < 0$，故结构体即使固定面破坏后，仍不可移动。

将上述结构体可移动性分析结果进行汇总，结果如表 11-12 所示。由表 11-12 可知，进行回采前，出露于巷道表面的 25 个固定结构体中，可能掉落的结构体有 2 个，可能产生单面滑动的结构体有 2 个，可能产生双面滑动的结构体有 20 个，不可移动的结构体有 1 个。

表 11-12　$1^{\#}$ 试验区出露结构体可移动性分析表

结构体编号	体积/m³	结构体面数/个	非重力约束面数/个	重力约束面数/个	可能移动方式
13	0.0229	6	3	3	双面滑动
14	0.01773	6	4	2	双面滑动
16	0.02403	6	3	3	双面滑动
17	0.01676	6	3	3	双面滑动
18	0.01959	6	3	3	双面滑动
19	0.01307	6	4	2	双面滑动
20	0.00739	6	3	3	双面滑动
21	0.006829	7	4	3	双面滑动
22	0.001623	6	3	3	双面滑动
23	0.00478	6	3	3	双面滑动
27	0.003691	5	2	3	双面滑动

结构体编号	体积/m³	结构体面数/个	非重力约束面数/个	重力约束面数/个	可能移动方式
28	0.000928	5	2	3	双面滑动
29	8.91E－05	4	2	2	双面滑动
143	0.0208	6	3	3	双面滑动
158	0.0208	6	3	3	双面滑动
159	0.01107	6	3	3	双面滑动
160	0.01461	6	3	3	双面滑动
161	0.006115	6	3	3	双面滑动
162	0.01032	6	3	3	双面滑动
163	0.001542	5	3	2	双面滑动
164	1.06E－05	4	3	1	掉落
165	0.000788	4	3	1	掉落
171	0.000219	4	2	2	单面滑动
177	0.001659	5	2	3	不可移动
179	0.000115	4	1	2	单面滑动

②回采过程中结构体可移动性分析

1#试验区分 5 步回采，以 y 轴为回采方向，回采界面分别落在巷道围岩模型的 $y=0$ m、$y=5$ m、$y=10$ m、$y=15$ m 和 $y=20$ m 处。因此，回采过程中结构体的可移动性分析对象为分布于回采工作面周围的出露但不可移动的结构体。

（A）第 1 步回采时，位于回采界面附近的不可移动结构体有 169、170、172、173、174、175、176 和 178，对其分别进行可移动性分析。

结构体 169、170、175、176 和 178 均由 3 个结构面和 1 个固定面构成，构成结构体的面有 2 个重力约束面和 2 个非重力约束面。结构体临空面的相邻面既有重力约束面又有非重力约束面，且重力约束面的交线与各结构面的法向量夹角为锐角。因此，结构体可能沿重力约束面的交线向回采面产生双面滑动。

结构体 172、173 和 174 均由 5 个结构面和 1 个固定面构成，构成结构体的面有 3 个重力约束面和 3 个非重力约束面，重力约束面法向矢量与临空面法向矢量的乘积小于零。因此，结构体沿重力约束面的交线向回采面产生双面滑动。

（B）第 2 步回采、第 3 步回采和第 4 步回采时，回采面附近没有新的结构体生成。第 5 步回采时，试验区已被全部回采完，无需进行结构体可移动性分析。

通过对回采过程中结构体可移动性分析可知，受回采作用影响，有 8 个出露于巷道表面的原本不可移动的结构体将产生双面滑动。

（2）2#试验区出露结构体可移动性分析

①回采前结构体可移动性分析

根据 2#试验区结构体初步解构结果可知，试验区内无固定结构体。其他出露于巷道表面的结构体可移动性通过初步解构已可得出，故该试验区在回采前无需进行固定结构体的可移动性分析。

②回采过程中结构体可移动性分析

2#试验区分 3 步回采，回采界面分别在巷道围岩模型的 $y = 0$ m、$y = 5$ m 和 $y = 10$ mm 处，回采过程中结构体的可移动性分析对象为分布于回采工作面周围的出露但不可移动的结构体。

（A）第 1 步回采时，回采工作面周围没有新的结构体产生。

（B）第 2 步回采时，位于回采界面附近的不可移动结构体有 1、2、21 和 26，对其分别进行可移动性分析。

结构体 1 和结构体 21 被回采工作面切割后，构成结构体的面有 2 个重力约束面和 5 个非重力约束面，结构体临空面的相邻面既有重力约束面又有非重力约束面，且重力约束面的交线与各结构面的法向量夹角为锐角。因此，结构体 1 和结构体 21 可能沿重力约束面的交线向回采面产生双面滑动。

结构体 2 和 26 在回采作用的切割下，使得构成结构体的面有 2 个重力约束面和 5 个非重力约束面，但重力约束面法向矢量与临空面法向矢量的乘积小于零，即 $p \cdot q < 0$，故结构体仍不可移动。

（C）第 3 步回采时，试验区已被全部回采完，无需进行结构体可移动性分析。

通过对回采过程中结构体可移动性分析可知，1#试验区巷道围岩受回采作用影响，有 2 个出露于巷道表面的原本不可移动的结构体将产生双面滑动。

（3）3#试验区出露结构体可移动性分析

①回采前结构体可移动性分析

根据 3#试验区结构体最小固定面面积计算结果可知，回采前，3#试验区内有 35 个固定结构体出露于巷道表面，且固定面可能被破坏，因此对该 35 个结构体进行可移动性分析。

（A）掉落结构体

结构体 159、164、176 和 178 除固定面外，其余面均为非重力约束面。当固定面破坏时，临空面的相邻面均为非重力约束面，故这两个结构体将可能发生掉落。

（B）单面滑动结构体

结构体 1、2、4 和结构体 143 的固定面被破坏后，临空面的相邻面即有重力约束面又有非重力约束面，且重力约束面单位方向矢量与临空面单位矢量的乘积大于 0，即满足 $p \cdot q \geqslant 0$，故上述结构体将可能沿着重力约束面单面滑动。

（C）双面滑动结构体

结构体 141、142、145、146、150、151、152、153、154、157、158、160、161、162、163、165、166、167、168、169、170、171、172、173、174、175 和结构体 177 的固定面被破坏后，临空面的相邻面即有重力约束面又有非重力约束面，且重力约束面的交线与各结构面的法向量夹角为锐角，即满足 $n_i \cdot l \geqslant 0$，故上述结构体可能沿重力约束面的交线滑动。

将 3# 试验区内结构体可移动性分析结果进行汇总，结果如表 11 - 13 所示。由表 11 - 13 可知，进行回采前，出露于巷道表面的 31 个固定结构体中，可能掉落的结构体有 4 个，可能产生单面滑动的结构体有 4 个，可能产生双面滑动的结构体有 23 个。

②回采过程中结构体可移动性分析

3# 试验区分 5 步回采，回采界面分别位于巷道围岩模型的 $y = 0$ m、$y = 5$ m、$y = 10$ m、$y = 15$ m 和 $y = 20$ m 处。因此，回采过程中结构体的移动性分析对象为分布于回采工作面周围的出露但不可移动的结构体。

（A）第 1 步回采时，仅有结构体 3 位于回采界面附近。结构体 3 由 4 个结构面和 1 个固定面构成，固定面破坏后构成结构体的面有 1 个重力约束面和 5 个非重力约束面，临空面的相邻面即有重力约束面又有非重力约束面，且重力约束面单位方向矢量与临空面单位矢量的乘积大于 0，故结构体 3 将可能沿着重力约束面单面滑动。

（B）第 2 步回采、第 3 步回采和第 4 步回采时，回采工作面附近没有新的结构体生成。第 5 步回采时，试验区已被全部回采完，无需进行结构体可移动性分析。

通过对回采过程中结构体可移动性分析可知，受回采作用影响，3# 试验区有 1 个出露于巷道表面的原本不可移动的结构体将产生单面滑动。

表 11 - 13 3# 试验区出露结构体可移动性分析表

结构体编号	体积 /m³	结构体面数/个	非重力约束面数/个	重力约束面数/个	可能移动方式
1	0.09329	5	3	2	单面滑动
2	0.05011	5	3	2	单面滑动
4	0.09854	5	3	2	单面滑动
141	0.004005	6	3	3	双面滑动

结构体 编号	体积 /m³	结构体 面数/个	非重力约束 面数/个	重力约束 面数/个	可能移动 方式
142	0.008875	6	3	3	双面滑动
143	0.004598	5	3	2	单面滑动
146	0.08348	6	3	3	双面滑动
150	0.002958	6	3	3	双面滑动
151	0.005734	6	3	3	双面滑动
152	0.001299	5	3	2	双面滑动
153	0.01489	6	3	3	双面滑动
157	0.002475	6	3	3	双面滑动
158	0.002988	6	3	3	双面滑动
159	6.66E - 05	5	4	1	掉落
160	0.01578	6	3	3	双面滑动
161	0.0146	6	3	3	双面滑动
163	0.000368	6	3	3	双面滑动
164	6.66E - 05	5	4	1	掉落
165	0.004706	5	3	2	双面滑动
166	0.004266	6	3	3	双面滑动
167	0.01864	5	3	2	双面滑动
168	0.004046	6	3	3	双面滑动
169	0.003606	6	3	3	双面滑动
170	0.01307	5	3	2	双面滑动
171	0.006873	6	3	3	双面滑动
172	0.005847	6	3	3	双面滑动
173	0.01438	5	3	2	双面滑动
174	0.00328	6	3	3	双面滑动
175	0.002253	6	3	3	双面滑动
176	0.001998	5	4	1	掉落
178	4.12E - 05	4	3	1	掉落

(4)4#试验区出露结构体可移动性分析

①回采前结构体可移动性分析

根据4#试验区结构体最小固定面面积计算结果可知,矿体回采前试验区内无固定面可能破坏的结构体。回采前,4#试验区无进行可移动性分析的固定结构体。

②回采过程中结构体可移动性分析

4#试验区分3步回采,回采工作面分别为巷道围岩模型的 $y=0$ m、$y=5$ m 和 $y=10$ m。

(A)第1步回采时,位于回采界面附近的不可移动结构体有28、29、30 和31,对此4个结构体分别进行可移动性分析。

结构体28、29、30 和结构体31 均由6个结构面和1个固定面构成,构成各结构体的面有2个重力约束面和5个非重力约束面,且结构体临空面的相邻面既有重力约束面又有非重力约束面,但重力约束面法向矢量与临空面法向矢量的乘积小于零,故上述4个结构体即使固定面破坏后,仍不可移动。

(B)第2步回采时,回采面附近没有新的结构体生成。第3步回采时,试验区已被全部回采完,无需进行结构体可移动性分析。

通过对4#试验区回采过程中结构体可移动性分析可知,未有原本不可移动的结构体因回采作用影响而产生移动。

11.7.6 试验区结构体稳定性计算

(1)1#试验区出露结构体稳定性

①回采前结构体稳定性

回采前出露于1#试验区巷道表面的26个固定结构体中,除结构体177不可移动外,其余结构体中掉落的结构体有2个,单面滑动的结构体有2个,双面滑动的结构体有21个。对可移动的结构体稳定性分别进行计算,结果如表11-14所示。

由表11-14可知,除结构体164和结构体165的稳定性系数小于1外,其余结构体的稳定性系数均较大。因此,结构体164和结构体165在矿体回采前就极可能发生了失稳,其余结构体因稳定性系数较大而可能暂时仍未发生失稳,但均存在潜在的失稳。

表 11-14　1#试验区回采前结构体稳定性系数计算结果表

No.	V/m^3	F_s/kN	F_f/kN	F_c/kN	F_d/kN	f
13	0.0229	0.17395	0.10388	13.965	0.774298	835.8302
14	0.01773	0.036554	0.0302624	9.8	1.121414	3008.943

No.	V/m^3	F_s/kN	F_f/kN	F_c/kN	F_d/kN	f
16	0.02403	0.58604	0.22687	60.515	0.775082	1028.706
17	0.01676	0.005586	0.2100994	7.105	4.725854	20971.9
18	0.01959	0.32242	0.174832	6.37	0.397096	210.9989
19	0.01307	0.023324	0.10633	4.9	5.907342	4577.952
20	0.00739	0.03381	0.070266	2.205	8.145172	3018.449
21	0.006829	0.04312	0.084182	3.675	2.752722	1478.448
22	0.001623	0.009898	0.0294	0.098	2.81309	2886.776
23	0.00478	0.017346	0.045962	2.45	2.550058	2847.87
27	0.003691	0.006664	0.042042	1.47	1.869056	4973.814
28	0.000928	0.008428	0.008624	0.5096	0.558502	1251.391
29	8.91×10^{-5}	0.00098	0.001176	0.098	1.862588	19477.99
143	0.0208	0.048608	0.39396	10.045	2.646882	2633.505
158	0.0208	0.343588	0.221676	9.31	0.246568	278.8374
159	0.01107	0.205016	0.212464	2.205	2.646882	242.0796
160	0.01461	0.058016	0.110642	6.615	0.279398	1181.635
161	0.006115	0.021168	0.02156	1.96	3.725274	2636.122
162	0.01032	0.039494	0.050666	1.715	0.547526	573.595
163	0.001542	0.01666	0.021462	0.049	2.646882	1600.36
164	1.06×10^{-5}	—	—	—	—	0.098
165	0.000788	—	—	—	—	0.098
171	0.000219	0.005488	0.00097	0.245	0.131418	671.4617
179	0.000115	0.002911	0.00045	0.03332	0.131467	558.9486

②回采过程中结构体稳定性

受回采作用影响，结构体 169、170、172、173、174、175、176 和结构体 178 可能产生移动，利用回采过程中结构体稳定性计算方法对上述结构体的稳定性系数进行计算，结果如表 11-15 所示。

由表 11-15 可知，因回采工作面的切割，上述 8 个结构体虽由固定结构体变为了非固定结构体，且均具有潜在的移动性。通过计算得出各结构体的稳定性系数均大于 1.0，若不受重复扰动作用，结构体可能仍保持稳定而不发生失稳。但实际工程环境较为复杂，上述各结构体潜在的危险性仍比较大，故需特别重视。

表 11 – 15　1#试验区回采过程中结构体稳定性系数结果表

No.	V/m^3	F_s/kN	F_f/kN	F_c/kN	f
169	0.003618	0.044012	0.049725	2.205	502.0303
170	0.003899	0.0152	0.078233	2.205	1471.8
172	0.02946	0.493263	0.214943	12.25	247.6486
173	0.06359	0.940839	0.858333	14.455	159.5073
174	0.03779	0.653092	0.397253	9.8	153.0153
175	0.02015	0.292481	0.225057	6.37	220.978
176	0.01361	0.353731	0.041621	4.655	130.1167
178	0.002404	0.002019	0.024706	1.5533	7660.849

（2）2#试验区出露结构体稳定性

①回采前结构体稳定性

2#试验区无固定结构体，故回采前无结构体需进行结构体稳定性计算。

②回采过程中结构体稳定性

受回采作用影响，结构体 1 和结构体 2 可能产生移动，利用回采过程中结构体稳定性计算方法计算上述结构体的稳定性系数，结果如表 11 – 16 所示。

由表 11 – 16 可知，因回采工作面的切割，上述 2 个结构体虽由不可移动结构体变为了可移动结构体而具有潜在的可移动性，通过计算得出各结构体的稳定性系数均大于 1.0，若不受重复扰动作用，结构体可能仍保持稳定而不发生失稳。但实际工程仍需特别重视。

表 11 – 16　2#试验区回采过程中结构体稳定性系数结果表

No.	V/m^3	F_s/kN	F_f/kN	F_c/kN	f
1	0.010675	0.040023	0.169925	7.35	1841.166
21	0.0103	0.228644	0.094073	5.145	224.5498

（3）3#试验区出露结构体稳定性计算

①回采前结构体稳定性

回采前，出露于 3#试验区巷道表面的 31 个固定结构体中，掉落的结构体有 4 个，单面滑动的结构体有 4 个，双面滑动的结构体有 23 个。根据固定结构体稳定性计算方法，对可移动的结构体稳定性分别进行计算，结果如表 11 – 17 所示。

由表 11 - 17 可知，除结构体 159、164、176 和结构体 178 的稳定性系数小于 1 外，其余结构体的稳定性系数均较大。因此，结构体 159、164、176 和结构体 178 在矿体回采前就可能发生失稳，其余结构体因稳定性系数较大而可能暂时仍未发生失稳，但均存在潜在的失稳。

②回采过程中结构体稳定性

受回采作用影响，结构体 3 可能产生移动，利用回采过程中结构体稳定性计算方法计算上述结构体的稳定性系数，结果如表 11 - 18 所示。

由表 11 - 18 可知，因回采工作面的切割，结构体 3 虽由固定结构体变为了非固定结构体，通过计算得出该结构体的稳定性系数为 14.3768，若不受重复扰动作用，结构体 3 可能仍保持稳定而不发生失稳。

表 11 - 17　3# 试验区回采前结构体稳定性系数计算结果表

No.	V/m^3	F_s/kN	F_f/kN	F_c/kN	F_d/kN	f
1	0.09329	0.590489	1.371334	33.075	7.940862	703.4736
2	0.05011	0.305329	0.713822	33.83	2.766569	1165.423
4	0.09854	0.608188	1.433573	32.34	7.088889	658.4296
141	0.004005	0.001333	0.055399	2.695	0.032869	20513.29
142	0.008875	0.008134	0.150655	4.41	0.131467	5651009
143	0.004598	0.041062	0.065503	1.225	0.516774	431.3599
146	0.08348	0.081585	1.428556	40.18	0.013152	4999.779
150	0.002958	0.0201	0.04557	1.96	0.032869	993.7396
151	0.005734	0.100254	0.089229	2.45	0.131467	261.0527
152	0.001299	0.011603	0.018502	0.245	0.268706	449.6377
153	0.01489	0.084241	0.159387	8.33	0.123304	1001.981
157	0.002475	0.002146	0.041601	0.98	0.131467	5276.281
158	0.002988	0.026685	0.042561	0.245	0.094051	140.1613
159	6.66×10^{-5}	——	——	——	——	0.136651
160	0.01578	0.390481	0.11566	7.35	0.131467	190.6669
161	0.0146	0.067502	0.218001	6.86	0.131467	1046.685
163	0.000368	0.008428	0.002724	0.05145	0.069815	144.2536
164	6.66×10^{-5}	——	——	——	——	0.136651

No.	V/m^3	F_s/kN	F_f/kN	F_c/kN	F_d/kN	f
165	0.004706	0.032242	0.067052	4.165	0.015778	1291.09
166	0.004266	0.105007	0.032271	3.675	0.015778	347.4544
167	0.01864	0.166453	0.265531	10.535	0.870162	687.127
168	0.004046	0.024961	0.064327	3.43	0.015778	1377.961
169	0.003606	0.023334	0.060446	3.185	0.015778	1369.69
170	0.01307	0.116708	0.18618	7.105	0.870162	685.2871
171	0.006873	0.05244	0.114405	3.185	0.131467	641.2002
172	0.005847	0.005194	0.099401	2.695	0.131467	5522.798
173	0.01438	0.128409	0.20484	1.715	1.160222	235.0645
174	0.00328	0.013269	0.073647	1.225	0.131467	1056.52
175	0.002253	0.00391	0.037985	0.735	0.131467	2265.475
176	0.001998	—	—	—	—	1.366943
178	4.12×10^{-5}	—	—	—	—	0.13672

表 11 – 18 3#试验区回采过程中结构体稳定性系数结果表

No.	V/m^3	F_s/kN	F_f/kN	F_c/kN	f
3	0.1263	2.749909	1.069921	38.465	140.8926

(4)4#试验区出露结构体稳定性

①回采前结构体稳定性

回采前,出露于4#试验区巷道表面的固定结构体均不可移动,故无需进行稳定性计算。

②回采过程中结构体稳定性

受回采作用影响,4#试验区无可能产生移动的结构体,故回采过程中无结构体需进行稳定性计算。可见4#试验区巷道顶板稳定性良好。

11.7.7　试验区巷道顶板危险区域显现

基于各试验区的结构体可移动性与稳定性分析结果,确立崩落法回采过程中巷道内的危险结构体。本书根据回采前与回采过程中的结构体可移动性分析结果与稳定性计算结果,确立掉落结构体、稳定性系数小于1.0的可移动结构体为危险结构体。对于稳定性系数较大的可移动结构体，在静力学状态下虽可能保持稳定，但随着周围工程环境、力学环境的变化，加之卸荷作用和爆破作用的影响，也很容易发生移动，故此类结构体也具有潜在的危险性，本书将此类结构体也归作危险结构体。对各试验区内的危险结构体个数及编号进行统计，结果如表 11 - 19 所示。

表 11 - 19 各试验区危险结构体分布表

试验区编号	危险结构体个数	危险结构体编号
1#	120	6、13、14、16、17、18、19、20、21、22、23、27、28、29、31、32、49、51、54、55、56、57、59、61、63、64、65、66、68、70、72、74、76、77、78、79、81、83、85、87、89、90、91、93、95、97、99、101、102、103、104、105、107、109、111、112、113、114、116、117、118、119、120、121、122、123、124、125、126、127、128、129、130、131、132、133、134、135、136、137、138、139、140、141、142、143、144、145、146、147、148、151、152、153、154、155、156、157、158、159、160、161、162、163、164、165、166、167、168、169、170、171、172、173、174、175、176、178、179
2#	18	1、4、5、8、10、11、12、13、14、15、16、17、21、23、29、32、33、34
3#	83	1、2、3、4、12、13、14、17、19、21、23、25、29、33、34、38、39、43、44、45、49、50、41、55、56、57、62、64、70、72、83、85、86、91、93、96、97、102、104、107、109、114、116、119、121、125、127、129、132、134、138、139、141、142、143、146、147、148、149、150、151、152、153、156、157、158、159、160、161、163、164、165、166、167、168、169、170、171、172、173、174、175、176、178
4#	4	5、6、7、8

由表 11 - 19 可知，1# 试验区危险结构体数量最多，存在 120 个危险结构体；3# 试验区危险结构体数量次之，有 83 个危险结构体且分布较为集中；2# 试验区的危险结构较少，有 18 个结构体；4# 试验区的危险结构体数量最少，只有 4 个。因

此，由危险结构数量和分布范围可判断，1#试验区和3#试验区巷道顶板最易失稳，2#试验区巷道顶板稳定性较好，4#试验区巷道顶板稳定性最好。

利用 GeneralBlock 软件与 3DMine 软件耦合的方法，将各试验区巷道内的危险结构体在 3DMine 软件中进行三维显现，系统显现出危险结构体在巷道内的分布范围及主要集中区域。图 11 - 22 为 4 个试验区内危险结构体及危险区域的分布图，线框区域为危险区域。

由图 11 - 22 可知，1#试验区巷道顶板危险区域为试验区 y 轴方向上的 0 ~ 3 m 和 12 ~ 20 m；2#试验区巷道顶板危险区域为试验区 y 轴方向上的 2 ~ 6 m；3#试验区巷道顶板危险区域为试验区 y 轴方向上的 0 ~ 5 m 和 15 ~ 20 m；4#试验区巷道顶板危险区域为试验区 y 轴方向上的 7 ~ 8 m。

对于各试验区巷道的危险区域应采用一定的工程技术措施进行处理，以降低该区域危险结构体失稳对安全和生产带来的不利影响。特别是对于巷道较碎裂的危险区域，如 3#试验区的 15 ~ 20 m，应采取特殊的支护措施。由危险区域分布范围可知，1#试验区和 3#试验区的危险区域最大，4#试验区的危险区域最小。对各试验区巷道内危险区域范围大小与实际调查的巷道稳定性结果进行对比发现，危险区域范围较大的巷道，其稳定性一般较差。可见危险区域的在巷道内的分布范围也可一定程度上反映出巷道的稳定性。

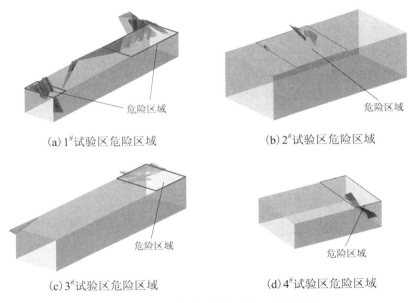

(a)1#试验区危险区域　　　　　　　　(b)2#试验区危险区域

(c)3#试验区危险区域　　　　　　　　(d)4#试验区危险区域

图 11 - 22　各试验区危险区域三维显现图

参考文献

［1］于青春，薛果夫，陈得基. 裂隙岩体一般块体理论［M］. 北京：中国水利水电出版社，2005.

［2］于青春，陈德基，薛果夫，等. 裂隙岩体一般块体理论初步［J］. 水文地质工程地质，2005，33(6)：42－47.

［3］Goodman R E, shi G H. Block Theory and Application to Rock Engineering［M］. New York：Prentice Hall，1985.

［4］Gen－hua Shi. Rock global stability estimation by three dimensional blocks formed with statistically produced joint polygons［A］. Ming Lu (ed.). Development and Application of Discontinuousmodelling for Rock Engineering. The Sixth International Conference on Analysis of Discontinuous Defor－mation［C］. Blackman，2003.

［5］北京东澳达科技有限公司. 3DMine 软件使用说明(第二版)［Z］. 北京：北京东澳达科技有限公司，2009.

［6］解世俊. 金属矿床地下开采［M］. 北京：冶金工业出版社，2006.

［7］陆毅中. 工程断裂力学［M］. 西安：西安交通大学出版社，1986.

［8］蔡美峰. 岩石力学与工程［M］. 北京：科学出版社，2002.

［9］梁运培. 采场覆岩移动的组合岩梁理论［J］. 地下空间，2001，21(z1)：341－345.

［10］单辉祖，谢传锋. 工程力学(静力学与材料力学)［M］. 北京：高等教育出版社，2004.

［11］宋振骐，刘义学，陈孟伯，等. 岩梁裂断前后的支承压力显现及其应用的探讨［J］. 山东矿业学院学报，1984，6(1)：27－39.

［12］陈庆发，赵有明，陈德炎，等. 采场内结构体解算及其稳定性计算［J］. 岩土力学，2013，34(7)：2051－2058.

［13］Itasca. 3 Dimensional Distinct Element Code User's Guide［M］. Itasca Consulting Group Inc，minneapolis，2013.

［14］吕智. 35 kV 及以下架空线档距计算中应力方程的优化求解［J］. 长江大学学报，2011，8(6)：115－117.

第 12 章　崩落法回采凿岩巷道顶板失稳机制

　　目前，国内对裂隙矿岩崩落法回采巷道顶板失稳的相关研究较少[1]，具有代表性的有：蔡路军[2]等针对大冶铁矿尖林山矿崩落法回采过程中巷道大面积跨冒导致部分巷道堵死的现象，从内因因素和外因因素 2 方面讨论了造成顶板失稳的原因；明建[3]等针对崩落法回采条件下巷道顶板冒落特征，开展了巷道围岩变形机理研究。但现有相关研究未针对裂隙矿岩崩落法回采条件下巷道顶板失稳机制开展研究，为此，作者基于裂隙矿岩崩落法回采巷道围岩结构解构，开展了巷道顶板失稳形态与规律的研究，系统分析与刻画了裂隙矿岩崩落法回采巷道顶板失稳的模式与机制，实现了解构理论与数值模拟技术的耦合，弥补了岩体结构解构理论在崩落法回采应用领域未考虑应力变化及爆破作用的缺点。

　　结构体是影响岩体稳定性的主要因素[4]，裂隙矿岩崩落法回采巷道顶板失稳机制的分析，即对赋存于巷道顶板的结构体失稳规律进行分析。基于裂隙岩体崩落法开采巷道围岩结构的解构，构建 3DEC 数值模型；通过对崩落法回采过程的动态模拟，分析顶板结构体从开始移动到最终失稳的全过程，确立其运动形式；对大量结构体运动形式进行分析，确立巷道顶板危险结构体的失稳机制。

　　本书不对裂隙矿岩崩落法回采巷道开挖和成型过程中的顶板失稳机制进行深入研究，重点阐述崩落法回采过程中巷道顶板失稳机制，以丰富裂隙矿岩环境下崩落法回采巷道顶板失稳分析理论，促进岩石力学的指导作用。

12.1　巷道顶板回采失稳机制分析流程

　　裂隙矿岩崩落法回采巷道顶板失稳机制分析流程如图 12 - 1 所示。

　　首先，基于巷道围岩模型与巷道围岩结构体模型，通过 GeneralBlock 模型与 3DEC 模型的参数对接，构建巷道围岩的 3DEC 结构体模型；然后，利用 3DEC 软件的计算功能，以静力和动力结合方式模拟崩落法回采；其次，通过对不同回采步骤结构体运动状态的分析，确立危险区域与危险结构体；进而，详细分析危险结构体从开始移动到失稳全过程的运动方式，总结危险结构体的运动规律；接着，综合巷道顶板回采失稳现象调查结果和数值模拟结果，确定回采巷道顶板失稳模式；最后，从结构体受力状态、存在形式、赋存条件等方面，深入分析各失稳模式对应的失稳机制。

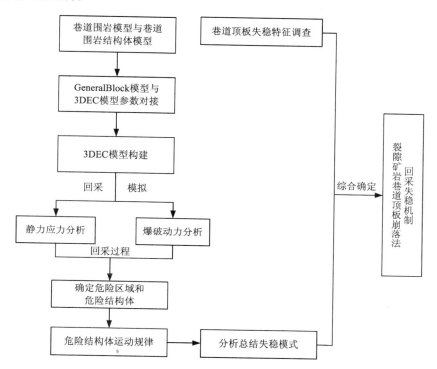

图 12 - 1　裂隙矿岩崩落法回采巷道顶板失稳机制分析思路图

12.2　GeneralBlock 模型与 3DEC 模型参数对接方法

12.2.1　巷道结构体模型

　　裂隙岩体表征单元体（REV）[5]是岩体相关特性趋于基本稳定时的岩体最小体积，反映了介质力学的尺寸效应。模型尺寸若过大，势必增加调查、设计等工作量，且在模型构建过程中易增加出错的概率。模型大小较表征单元体越大，尺寸效应对开挖扰动模拟结果的影响越小，直至没有影响。若模型尺寸过小，将不能模拟岩体真实性质，致使数值模拟结果与矿山实际不符，真实性和参考性降低。因此，模型尺寸的合理确定影响巷道顶板失稳机制研究工作的可操作性、结果的真实性和结论的正确性。

　　选定的代表性重点研究区域应具有代表性和可测量性，且包含地下特征岩体、巷道、通风和开采等因素，较真实反应实际地质情况。研究区域规模的大小，根据表征单元体大小确定。从块体化程度角度，裂隙岩体的表征单元体大小为裂隙间距的 4 倍至 12 倍，一般不超过 12 倍间距[6]，本书选取 8 倍裂隙间距。

　　基于结构面调查数据，利用裂隙岩体崩落法开采巷道围岩结构解构理论的模型构建方法，建立巷道围岩模型与巷道围岩结构体模型，对赋存于巷道围岩内的结构面空间形态进行精细解构，为 3DEC 模型的构建提供基础。

12.2.2　虚拟裂隙面

　　3DEC 软件默认裂隙面为无限大的平面，窗口内的块体会被裂隙面贯穿切割，形成各种形状的小块体。现实中的工程岩体不仅含有贯穿性裂隙，亦含有非贯穿性裂隙。裂隙发育程度不同造成切割块体程度不同，若在模型构建过程中将裂隙全部认为贯穿性裂隙，显然和实际情况不符。在非贯穿性裂隙比较少的情况下，3DEC 软件虽然可以通过隐藏块体实现不同裂隙切割的情况，但隐藏块体大小尺寸是个难题。复杂裂隙岩体中裂隙数量成百上千，产状不一，这造成了构建的 3DEC 模型与实际情况有所差别。

　　为解决上述在构建 3DEC 模型时不能很好构建非贯穿性裂隙的问题，较真实地反映岩体客观实际状态，基于裂隙岩体崩落法开采巷道围岩结构解构理论对赋存于巷道围岩内的结构面解构结果，利用虚拟裂隙面完成 3DEC 模型非贯穿性裂隙的构建。

　　虚拟裂隙面是为了确定不同裂隙组发育范围作辅助切割裂隙面，此类切割面只起辅助切割作用，故称其为虚拟裂隙面。图 12 - 2 为虚拟裂隙模型图。图中 *ABCD - EFGH* 为 3DEC 模型，*abcd - efgh* 为裂隙虚拟包裹体，非贯穿性裂隙 *IJKL* 发育范围由虚拟包裹体的 *abcd*、*efgh*、*abfe*、*bcgf*、*cdhg*、*daeh* 6 个虚拟裂隙面确定。

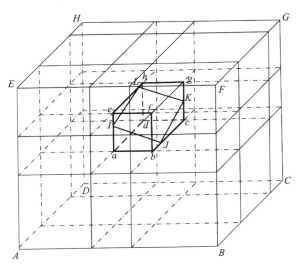

图 12 - 2　虚拟裂隙模型图

12.2.3　虚拟裂隙面坐标确定方法

将 GeneralBlock 模型解构出的结构面三维空间分布结果与 3DEC 模型参数对接,确定出虚拟裂隙面的位置坐标,建立图 12 - 2 中所示的裂隙虚拟包裹体,最终确定非贯穿性裂隙在 3DEC 模型中发育范围。

利用 GeneralBlock 软件对巷道围岩结构体模型中结构面迹线的三维显现功能确定裂隙组的发育程度。为准确确定虚拟裂隙面的位置,采用逐步逼近法,逐步显示裂隙垂直于 x、y、z 个坐标轴的二维裂隙网络图,直至裂隙迹线不在二维裂隙网路图上显示,此时 x、y、z 的坐标值即虚拟裂隙面的位置坐标。

以 x 轴为例说明 x、y、z 三轴的虚拟裂隙面坐标值确定方法。

(1)在 GeneralBlock 软件[7]"FRACTURE"菜单中选择"Fracture trace",进入裂隙迹线的计算及其三维图像显示窗口。在迹线剖面(Fracture - trace section)控制板设定相关参数和选择剖面位置,迹线剖面控制板如图 12 - 3 所示。

图 12 - 3 中前三个单选按钮作用分别为作垂直于 x 轴、y 轴和 z 轴的剖面图,(X_0,Y_0,Z_0)是剖面的起点坐标,L_x、L_y、L_z 分别是剖面沿 x、y、z 三个坐标轴方向的长度。

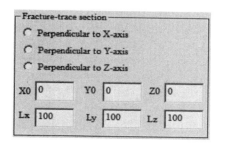

图 12 - 3　迹线剖面控制图

(2)通过不断调整 X_0 的值,观察迹线在 $x = X_0$ 剖面上的分布,确定虚拟裂隙面位置的 x 坐标,确定过程如图 12 - 4 所示。观察裂隙迹线在不同剖面的分布,确定最终 x 轴坐标最小值为 $x = -6.3$ m,x 轴坐标最大值为 $x = 6.3$ m。

(3)依前述方法,分别确定 y 轴方向虚拟裂隙面的坐标值为 $y = y_1$ 和 $y = y_2$,确定 z 轴方向虚拟裂隙面的坐标值为 $z = z_1$ 和 $z = z_2$。由于 GeneralBlock 软件和 3DEC 软件构建的模型尺寸一致,GeneralBlock 软件确定虚拟裂隙面 x、y、z 坐标值即是 3DEC 模型中虚拟裂隙面的坐标值,至此完成 GeneralBlock 模型和 3DEC 模型某组结构面参数的对接。

(4)以此类推,完成所有结构面参数对接。

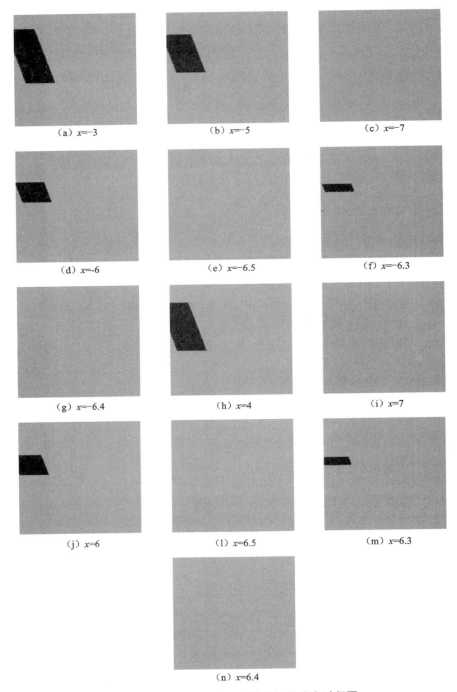

（a）x=-3　　　　　（b）x=-5　　　　　（c）x=-7

（d）x=-6　　　　　（e）x=-6.5　　　　　（f）x=-6.3

（g）x=-6.4　　　　　（h）x=4　　　　　（i）x=7

（j）x=6　　　　　（l）x=6.5　　　　　（m）x=6.3

（n）x=6.4

图 12 - 4　x 轴方向虚拟裂隙坐标值确定过程图

12.3　3DEC 模型构建方法

12.3.1　3DEC 模型尺寸

建立几何模型是数值模拟工作的首要任务，几何模型尺寸根据结构面发育范围、开挖影响范围综合确定。地下巷道工程的建设导致应力重分布，其开挖影响为 20～30 m[8,9]。

基于 GeneralBlock 模型与 3DEC 模型的参数对接确定虚拟裂隙面发育范围，构建巷道围岩的 3DEC 结构体模型，如图 12－5(a)所示。未通过虚拟裂隙面构建的巷道围岩 3DEC 结构体模型，如图 12－5(b)所示。由图 12－5 可知，虚拟裂隙

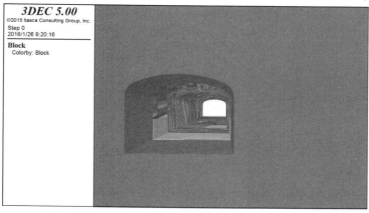

(a)有虚拟裂隙面

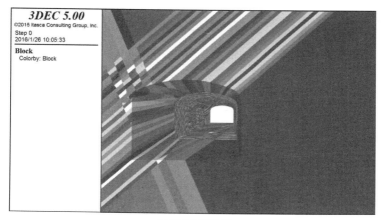

(b)无虚拟裂隙面

图 12－5　有无虚拟裂隙面模型对比图

面的存在约束了裂隙发育范围，构建的模型接近研究区域实际地质情况，更符合工程实际。无虚拟裂隙面构建的模型中，裂隙全为贯穿性裂隙，巷道顶板破碎程度远远大于巷道顶板实际情况，造成模拟工作复杂且结果不正确。

12.3.2 矿岩力学参数

（1）静力分析参数

数值模拟采用 Mohr – Coulomb 破坏准则，该准则比较全面地反映了岩石的强度特性，它既适用于塑性岩石也适用于脆性岩石的剪切破坏。

由工程地质调查可知，研究区域的地表标高、模型上表面标高和模型上覆岩层岩体密度，因此上覆岩层对模型的等效载荷：

$$\sigma_3 = \sum \rho g h \tag{12-1}$$

根据地应力测量知，研究区域侧压系数分别为 λ_1 和 λ_2。因此模型水平方向的原岩应力分别为：

$$\sigma_1 = \lambda_1 \sigma_s \tag{12-2}$$

$$\sigma_2 = \lambda_2 \sigma_s \tag{12-3}$$

通过室内外大量岩石力学实验，得到岩石力学参数和节理力学参数，具体如表 12-3 和表 12-4 所示。

表 12-1　矿岩体物理力学参数表

矿岩名称	弹性模量/MPa	泊松比	内聚力/MPa	内摩擦角/(°)	抗拉强度/MPa	容重/(t·m⁻³)
矿体	E	ν	C	f_1	ten	ρ

岩体的体积模量 K 和剪切模量 G 由杨氏模量 E 和泊松比 ν 确定，即：:

$$K = \frac{E}{3(1-2\nu)} \tag{12-4}$$

$$G = \frac{E}{2(1+\nu)} \tag{12-5}$$

表 12-2　节理力学参数表

节理裂隙	法向刚度/MPa	剪切刚度/MPa	黏聚力/MPa	内摩擦角/(°)
层理面	K_{n1}	K_{s1}	C_2	f_2
节理	K_{n2}	Ks_2	c_3	f_3

Kulatilake[10] 通过大量实验得出了虚拟裂隙与原岩性质参数比范围,给出了虚拟裂隙面力学参数的取值方法:虚拟裂隙面的强度参数与完整岩块一致;岩块的剪切模量与虚拟结构面的剪切刚度比值(G/K_s)为 $0.008 \sim 0.012$,据此确定虚拟裂隙面的剪切刚度;虚拟裂隙面的法向刚度与剪切刚度(K_n/K_s)的比值为 $2 \sim 3$,据此确定虚拟裂隙面的法向刚度。虚拟裂隙面其余参数和岩体参数一致,其具体参数如表 12 – 3 所示。

表 12 – 3　虚拟裂隙面力学参数表

法向刚度/MPa	剪切刚度/MPa	内聚力/MPa	内摩擦角/(°)	抗拉强度/MPa
$K_{n3} = (2 \sim 3) K_{s3}$	$K_{s3} = \dfrac{G}{0.008 \sim 0.012}$	C	f_1	ten

(2)动力分析参数

动力分析时,必须确定阻尼形式和大小。3DEC 软件动力计算中采用了两种阻尼,即 Rayleigh 阻尼和局部阻尼[11-14]。局部阻尼是在静力计算中用来使结构达到最终平衡的,也可以用来进行动力分析,但是在这方面的经验较少,其可靠性还有待进一步考证。Rayleigh 阻尼是结构分析和弹性体系分析中用来抑制系统自振的,目前常用其进行动力分析。

3DEC 软件动力分析计算求解时,因为模型边界上会存在波的反射,对动力分析的结果产生影响,其提供了黏滞边界和自由场边界两种边界条件来减少模型边界上波的反射。

动力荷载的输入有 2 种方式:一种是速度时程的输入,另一种是应力输入。方法一要求给定确切的速度时程,即必须给 3DEC 输送一个完整的数值以代表速度时程。这种方法的缺点是其边界不能定义为无反射边界,需要单独设置黏滞边界。方法二可以避免这种问题,它将速度时程转化为相应的应力时程,并应用于无反射(黏性)边界上。

12.4　崩落法回采过程模拟思路

崩落法回采工艺包括爆破、回采和支护等作业环节。回采过程模拟中爆破震动动载荷参数的取值以实际爆破作业数据为基础,回采方式及回采步距的确定以实际工况为准。

考虑爆破作用与开挖卸荷作用的共同影响,采用动力和静力结合的方式,按回采步距分步对试验区进行崩落法回采模拟。即在回采过程中,先将爆破震动速度时程曲线转化为应力时程曲线,在回采工作面以简谐正弦波的形式施加动载荷模拟爆破震动作用[15]，然后再进行开挖卸荷作用的静力分析。每步回采依次循环上述过程，直至完成整个试验区的回采模拟。

以巷道顶板下沉量为依据，确定每步回采巷道顶板危险区域。在巷道顶板危险区域范围内，利用3DEC结构体唯一分配编号和可查看结构体信息的功能确定危险结构体，并将巷道顶板危险区域和危险结构体信息填入表格中，如表12-4所示。

表12-4 危险结构体危险区域和危险结构体信息表

试验区	回采步骤	危险结构体信息	
	第一步	危险区域	
		危险结构体编号	
	第 N 步	危险区域	
		危险结构体编号	

12.5 巷道顶板失稳机制分析方法

（1）危险结构体运动规律分析

利用结构体编号将其单独显现在窗口中，观察并记录单个结构体在整个回采模拟过程中的运动信息（赋存状态与范围、运动形式、失稳阶段等）。重复上述方法至全部危险结构体记录完毕，将结构体运动信息填入表格中，如表12-5所示。通过分析危险区域和危险结构体在每步回采的运动情况，分析回采模拟过程中其随工作面移动的变化规律。

表12-5 危险结构体运动信息样表

序号	危险结构体编号	危险结构体运动形式描述		危险结构体运动关键位置图
		第一步回采		
		第 N 步回采		
		总体描述		

（2）巷道顶板失稳模式分析

巷道顶板失稳模式虽然复杂，但其均是结构体失稳的结果，少量结构体失稳导致巷道顶板松动掉块,大量结构体集中失稳导致巷道顶板规模性冒顶。因此,确定巷道顶板失稳模式,必须首先确定结构体的失稳情况。

通过分析危险结构体在回采模拟过程中的运动规律,确定其失稳模式。结合危险结构体赋存范围、失稳阶段、失稳数量等信息,确定巷道顶板失稳区域范围,从而确定巷道顶板失稳规模,进而确定巷道顶板失稳模式。

结合巷道顶板实际失稳特征和数值模拟结果,综合分析裂隙矿岩巷道顶板崩落法回采失稳模式。

(3)巷道顶板失稳机制分析

巷道顶板的稳定性取决于赋存其内部结构体的稳定性,而结构体的稳定性受多方面因素影响,其中受力状态、存在形式和赋存条件对结构体稳定性影响较大。受力状态、存在形式和赋存条件对结构体运动状态的影响如下:

①受力状态

力是结构体运动状态变化的根本原因,同一结构体在不同受力状态下,运动状态不同。所受合力发生变化时,其运动状态便随之改变。图 12-6 为结构体运动状态与受力状态示意图。图 12-6(a)为结构体在 F_1、F_2、F_3 三力共同作用下保持平衡状态。图 12-6(b)为结构体在 F_1、F_2 共同作用下受力不平衡将向下运动。

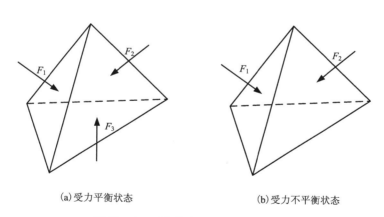

(a)受力平衡状态   (b)受力不平衡状态

图 12-6 受力状态与运动状态示意图

②存在形式

结构体在受力状态相同的情况下,其运动状态主要受结构体存在形式影响。结构体存在形式不同,其运动形式便不同。图 12-7 为结构体运动状态与存在形式示意图。图 12-7(a)为结构体 1 在 F_1、F_2 共同作用下保持平衡状态,图 12-7(b)为结构体 2 在 F_1、F_2 共同作用下将向下运动。

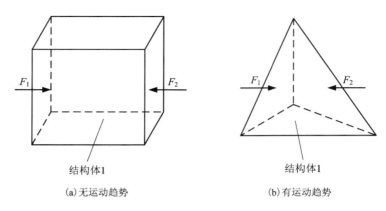

(a) 无运动趋势   (b) 有运动趋势

图 12 – 7   存在形式与运动状态示意图

③赋存条件

结构体的运动形式受其赋存条件影响。结构体存在形式相同的情况下，其运动形式受赋存条件影响较大。结构体赋存条件的改变使受力状态发生改变，进而导致结构体产生不同运动形式。图 12 – 8 为结构体运动状态和赋存条件示意图。12 – 8(a) 为结构体在结构面 1 作用下保持平衡状态，当结构面 1 稳定性降低时，结构体便直接掉落。图 12 – 8(b) 为结构体在结构面 2 作用下保持平衡状态，当结构面 2 稳定性降低时，结构体便翻转掉落。

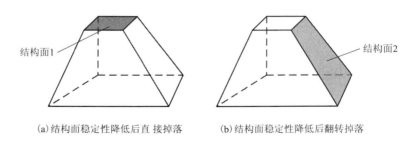

(a) 结构面稳定性降低后直接掉落   (b) 结构面稳定性降低后翻转掉落

图 12 – 8   赋存条件与运动状态示意图

因此，针对巷道顶板不同失稳模式，分析结构体从开始移动到最终失稳的全过程，综合考虑结构体的受力状态、存在形式、赋存条件等因素，确定裂隙矿岩巷道顶板崩落法回采失稳机制。

12.6　崩落法回采试验区巷道顶板失稳机制

（1）3DEC 模型尺寸确定

基于裂隙岩体崩落法开采巷道围岩结构解构理论对赋存于巷道围岩内的结构面解构结果，确定各组裂隙发育范围。因巷道围岩结构体模型与所建 3DEC 模型三维坐标相同，故巷道围岩结构体模型确定的裂隙发育范围即 3DEC 模型裂隙发育范围。

构建的 3DEC 模型以巷道走向为 y 轴，垂直于巷道走向为 x 轴，竖直方向为 z 轴，坐标零点设置在实际结构面调查精测网原点，y 轴正向为回采方向。调查结构面与所建模型坐标不一致，需对调查的结构面数据进行走向转换，调查结构面数据的走向减去巷道实际走向为所建模型中结构面走向。

模型开挖影响范围取 30 m，结合巷道实际长度、回采步距和影响范围，最终确定出各试验区 3DEC 模型尺寸，如表 12 - 6 所示。

表 12 - 6　各试验区 3DEC 模型尺寸表

试验区编号	巷道宽度 x/m	巷道长度 y/m	巷道高度 z/m	巷道走向 /(°)	崩矿步距 /(m·次$^{-1}$)	模型宽度 x/m	模型长度 y/m	模型高度 z/m
1#	(0, 3.7)	(-10, 40)	(0, 2.8)	15	5	(-40, 40)	(-40, 70)	(-11, 11)
2#	(0, 4.5)	(-10, 60)	(0, 3.2)	180	5	(-40, 40)	(-40, 90)	(-11, 11)
3#	(0, 5)	(-60, 60)	(0, 5)	20	5	(-55, 65)	(-90, 90)	(-11, 11)
4#	(0, 7)	(-20, 30)	(0, 3.5)	265	5	(-40, 40)	(-50, 60)	(-11, 11)

（2）虚拟裂隙面的确定

虚拟裂隙面应尽可能少，以免影响岩石的应力分布和位移变化。为真实反映回采巷道顶板受结构面切割情况，并降低虚拟裂隙面对模型的影响，本次模拟重点考虑结构面在模型 y 方向的切割情况，模型 x、z 方向结构面均设为贯穿切割。

为保证数值模拟工作的顺利进行，根据崩矿步距利用虚拟裂隙面设置不同回采阶段的边界面。为减少虚拟裂隙面对模型模拟的影响，综合回采边界虚拟裂隙面，适当调整裂隙发育范围。

四个试验区 3DEC 模型虚拟裂隙面发育范围分别如下所示：

①1# 试验区 3DEC 模型开挖虚拟裂隙面坐标分别为：$y = -10$ m、$y = -5$ m、$y = 0$ m、$y = 5$ m、$y = 10$ m、$y = 15$ m、$y = 20$ m、$y = 25$ m、$y = 30$ m、$y = 35$ m 和 $y = 40$ m。

通过建立 GeneralBlock 巷道围岩结构体模型获得 1# 试验区裂隙在巷道轴向 y

的发育范围，如表 12 - 7 所示。

表 12 - 7 1# 试验区裂隙巷道轴向 *y* 发育范围表

组别	*y* 范围/m	组别	*y* 范围/m
1	- 1.8 ~ 4.1	7	9.5 ~ 23
2	- 2.5 ~ 2.5	8	15.5 ~ 23.6
3	0.9 ~ 2.6	9	17 ~ 22
4	1 ~ 12.2	10	17.2 ~ 23
5	2.5 ~ 18.3	11	18.1 ~ 26.5
6	2.9 ~ 15.5		

适当调整裂隙发育范围后，各组裂隙发育范围为：第 1、2、3 组结构面发育范围为 0 ~ 5 m；第 4、6 组结构面发育范围为 0 ~ 15 m；第 5 组结构面发育范围为 0 ~ 20 m；7 组结构面发育范围为 10 ~ 25 m；8、9、10、11 组结构面发育范围为 15 ~ 25 m。

②2# 试验区 3DEC 模型开挖虚拟裂隙面坐标分别为：$y = -10$ m、$y = -5$ m、$y = 0$ m、$y = 5$ m 和 $y = 10$ m。通过建立 GeneralBlock 巷道围岩结构体模型获得 2# 试验区裂隙在巷道轴向 *y* 的发育范围，如表 12 - 8 所示。

表 12 - 8 2# 试验区裂隙巷道轴向 *y* 发育范围表

组别	*y* 范围/m
1	0.75 ~ 4.84
2	0 ~ 2.42
3	0.48 ~ 9.38

适当调整裂隙发育范围后，各组裂隙发育范围为：第 1、2 组结构面发育范围为 0 ~ 5 m；3 组结构面发育范围为 5 ~ 10 m。

③3# 试验区 3DEC 模型开挖虚拟裂隙面坐标分别为：$y = -30$ m、$y = -25$ m、$y = -20$ m、$y = -15$ m、$y = -10$ m、$y = -5$ m、$y = 0$ m、$y = 5$ m、$y = 10$ m、$y = 15$ m、$y = 20$ m 和 $y = 25$ m。通过建立 GeneralBlock 巷道围岩结构体模型获得 3# 试验区裂隙在巷道轴向 *y* 的发育范围，如表 12 - 9 所示。

表 12 - 9　3#试验区裂隙巷道轴向 y 发育范围表

组别	y 范围/m
1	- 4.32 ~ 24.05
2	- 8.5 ~ 8.62
3	15.46 ~ 20.54
4	14.6 ~ 20.81
5	14.58 ~ 20.82
6	16.56 ~ 17.62

适当调整裂隙发育范围后，各组裂隙发育范围为：第 1 组结构面发育为 - 5 ~ 25 m；第 2 组结构面发育为 - 10 ~ 10 m；第 3、4、5、6 组结构面发育为 15 ~ 20 m。

④4#试验区 3DEC 模型开挖虚拟裂隙面坐标分别为：$y = - 10$ m、$y = - 5$ m、$y = 0$ m、$y = 5$ m、$y = 10$ m、$y = 15$ m、$y = 20$ m、$y = 25$ m、$y = 30$ m、$y = 35$ m 和 $y = 40$ m。通过建立 GeneralBlock 巷道围岩结构体模型获得 4#试验区裂隙在巷道轴向 y 的发育范围，如表 12 - 10 所示。

表 12 - 10　4#试验区裂隙巷道轴向 y 发育范围表

组别	y 范围/m
1	- 3 ~ 3
2	- 3 ~ 4.7
3	- 0.2 ~ 14
4	- 0.5 ~ 2.9
5	2 ~ 6

适当调整裂隙发育范围后，各组裂隙发育为：第 1、2 组结构面发育为 - 5 ~ 5 m；第 3 组结构面发育为 0 ~ 15 m；第 4、5 组结构面发育范围为 0 ~ 5 m。

(3)力学参数的确定

①静态分析参数的确定

铜坑矿 92 号矿体上部地表标高为 + 800 m。四个试验区回采高度为 11 m，3DEC 模型上覆岩层厚度分别为：1#试验区为 295 m，2#试验区为 345 m，3#试验区为 384 m，4#试验区为 434 m。模型底面设为固定边界面，模型左、右、前、后面固定水平速度。

试验区岩体侧压系数分别为 1.5 和 1.4，参考强度折减法[16-18]，试验区模型上覆岩层的等效载荷取为 $\sigma_3 = \frac{1}{2}\sum\rho gh$，则侧压为 $\sigma_1 = 1.5\sigma_3$ 和 $\sigma_2 = 1.4\sigma_3$。

试验区上覆岩层密度为 2.68×10^3 kg/m³，则模型上覆岩层等效载荷如表 12 - 11 所示。由地质调查和大量物理实验得到模型矿岩力学参数和节理参数，模型矿岩力学参数如表 12 - 12 所示，模型节理参数如表 12 - 13 所示。

表 12 - 11　模型上覆岩层等效载荷表

试验区编号	σ_1/MPa	σ_2/MPa	σ_3/MPa
1#	5.925	5.53	3.95
2#	6.93	6.468	4.62
3#	7.725	7.21	5.15
4#	8.73	8.148	5.82

表 12 - 12　矿岩力学参数表

体积模量/MPa	剪切模量/MPa	弹性模量/MPa	泊松比	内聚力/MPa	内摩擦角/(°)	抗拉强度/MPa	容重/(t·m⁻³)
1.8×10^3	1.15×10^3	2.85×10^4	0.24	2.5	30	2.1	2.68

表 12 - 13　试验区结构面模型参数表

试验区编号	结构面	法向刚度/MPa	剪切刚度/MPa	黏聚力/MPa	内摩擦角/(°)
1#	层理面	2000	800	0.2	15
	节理	2000	800	0.2	15
	断层	1800	800	0.05	15
2#	层理面	2000	800	0.2	15
	断层	1800	800	0.05	15
	脉岩充填裂隙	1600	600	0.05	15
	裂缝	1200	400	0	15
3#	层理面	2000	800	0.2	15
	节理	1800	800	0.05	15
4#	层理面	2000	800	0.2	15
	矿脉	1600	400	0.05	15

　　根据 Kulatilake 虚拟裂隙面性质参数比计算出虚拟裂隙面的力学参数，具体如表 12 - 14 所示。

表 12 - 14　虚拟裂隙面力学参数表

法向刚度/MPa	剪切刚度/MPa	内聚力/MPa	内摩擦角/(°)	抗拉强度/MPa
2.3958×10^5	9.583×10^4	2.5	30	2.1

②动态分析参数的确定

　　本次动力分析采用 Rayleigh 阻尼，确定阻尼参数后通过 damp 命令加载。在 Rayleigh 阻尼中，刚度阻尼比在 3DEC 解决问题时步中起了很大作用，此时，应该适当减少时步和适当增加刚度阻尼比增加计算精度。因此动态分析过程中，质量阻尼比设为 0，仅考虑刚度阻尼比的作用。

　　本章采用黏滞边界条件来减少模型边界上波的反射，四个侧面和底面设置为黏滞边界。

　　动力分析采用的现场实测爆破数据来源于铜坑矿项目《铜坑矿爆破震动危害及降震措施研究》。本次动力分析计算采用速度时程曲线，根据工程条件相似性，为简化相关的计算流程与步骤，四个工业试验区均加载同样的爆破荷载。

　　图 12 - 9 为现场实测得的波速时程曲线，测得的垂直方向应力波，作为动载荷，然后计算出爆破振动的最大荷载应力值。动力分析选用爆破震动速度时程曲线主要参数为：爆破震动的主频为 37 Hz，最大振速 49.9 mm/s，最大位移 19.8 × 10^{-2} mm。

图 12 - 9　爆破震动速度时程曲线

（4）危险区域及危险结构体的确定

　　崩落法回采模拟过程中，在巷道顶板向上 0.1 m 处布设位移监测面，监测巷道顶板在每步回采结束后的下沉量，并输出巷道顶板 z 方向位移云图。以巷道顶板下沉量为依据，确定巷道顶板在回采过程中的危险区域和危险结构体。因篇幅限制以 1# 试验区为例，详细分析确定回采巷道顶板危险区域和危险结构体的过程。

①1# 试验区危险区域和危险结构体的确定

　　1# 试验区回采巷道高度为 2.8 m，监测 $z = 2.9$ m 的平面 z 方向的位移变化，确定不同回采阶段危险区域的 x 坐标和 y 坐标并进行记录,不同回采阶段的危险区域确定之后,确定危险区域内危险结构体并记录其编号。

第一步回采结束模型迭代平衡后,$z = 2.9$ m 平面 z 方向位移云图如图 12 – 10 所示。

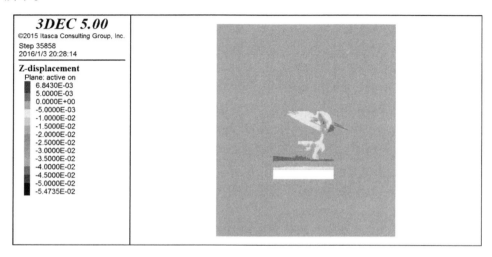

图 12 – 10   第一步回采后 z 方向位移云图

第一步回采确定的危险区域为 x:0.2 ~ 1.2 m、y:0.6 ~ 4.5 m、z:2.9 m;x:0.2 ~ 3.2 m、y:16.5 ~ 23.5 m、z:2.9 m。

危险结构体编号为:15991991、13273805、13271998、13269823、16006048、16973064、35388702、31074489、31112123、31150581、35683087、21167292、35616272、36078364、32383111、35532785。

第二步回采结束模型迭代平衡后,$z = 2.9$ m 平面 z 方向位移云图如图 12 – 11 所示。

第二步回采确定的危险区域为 x:0.1 ~ 1.4 m、y:0 ~ 5 m、z:2.9 m;x:0.4 ~ 3.5 m、y:15 ~ 23.6 m、z:2.9 m。

危险结构体编号为:15991991、13273805、13271998、13269823、16006048、16973064、35388702、31074489、31112123、31150581、35683087、21167292、35616272、36078364、32383111、35532785、13267911、15965430、16975335、33153504、26466107、32140151、34429949、24328498、36428412、34468459、20544192、32978586、33234067、35208416、20341774、31605130、36156940。

第三步回采结束模型迭代平衡后,$z = 2.9$ m 平面 z 方向位移云图如图 12 – 12 所示。

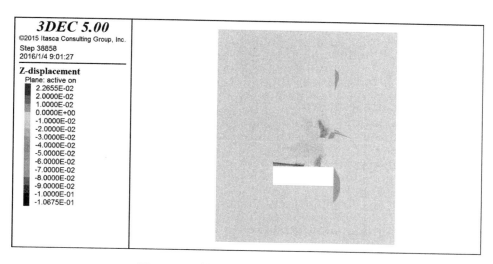

图 12-11　第二步回采后 z 方向位移云图

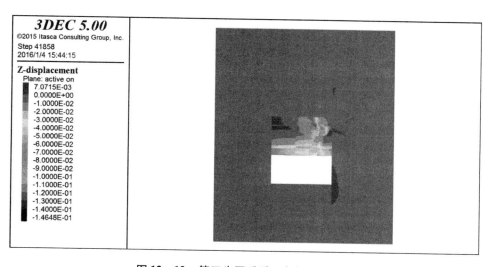

图 12-12　第三步回采后 z 方向位移云图

第三步回采确定的危险区域为 x: 0.7 ~ 3.3 m、y: 15 ~ 22.9 m、z: 2.9 m。

危险结构体编号为: 35388702、31074489、31112123、31150581、35683087、21167292、35616272、36078364、32383111、35532785、33153504、26466107、32140151、34429949、24328498、36428412、34468459、20544192、32978586、33234067、35208416、20341774、31605130、36156940、24975580、36647896、

20341774、32262267、36568410、37690744、34622672、35532785、37101335、37198056。

第四步回采结束模型迭代平衡后，$z = 2.9$ m平面z方向位移云图如图12-13所示。

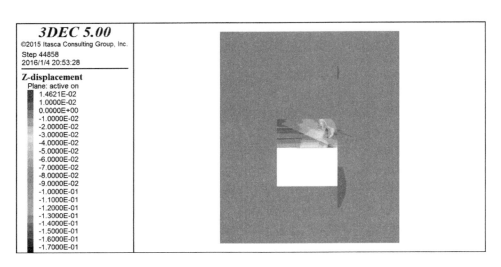

图12-13　第四步回采后z方向位移云图

第四步回采确定的危险区域为x：0.6～7.2 m、y：15～22.7 m、z：2.9 m。

危险结构体编号为：35388702、31074489、31112123、31150581、35683087、21167292、35616272、36078364、32383111、35532785、33153504、26466107、32140151、34429949、24328498、36428412、34468459、20544192、32978586、33234067、35208416、20341774、31605130、36156940、24975580、36647896、20341774、32262267、36568410、37690744、34622672、35532785、37101335、37198056、33661612、34013642、31409272、25685192、31025754、24333934、34520436、23790083、35432992、35460727、31182036、18126064、33144968、33153504、34013642、17711743、26464467。

第五步回采结束模型迭代平衡后，$z = 2.9$ m平面z方向位移云图如图12-14所示。

第五步回采确定的危险区域为x：1.2～3 m、y：15～22.5 m、z：2.9 m。

危险结构体编号为：35388702、31074489、31112123、31150581、35683087、21167292、35616272、36078364、32383111、35532785、33153504、26466107、32140151、34429949、24328498、36428412、34468459、20544192、32978586、33234067、35208416、20341774、31605130、36156940、24975580、36647896、

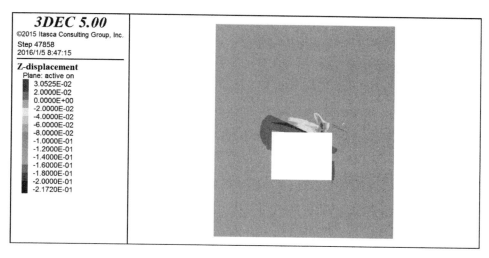

图 12 – 14　第五步回采后 z 方向位移云图

20341774、32262267、36568410、37690744、34622672、35532785、37101335、
37198056、33661612、34013642、31409272、25685192、31025754、24333934、
34520436、23790083、35432992、35460727、31182036、18126064、33144968、
33153504、34013642、17711743、26464467、26501376、25745828、32262267、
37760171、36647896、37662039、37176941、34673398。

第六步回采结束模型迭代平衡后，$z = 2.9$ m 平面 z 方向位移云图如图 12 – 15
所示。

第六步回采确定的危险区域为 x：0.5 ~ 2.7 m、y：20 ~ 22.7 m、z：2.9 m。

危险结构体编号为：36078364、32383111、35532785、35208416、20341774、
31605130、36156940、32262267、36568410、37690744、34622672、35532785、
37101335、37198056、37760171、36647896、37662039、37176941、34673398、
21057395、36644582、27844915、35613378、35164955、36617756、37663521、
37101335、21367576、35613378。

因调查数据有限和研究区域的限制，在第六步回采之后的回采阶段，回采扰
动对模型影响较小，故数值模拟回采至此便停止回采。

②2# ~ 4# 试验区危险区域及危险结构体确定

2# ~ 4# 试验区分别通过监测 $z = 3.3$ m、$z = 5.1$ m、$z = 3.6$ m 平面 z 方向位移，
确定各试验区巷道顶板回采模拟过程中的危险区域和危险结构体。因调查数据有
限和各试验区裂隙发育程度不同，2# ~ 4# 试验区分别模拟两步回采、九步回采和
四步回采。

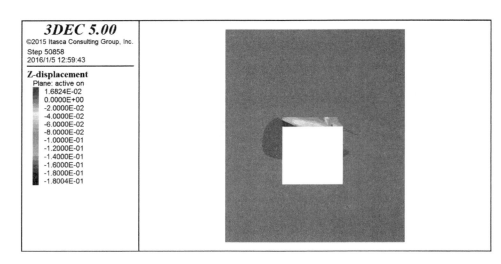

图 12 – 15 第六步回采后 z 方向位移云图

$2^\#$ ~ $4^\#$ 试验区回采模拟过程中危险区域和危险结构体如表 12 – 15 所示。

表 12 – 15 $2^\#$ ~ $4^\#$ 试验区危险区域和危险结构体表

试验区编号			
$2^\#$	第一步回采	危险区域	x: 0.4 ~ 3.8 m、y: 0 ~ 5 m、z: 3.3 m
		危险结构体	7246013、8679661、7688632、7808802、7354194、6918564、986201、6468328、8848894、7809696、7355410、6920093、8256661、7784647、7331780、6898592、6466763、3693135、7306979、6870877、6441439、3668259、4036104、3653700、4052470、8794192、8772131、8254930、7782804、7329811、8229048、7755992、7307810、6871876、6442272、8230196、7720076、7281139、6848510、6425232、3652604、8180143、7717232、7278344、6846357、6423896、7714598、6844961、6422458、8177249、7712072、7273986、6421233
	第二步回采	危险区域	x: 0.4 ~ 4.8 m、y: 0 ~ 5.5 m、z: 3.3 m
		危险结构体	7246013、8679661、7688632、7808802、7354194、6918564、986201、6468328、8848894、7809696、7355410、6920093、8256661、7784647、7331780、6898592、6466763、3693135、7306979、6870877、6441439、3668259、4036104、3653700、4052470、8794192、8772131、8254930、7782804、7329811、8229048、7755992、7307810、6871876、6442272、8230196、7720076、7281139、6848510、6425232、3652604、8180143、7717232、7278344、6846357、6423896、7714598、6844961、6422458、8177249、7712072、7273986、6421233、7270687、7707138、3647041、6419571、6842141、7272506、7709448、8608973

3#	第一步回采	危险区域	x：0.5 ~ 3.6 m、y：15 ~ 20 m、z：5.1 m
		危险结构体	1441291、1274459、1702947
	第二步回采	危险区域	x：0.5 ~ 1.6 m、y：15 ~ 20 m、z：5.1 m
		危险结构体	1441291、1274459、1702947、2778116、2776321、2480527、1451385、2041144、3174736、3215218、3244119、3313714、2156438
	第三步回采	危险区域	x：0 ~ 3.3 m、y：5 ~ 8 m、z：5.1 m；x：0.7 ~ 3.3 m、y：10 ~ 11.5 m、z：5.1 m；x：0 ~ 3.8 m、y：15 ~ 20 m、z：5.1 m
		危险结构体	1441291、1274459、1702947、2778116、2776321、2480527、1451385、2041144、3174736、3215218、3244119、3313714、2156438、261218、1795773、2030361、1431088、1282193、1715082、2156378、3173379
	第四步回采	危险区域	x：0 ~ 3 m、y：0 ~ 8.7 m、z：5.1 m；x：0.4 ~ 3.2 m、y：11.5 ~ 15 m、z：5.1 m；x：0 ~ 4 m、y：15 ~ 20 m、z：5.1 m
		危险结构体	1441291、1274459、1702947、2778116、2776321、2480527、1451385、2041144、3174736、3215218、3244119、3313714、2156438、261218、1795773、2030361、1431088、1282193、1715082、2156378、3173379、244662、2012516、246298、2013707、1950103、3118422
	第五步回采	危险区域	x：−1 ~ 3.3 m、y：0 ~ 11.5 m、z：5.1 m；x：0 ~ 3.3 m、y：0 ~ 20 m、z：5.1 m
		危险结构体	1441291、1274459、1702947、2778116、2776321、2480527、1451385、2041144、3174736、3215218、3244119、3313714、2156438、261218、1795773、2030361、1431088、1282193、1715082、2156378、3173379、244662、2012516、246298、2013707、1950103、3118422、262204、225374、178087、2615757、2692290、2323406
	第六步回采	危险区域	x：0 ~ 4 m、y：0 ~ 20 m、z：5.1 m
		危险结构体	1441291、1274459、1702947、2778116、2776321、2480527、1451385、2041144、3174736、3215218、3244119、3313714、2156438、261218、1795773、2030361、1431088、1282193、1715082、2156378、3173379、244662、2012516、246298、2013707、1950103、3118422、262204、225374、178087、2615757、2692290、2323406、1764401、1316483、1996346、327086、1771606、293349、3110116
	第七步回采	危险区域	x：0 ~ 5 m、y：5 ~ 20 m、z：5.1 m
		危险结构体	1441291、1274459、1702947、2778116、2776321、2480527、1451385、2041144、3174736、3215218、3244119、3313714、2156438、261218、1795773、2030361、1431088、1282193、1715082、2156378、3173379、2012516、246298、2013707、1950103、3118422、2615757、2692290、2323406、1326561、1778619、2013708、246298、261218、1793485、2027952、1297092、1737768、1971616、2012516、282721、2628902、2158543、1690719、1267187、2458470

3#	第八步回采	危险区域	x: 0 ~ 5 m、y: 10 ~ 20 m、z: 5.1 m
		危险结构体	1441291、1274459、1702947、2778116、2776321、2480527、1451385、2041144、3174736、3215218、3244119、3313714、2156438、1795773、2030361、1431088、1282193、1715082、2156378、3173379、1950103、3118422、2615757、2692290、2323406、1297092、1737768、1971616、2012516、282721、2628902、2158543、1690719、1267187、2458470、1290103、1726890、1961561、1341489
	第九步回采	危险区域	x: 0 ~ 5 m、y: 15 ~ 20 m、z: 5.1 m
		危险结构体	1441291、1274459、1702947、2778116、2776321、2480527、1451385、2041144、3174736、3215218、3244119、3313714、2156438、1431088、1282193、1715082、2156378、3173379、1950103、3118422、2615757、2692290、2323406、2628902、2158543、1690719、1267187、2458470、3118422、3073814、2995501、2966406、3311423、2325160、2408853、2455296、1461346、2453028、2406820、2323406
4#	第一步回采	危险区域	x: 0.8 ~ 5.8 m、y: 0 ~ 5 m、z: 3.6 m
		危险结构体	411087、384623、284835、321649、348093、4238096、4283710、4435955、3985997、5031184、2677447、324063、6058858、1216183、5040507、315540、4313516、2591250、353730、3028139、4504368、1698232、442320、1743793、2651216
	第二步回采	危险区域	x: 0.5 ~ 6 m、y: 0 ~ 5 m、z: 3.6 m
		危险结构体	411087、384623、284835、321649、348093、4238096、4283710、4435955、3985997、5031184、2677447、324063、6058858、1216183、5040507、315540、4313516、2591250、353730、3028139、4504368、1698232、442320、1743793、2651216、281844、3090017、3161361、1714640、1211321、387062、4212422
	第三步回采	危险区域	x: 0.9 ~ 6 m、y: 0 ~ 5 m、z: 3.6 m
		危险结构体	411087、384623、284835、321649、348093、4238096、4283710、4435955、3985997、5031184、2677447、324063、6058858、1216183、5040507、315540、4313516、2591250、353730、3028139、4504368、1698232、442320、1743793、2651216、281844、3090017、3161361、1714640、1211321、387062、4212422、3963528、3608153、2696941、2848631
	第四步回采	危险区域	x: 1 ~ 5.5 m、y: 0 ~ 5 m、z: 3.6 m
		危险结构体	4238096、4283710、4435955、3985997、5031184、2677447、324063、6058858、1216183、5040507、315540、4313516、2591250、353730、3028139、4504368、1698232、442320、1743793、2651216、281844、3090017、3161361、1714640、1211321、387062、4212422、3963528、3608153、2696941、2848631、2629181、5577113、3403447、2920590

（5）危险结构体运动规律

利用 3DEC 结构体唯一分配编号的功能，根据各试验区回采模拟过程中确定的巷道顶板危险结构体编号，将危险结构体单独显现到窗口中，监测并记录其在回采模拟过程中的运动信息。

①1#试验区危险结构体的运动规律

根据 1#试验区危险结构体编号，将危险结构体一一单独显现在窗口中，监测其在每步回采模拟过程中的运动形式，并输出每步回采模拟结束后危险结构体 z 方向的位移云图。危险结构体在回采模拟过程中的运动信息如表 12 - 16 所示。

表 12 - 16　1#试验区危险结构体运动信息记录表

序号	结构体编号	危险结构体运动形式描述		危险结构体运动关键位置图
1	15991991	第一步回采	整体平均下降 28 mm	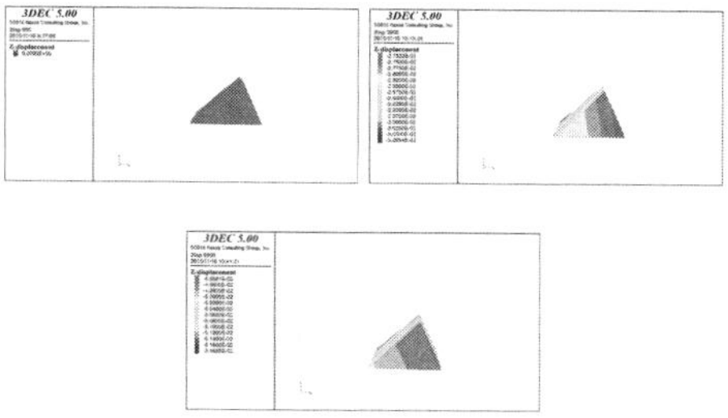
		第二步回采	整体平均下降 21 mm	
		总体描述	第二步回采后，位移为 49 mm，结构体未失稳，沿结构面滑移一段距离未失稳	
2	13273805	第一步回采	一端下降 39 mm，另一端下降 53 mm	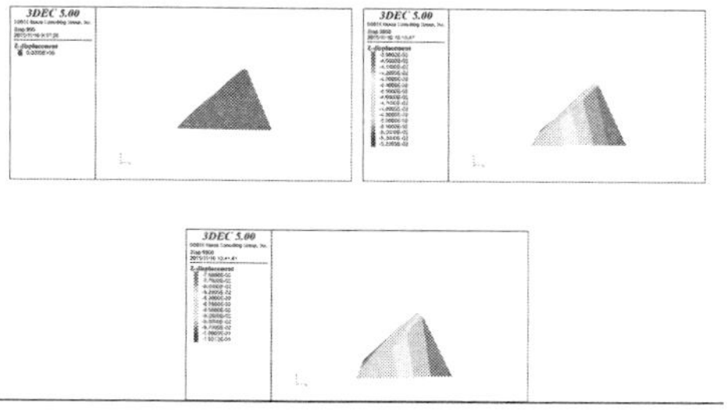
		第二步回采	一端下降 37 mm，另一端下降 57 mm	
		总体描述	第二步回采后，最大位移达 110 mm，直接掉块	
3	13271998	第一步回采	一端下降 35 mm，另一端下降 47 mm	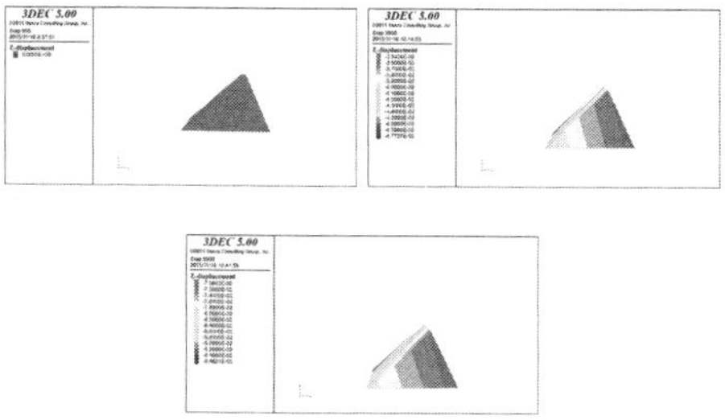
		第二步回采	一端下降 35 mm，另一端下降 47 mm	
		总体描述	第二步回采后，最大位移为 94 mm，结构体位于巷道表面，结构体为锥形，直接掉块	

序号	结构体编号	危险结构体运动形式描述		危险结构体运动关键位置图
4	13269823	第一步回采	一端下降 30 mm，另一端下降 41 mm	
		第二步回采	一端下降 19 mm，另一端下降 40 mm	
		总体描述	第二步回采后，最大位移为 81 mm，结构体位于巷道表面，结构体为锥形，直接掉块	
5	16006048	第一步回采	一端下降 22 mm，另一端下降 35 mm	
		第二步回采	一端下降 22 mm，另一端下降 30 mm	
		总体描述	第二步回采后，最大位移为 65 mm，沿结构面滑移未失稳	
6	16973064	第一步回采	一端下降 14 mm，另一端下降 18 mm	
		第二步回采	两端都下降 10 mm	
		总体描述	最大位移为 28 mm，沿结构面滑移未失稳	
7	13267991	第一步回采	一端下降 39 mm，另一端下降 53 mm	
		第二步回采	一端下降 39 mm，另一端下降 47 mm	
		总体描述	第二步回采后，最大位移为 100 mm，结构体为巷道表面结构体，属直接掉块	

序号	结构体编号	危险结构体运动形式描述		危险结构体运动关键位置图
8	15965430	第一步回采	一端下降 13 mm，另一端下降 24 mm	
		第二步回采	一端下降 12 mm，另一端下降 16 mm	
		总体描述	第二步回采后，最大位移为 40 mm，沿结构面滑移未失稳	
9	16975335	第一步回采	一端下降 19 mm，另一端下降 22 mm	
		第二步回采	结构体整体下移 7 mm	
		总体描述	沿结构面滑移未失稳	
10	35388702	第一步回采	一端下降 25 mm，另一端下降 35 mm	
		第二步回采	一端下降 29 mm，另一端下降 34 mm	
		第三步回采	一端下降 30 mm，另一端下降 33 mm	
		第四步回采	一端下降 32 mm，另一端下降 34 mm	
		第五步回采	一端下降 22 mm，另一端下降 26 mm	
		总体描述	第三步回采后，结构体最大位为 102 mm，最小位移达到 74 mm。结构体失稳，沿结构面滑移后掉落	

序号	结构体编号	危险结构体运动形式描述		危险结构体运动关键位置图
11	31074489	第一步回采	一端下降 26 mm，另一端下降 45 mm	
		第二步回采	一端下降 36 mm，另一端下降 54 mm	
		第三步回采	一端下降 40 mm，另一端下降 50 mm	
		第四步回采	整体下移 50 mm	
		第五步回采	整体下移 30 mm	
		总体描述	第三步回采后，结构体最大位移达到 149 mm，最小位移为 92 mm，结构体先转动后滑移掉落	
12	31112123	第一步回采	一端下降 34 mm，另一端下降 42 mm	
		第二步回采	一端下降 37 mm，另一端下降 47 mm	
		第三步回采	一端下降 30 mm，另一端下降 50 mm	
		第四步回采	一端下降 40 mm，另一端下降 50 mm	
		第五步回采	整体下移 30 mm	
		总体描述	第三步回采后，最大位移为 139 mm，最小位移为 101 mm，结构体已失稳，沿结构面滑移的同时转动	

序号	结构体编号	危险结构体运动形式描述		危险结构体运动关键位置图
13	31150581	第一步回采	一端下降 39 mm, 另一端下降 44 mm	
		第二步回采	整体下移 57 mm	
		第三步回采	整体下移 63 mm	
		第四步回采	整体下移 60 mm	
		第五步回采	一端下降 30 mm, 另一端下降 40 mm	
		总体描述	第三步回采后, 结构体位移达到 160 mm, 结构体失稳, 属直接掉落	
14	35683087	第一步回采	一端下降 39 mm, 另一端下降 49 mm	
		第二步回采	一端下降 40 mm, 另一端下降 50 mm	
		第三步回采	一端下降 44 mm, 另一端下降 50 mm	
		第四步回采	一端下降 44 mm, 另一端下降 50 mm	
		第五步回采	一端下降 32 mm, 另一端下降 39 mm	
		总体描述	第三步回采后, 最大位移为 149 mm, 最小位移为 123 mm, 结构体失稳, 沿结构面滑移后掉落	

序号	结构体编号	危险结构体运动形式描述		危险结构体运动关键位置图
15	21167292	第一步回采	一端下降 10 mm，另一端下降 16 mm	
		第二步回采	一端下降 18 mm，另一端下降 23 mm	
		第三步回采	整体下移 21 mm	
		第四步回采	一端下降 10 mm，另一端下降 20 mm	
		第五步回采	整体下移 10 mm	
		总体描述	沿结构面滑移未失稳	
16	35616272	第一步回采	整体下移 35 mm	
		第二步回采	一端下降 44 mm，另一端下降 54 mm	
		第三步回采	整体下移 50 mm	
		第四步回采	整体下移 50 mm	
		第五步回采	整体下移 30 mm	
		总体描述	第三步回采后，最大位移为 154 mm，最小位移为 144 mm，结构体失稳，属直接掉落	

序号	结构体编号	危险结构体运动形式描述		危险结构体运动关键位置图
17	33153504	第一步回采	整体下移 37 mm	
		第二步回采	一端下降 41 mm，另一端下降 48 mm	
		第三步回采	一端下降 33 mm，另一端下降 48 mm	
		第四步回采	整体下移 50 mm	
		第五步回采	整体下移 40 mm	
		总体描述	第三步回采后，最大位移为 133 mm，最小位移为 111 mm，结构体失稳，属直接掉块	
18	26466107	第一步回采	一端下降 11 mm，另一端下降 25 mm	
		第二步回采	一端下降 25 mm，另一端下降 31 mm	
		第三步回采	一端下降 41 mm，另一端下降 36 mm	
		第四步回采	整体下移 38 mm	
		第五步回采	一端下降 23 mm，另一端下降 30 mm	
		总体描述	第四步回采后，最大位移为 130 mm，最小位移为 116 mm，结构体失稳，沿结构面滑移后掉落	

序号	结构体编号	危险结构体运动形式描述		危险结构体运动关键位置图
19	32140151	第一步回采	一端下降 24 mm，另一端下降 33 mm	
		第二步回采	一端下降 27 mm，另一端下降 36 mm	
		第三步回采	整体下移 40 mm	
		第四步回采	整体下移 40 mm	
		第五步回采	整体下移 37 mm	
		总体描述	第四步回采后，最大位移为 149 mm，最小位移为 131 mm，结构体失稳，沿结构面滑移后掉落	
20	34429949	第一步回采	一端下降 25 mm，另一端下降 35 mm	
		第二步回采	一端下降 29 mm，另一端下降 35 mm	
		第三步回采	一端下降 30 mm，另一端下降 40 mm	
		第四步回采	整体下移 33 mm	
		第五步回采	整体下移 25 mm	
		总体描述	第四步回采后，最大位移为 143 mm，最小位移为 117 mm，结构体失稳，沿结构面滑移后掉落	

序号	结构体编号	危险结构体运动形式描述		危险结构体运动关键位置图
21	24328498	第一步回采	一端下降 22 mm，另一端下降 35 mm	
		第二步回采	一端下降 27 mm，另一端下降 36 mm	
		第三步回采	整体下移 30 mm	
		第四步回采	一端下降 43 mm，另一端下降 36 mm	
		第五步回采	整体下移 30 mm	
		总体描述	第四步回采后，最大位移为 137 mm，最小位移为 122 mm，结构体失稳，沿结构面滑移后掉落	
22	36428412	第一步回采	一端下降 35 mm，另一端下降 42 mm	
		第二步回采	一端下降 35 mm，另一端下降 40 mm	
		第三步回采	整体下移 36 mm	
		第四步回采	整体下移 35 mm	
		第五步回采	整体下移 25 mm	
		总体描述	第三步回采后，最大位移为 118 mm，最小位移为 106 mm，结构体失稳，沿结构面滑移后掉落	

序号	结构体编号	危险结构体运动形式描述		危险结构体运动关键位置图
23	34468459	第一步回采	一端下降 31 mm，另一端下降 41 mm	
		第二步回采	一端下降 33 mm，另一端下降 44 mm	
		第三步回采	整体下移 39 mm	
		第四步回采	整体下移 40 mm	
		第五步回采	整体下移 29 mm	
		总体描述	第三步回采后，最大位移为 124 mm，最小位移为 103 mm，结构体失稳，沿结构面滑移后掉落	
24	20544192	第一步回采	一端下降 20 mm，另一端下降 32 mm	
		第二步回采	整体下移 32 mm	
		第三步回采	整体下移 35 mm	
		第四步回采	一端下降 33 mm，另一端下降 40 mm	
		第五步回采	整体下移 27 mm	
		总体描述	第四步回采后，最大位移为 139 mm，最小位移为 121 mm，结构体失稳，沿结构面滑移后掉落	

序号	结构体编号	危险结构体运动形式描述		危险结构体运动关键位置图
25	32978586	第一步回采	一端下降 27 mm，另一端下降 35 mm	
		第二步回采	一端下降 37 mm，另一端下降 40 mm	
		第三步回采	一端下降 40 mm，另一端下降 45 mm	
		第四步回采	整体下移 56 mm	
		第五步回采	一端下降 40 mm，另一端下降 47 mm	
		总体描述	第三步回采后，最大位移为 120 mm，最小位移为 104 mm，结构体失稳，属直接掉落	
26	33234067	第一步回采	一端下降 33 mm，另一端下降 39 mm	
		第二步回采	整体下移 37 mm	
		第三步回采	一端下降 42 mm，另一端下降 46 mm	
		第四步回采	整体下移 56 mm	
		第五步回采	一端下降 48 mm，另一端下降 54 mm	
		总体描述	第三步回采后，最大位移为 122 mm，最小位移为 112 mm，结构体失稳，属翻转掉落	

序号	结构体编号	危险结构体运动形式描述		危险结构体运动关键位置图
27	24975580	第一步回采	一端下降 19 mm，另一端下降 38 mm	
		第二步回采	一端下降 25 mm，另一端下降 34 mm	
		第三步回采	整体下移 46 mm	
		第四步回采	一端下降 40 mm，另一端下降 48 mm	
		第五步回采	整体下移 36 mm	
		总体描述	第四步回采后，最大位移为 166 mm，最小位移为 130 mm，结构体失稳，沿结构面滑移后掉落	
28	36647896	第一步回采	一端下降 32 mm，另一端下降 44 mm	
		第二步回采	一端下降 36 mm，另一端下降 40 mm	
		第三步回采	一端下降 32 mm，另一端下降 39 mm	
		第四步回采	一端下降 38 mm，另一端下降 45 mm	
		第五步回采	一端下降 22 mm，另一端下降 31 mm	
		总体描述	第三步回采后，最大位移为 123 mm，最小位移为 100 mm，结构体失稳，属直接掉块	

序号	结构体编号	危险结构体运动形式描述		危险结构体运动关键位置图
29	33661612	第一步回采	整体下移 30 mm	
		第二步回采	一端下降 43 mm, 另一端下降 49 mm	
		第三步回采	一端下降 43 mm, 另一端下降 48 mm	
		第四步回采	一端下降 52 mm, 另一端下降 48 mm	
		第五步回采	整体下移 40 mm	
		总体描述	第三步回采后, 最大位移为 127 mm, 最小位移为 116 mm, 结构体失稳, 属直接掉落	
30	34013642	第一步回采	一端下降 28 mm, 另一端下降 30 mm	
		第二步回采	一端下降 40 mm, 另一端下降 48 mm	
		第三步回采	一端下降 31 mm, 另一端下降 47 mm	
		第四步回采	整体下移 51 mm	
		第五步回采	一端下降 50 mm, 另一端下降 36 mm	
		总体描述	第三步回采后, 最大位移为 127 mm, 最小位移为 99 mm, 结构体失稳, 属直接掉落	

序号	结构体编号	危险结构体运动形式描述		危险结构体运动关键位置图
31	31409272	第一步回采	无明显变化	
		第二步回采	一端下降 12 mm，另一端下降 22 mm	
		第三步回采	一端下降 21 mm，另一端下降 34 mm	
		第四步回采	一端下降 32 mm，另一端下降 22 mm	
		第五步回采	一端下降 23 mm，另一端下降 20 mm	
		总体描述	整体下移一段距离	
32	25685192	第一步回采	一端下降 11 mm，另一端下降 17 mm	
		第二步回采	一端下降 25 mm，另一端下降 37 mm	
		第三步回采	一端下降 40 mm，另一端下降 32 mm	
		第四步回采	整体下移 40 mm	
		第五步回采	一端下降 23 mm，另一端下降 28 mm	
		总体描述	第四步回采后，最大位移为 126 mm，最小位移为 116 mm，结构体失稳，沿结构面滑移后掉落	

序号	结构体编号	危险结构体运动形式描述		危险结构体运动关键位置图
33	31025754	第一步回采	一端下降 23 mm，另一端下降 28 mm	
		第二步回采	一端下降 26 mm，另一端下降 36 mm	
		第三步回采	整体下降 35 mm	
		第四步回采	一端下降 38 mm，另一端下降 44 mm	
		第五步回采	一端下降 29 mm，另一端下降 32 mm	
		总体描述	第四步回采后，最大位移为 143 mm，最小位移为 122 mm，结构体失稳，沿结构面滑移后掉落	
34	24333934	第一步回采	整体下移 19 mm	
		第二步回采	整体下移 39 mm	
		第三步回采	整体下移 42 mm	
		第四步回采	整体下移 38 mm	
		第五步回采	整体下移 22 mm	
		总体描述	第四步回采后，位移为 138 mm 沿结构面滑移后掉落	

序号	结构体编号	危险结构体运动形式描述		危险结构体运动关键位置图
35	34520436	第一步回采	一端下降 34 mm,另一端下降 42 mm	
		第二步回采	一端下降 40 mm,另一端下降 44 mm	
		第三步回采	整体下移 46 mm	
		第四步回采	一端下降 41 mm,另一端下降 47 mm	
		第五步回采	整体下移 30 mm	
		总体描述	第三步回采后,最大位移为 132 mm,最小位移为 120 mm,结构体失稳,沿结构面滑移后掉落	
36	23790083	第一步回采	一端下降 34 mm,另一端下降 43 mm	
		第二步回采	一端下降 38 mm,另一端下降 44 mm	
		第三步回采	一端下降 42 mm,另一端下降 47 mm	
		第四步回采	一端下降 41 mm,另一端下降 45 mm	
		第五步回采	整体下移 30 mm	
		总体描述	第三步回采后,最大位移为 134 mm,最小位移为 114 mm,结构体失稳,属直接掉落	

序号	结构体编号	危险结构体运动形式描述		危险结构体运动关键位置图
37	35432992	第一步回采	一端下降 34 mm，另一端下降 45 mm	
		第二步回采	一端下降 41 mm，另一端下降 50 mm	
		第三步回采	一端下降 41 mm，另一端下降 48 mm	
		第四步回采	一端下降 40 mm，另一端下降 46 mm	
		第五步回采	整体下移 32 mm	
		总体描述	第三步回采后，最大位移为 143 mm，最小位移为 116 mm，结构体失稳，沿结构面滑移后掉落	
38	35460727	第一步回采	一端下降 32 mm，另一端下降 41 mm	
		第二步回采	一端下降 38 mm，另一端下降 42 mm	
		第三步回采	一端下降 39 mm，另一端下降 45 mm	
		第四步回采	一端下降 4 mm，另一端下降 43 mm	
		第五步回采	一端下降 27 mm，另一端下降 31 mm	
		总体描述	第三步回采后，最大位移为 1128 mm，最小位移为 109 mm，结构体失稳，属直接掉落	

序号	结构体编号	危险结构体运动形式描述		危险结构体运动关键位置图
39	31182036	第一步回采	一端下降 27 mm，另一端下降 36 mm	
		第二步回采	一端下降 37 mm，另一端下降 56 mm	
		第三步回采	一端下降 40 mm，另一端下降 73 mm	
		第四步回采	一端下降 40 mm，另一端下降 68 mm	
		第五步回采	一端下降 29 mm，另一端下降 45 mm	
		总体描述	第三步回采后，最大位移为 165 mm，最小位移为 104 mm，结构体失稳，翻转掉落	
40	33144968	第一步回采	整体下移 16 mm	
		第二步回采	一端下降 41 mm，另一端下降 47 mm	
		第三步回采	一端下降 43 mm，另一端下降 47 mm	
		第四步回采	一端下降 58 mm，另一端下降 51 mm	
		第五步回采	整体下移 40 mm	
		总体描述	第三步回采后，最大位移为 112 mm，最小位移为 100 mm，结构体失稳，属直接掉块	

序号	结构体编号	危险结构体运动形式描述		危险结构体运动关键位置图
41	33153504	第一步回采	整体下降 37 mm	
		第二步回采	一端下降 42 mm，另一端下降 48 mm	
		第三步回采	一端下降 33 mm，另一端下降 48 mm	
		第四步回采	整体下移 48 mm	
		第五步回采	一端下降 40 mm，另一端下降 35 mm	
		总体描述	第三步回采后，最大位移为 133 mm，最小位移为 112 mm，结构体失稳，属直接掉块	
42	34013642	第一步回采	一端下降 27 mm，另一端下降 30 mm	
		第二步回采	整体下降 48 mm	
		第三步回采	一端下降 31 mm，另一端下降 47 mm	
		第四步回采	整体下降 51 mm	
		第五步回采	一端下降 50 mm，另一端下降 36 mm	
		总体描述	第三步回采后，另一端为 125 mm，最小位移为 106 mm，结构体失稳，属直接掉块	

序号	结构体编号	危险结构体运动形式描述		危险结构体运动关键位置图
43	17711743	第一步回采	整体下降 22 mm	
		第二步回采	整体下降 46 mm	
		第三步回采	一端下降 33 mm，另一端下降 36 mm	
		第四步回采	整体下移 36 mm	
		第五步回采	一端下降 36 mm，另一端下降 33 mm	
		总体描述	第三步回采后，最大位移为 104 mm，最小位移为 101 mm，结构体失稳，属直接掉块	
44	26464467	第一步回采	一端下降 14 mm，另一端下降 38 mm	
		第二步回采	一端下降 28 mm，另一端下降 40 mm	
		第三步回采	整体下移 40 mm	
		第四步回采	一端下降 40 mm，另一端下降 50 mm	
		第五步回采	一端下降 26 mm，另一端下降 38 mm	
		总体描述	第四步回采后，最大位移为 168 mm，最小位移为 112 mm，结构体失稳，沿结构面滑移的同时小角度转动	

序号	结构体编号	危险结构体运动形式描述		危险结构体运动关键位置图
45	26501376	第一步回采	一端下降 17 mm，另一端下降 26 mm	
		第二步回采	一端下降 11 mm，另一端下降 18 mm	
		第三步回采	一端下降 13 mm，另一端下降 16 mm	
		第四步回采	整体下移 14 mm	
		第五步回采	整体下移 11 mm	
		总体描述	沿结构面滑移一段距离未失稳	
46	25745828	第一步回采	整体下移 25 mm	
		第二步回采	一端下降 19 mm，另一端下降 27 mm	
		第三步回采	整体下移 37 mm	
		第四步回采	一端下降 36 mm，另一端下降 43 mm	
		第五步回采	一端下降 25 mm，另一端下降 28 mm	
		总体描述	第四步回采后，最大位移为 132 mm，最小位移为 117 mm，结构体失稳，沿结构面滑移后掉落	

序号	结构体编号	危险结构体运动形式描述		危险结构体运动关键位置图
47	32262267	第一步回采	一端下降 20 mm，另一端下降 30 mm	
		第二步回采	一端下降 24 mm，另一端下降 36 mm	
		第三步回采	一端下降 17 mm，另一端下降 34 mm	
		第四步回采	一端下降 19 mm，另一端下降 24 mm	
		第五步回采	一端下降 11 mm，另一端下降 19 mm	
		总体描述	沿结构面滑移一段距离未失稳	
48	36078364	第一步回采	一端下降 21 mm，另一端下降 42 mm	
		第二步回采	整体下移 19 mm	
		第三步回采	一端下降 18 mm，另一端下降 25 mm	
		第四步回采	一端下降 14 mm，另一端下降 26 mm	
		第五步回采	一端下降 18 mm，另一端下降 10 mm	
		第六步回采	整体下移 10 mm	
		总体描述	沿结构面滑移一段距离未失稳	

序号	结构体编号	危险结构体运动形式描述		危险结构体运动关键位置图
49	32383111	第一步回采	一端下降 4 mm，另一端下降 39 mm	
		第二步回采	一端下降 11 mm，另一端下降 33 mm	
		第三步回采	一端下降 17 mm，另一端下降 23 mm	
		第四步回采	一端下降 16 mm，另一端下降 20 mm	
		第五步回采	一端下降 11 mm，另一端下降 14 mm	
		第六步回采	一端下降 8 mm，另一端下降 16 mm	
		总体描述	沿结构面滑移一段距离未失稳	
50	35532785	第一步回采	一端下降 25 mm，另一端下降 42 mm	
		第二步回采	一端下降 17 mm，另一端下降 24 mm	
		第三步回采	整体下移 20 mm	
		第四步回采	一端下降 17 mm，最大下降 31 mm	
		第五步回采	整体下移 20 mm	
		第六步回采	最小下降 13 mm，另一端下降 18 mm	
		总体描述	第五步回采后，最大位移为 137 mm，最小位移为 99 mm，结构体失稳，沿结构面滑移后掉落	

序号	结构体编号	危险结构体运动形式描述		危险结构体运动关键位置图
51	35208416	第一步回采	一端下降 13 mm，另一端下降 35 mm	
		第二步回采	整体下移 16 mm	
		第三步回采	一端下降 19 mm，另一端下降 22 mm	
		第四步回采	一端下降 19 mm，另一端下降 21 mm	
		第五步回采	一端下降 15 mm，另一端下降 21 mm	
		第六步回采	整体下移 10 mm	
		总体描述	沿结构面滑移一段距离未失稳	
52	20341774	第一步回采	一端下降 33 mm，另一端下降 36 mm	
		第二步回采	一端下降 32 mm，另一端下降 37 mm	
		第三步回采	一端下降 31 mm，另一端下降 60 mm	
		第四步回采	一端下降 25 mm，另一端下降 66 mm	
		第五步回采	一端下降 17 mm，另一端下降 48 mm	
		第六步回采	一端下降 16 mm，另一端下降 34 mm	
		总体描述	第三步回采后，最大位移为 133 mm，最小位移为 96 mm，结构体失稳，翻转掉落	

序号	结构体编号	危险结构体运动形式描述		危险结构体运动关键位置图
53	31605130	第一步回采	一端下降 13 mm，另一端下降 33 mm	
		第二步回采	一端下降 14 mm，另一端下降 34 mm	
		第三步回采	一端下降 13 mm，另一端下降 29 mm	
		第四步回采	一端下降 6 mm，另一端下降 37 mm	
		第五步回采	一端下降 12 mm，另一端下降 26 mm	
		第六步回采	一端下降 13 mm，另一端下降 19 mm	
		总体描述	第四步回采后，最大位移为 133 mm，最小位移为 46 mm，结构体失稳，翻转滑移后掉落	
54	36156940	第一步回采	一端下降 27 mm，另一端下降 60 mm	
		第二步回采	一端下降 21 mm，另一端下降 42 mm	
		第三步回采	一端下降 17 mm，另一端下降 35 mm	
		第四步回采	一端下降 16 mm，另一端下降 32 mm	
		第五步回采	一端下降 16 mm，另一端下降 20 mm	
		第六步回采	一端下降 8 mm，另一端下降 15 mm	
		总体描述	第四步回采后，最大位移为 179 mm，最小位移为 91 mm，结构体失稳，翻转掉落	

序号	结构体编号	危险结构体运动形式描述		危险结构体运动关键位置图
55	32262267	第一步回采	一端下降 19 mm，另一端下降 30 mm	
		第二步回采	一端下降 25 mm，另一端下降 36 mm	
		第三步回采	一端下降 17 mm，另一端下降 34 mm	
		第四步回采	整体下移 20 mm	
		第五步回采	一端下降 11 mm，另一端下降 18 mm	
		第六步回采	一端下降 18 mm，另一端下降 13 mm	
		总体描述	沿结构面滑移一段距离未失稳	
56	36568410	第一步回采	一端下降 31 mm，另一端下降 40 mm	
		第二步回采	一端下降 20 mm，另一端下降 54 mm	
		第三步回采	一端下降 16 mm，另一端下降 45 mm	
		第四步回采	一端下降 16 mm，另一端下降 41 mm	
		第五步回采	整体下移 20 mm	
		第六步回采	整体下移 18 mm	
		总体描述	第四步回采后，最大位移为 180 mm，最小位移为 83 mm，结构体失稳，翻转后掉落	

序号	结构体编号	危险结构体运动形式描述		危险结构体运动关键位置图
57	37690744	第一步回采	一端下降28 mm,另一端下降38 mm	
		第二步回采	一端下降37 mm,另一端下降41 mm	
		第三步回采	一端下降36 mm,另一端下降32 mm	
		第四步回采	一端下降26 mm,另一端下降37 mm	
		第五步回采	一端下降16 mm,另一端下降24 mm	
		第六步回采	一端下降8 mm,另一端下降19 mm	
		总体描述	第三步回采后,最大位移为111 mm,最小位移为101 mm,结构体失稳,翻转滑移后掉落	
58	34622672	第一步回采	一端下降20 mm,另一端下降39 mm	
		第二步回采	一端下降14 mm,另一端下降29 mm	
		第三步回采	一端下降14 mm,另一端下降17 mm	
		第四步回采	一端下降13 mm,另一端下降15 mm	
		第五步回采	一端下降14 mm,另一端下降20 mm	
		第六步回采	一端下降17 mm,另一端下降24 mm	
		总体描述	沿结构面滑移一段距离未失稳	

序号	结构体编号	危险结构体运动形式描述		危险结构体运动关键位置图
59	37101335	第一步回采	一端下降 28 mm，另一端下降 48 mm	
		第二步回采	整体下移 20 mm	
		第三步回采	整体下移 17 mm	
		第四步回采	整体下移 14 mm	
		第五步回采	整体下移 15 mm	
		第六步回采	一端下降 12 mm，另一端下降 15 mm	
		总体描述	沿结构面滑移一段距离未失稳	
60	37198056	第一步回采	一端下降 41 mm，另一端下降 49 mm	
		第二步回采	一端下降 33 mm，另一端下降 44 mm	
		第三步回采	一端下降 26 mm，另一端下降 37 mm	
		第四步回采	一端下降 26 mm，另一端下降 34 mm	
		第五步回采	一端下降 19 mm，另一端下降 23 mm	
		第六步回采	一端下降 12 mm，另一端下降 17 mm	
		总体描述	第三步回采后，最大位移为 130 mm，最小位移为 100 mm，结构体失稳，沿结构面滑移后掉落	

续表 12 - 16

序号	结构体编号	危险结构体运动形式描述		危险结构体运动关键位置图
61	37760171	第一步回采	整体下移 35 mm	
		第二步回采	整体下移 46 mm	
		第三步回采	整体下移 40 mm	
		第四步回采	一端下降 40 mm，另一端下降 50 mm	
		第五步回采	整体下移 30 mm	
		第六步回采	整体下移 22 mm	
		总体描述	第三步回采后，位移为 121 mm，结构体已失稳，直接掉落	
62	36647896	第一步回采	一端下降 31 mm，另一端下降 43 mm	
		第二步回采	一端下降 36 mm，另一端下降 40 mm	
		第三步回采	一端下降 32 mm，另一端下降 38 mm	
		第四步回采	一端下降 38 mm，另一端下降 44 mm	
		第五步回采	一端下降 23 mm，另一端下降 30 mm	
		第六步回采	无	
		总体描述	第三步回采后，最大位移为 121 mm，最小位移为 99 mm，结构体失稳，沿结构面滑移后掉落	

序号	结构体编号	危险结构体运动形式描述		危险结构体运动关键位置图
63	37662039	第一步回采	一端下降 36 mm，另一端下降 44 mm	
		第二步回采	一端下降 45 mm，另一端下降 41 mm	
		第三步回采	一端下降 36 mm，另一端下降 46 mm	
		第四步回采	一端下降 30 mm，另一端下降 46 mm	
		第五步回采	一端下降 20 mm，另一端下降 30 mm	
		第六步回采	一端下降 14 mm，另一端下降 23 mm	
		总体描述	第三步回采后，最大位移为 131 mm，最小位移为 117 mm，结构体失稳，翻转后掉落	
64	37176941	第一步回采	一端下降 33 mm，另一端下降 36 mm	
		第二步回采	一端下降 30 mm，另一端下降 45 mm	
		第三步回采	一端下降 25 mm，另一端下降 40 mm	
		第四步回采	一端下降 22 mm，另一端下降 37 mm	
		第五步回采	一端下降 16 mm，另一端下降 25 mm	
		第六步回采	整体下移 16 mm	
		总体描述	第四步回采后，最大位移为 158 mm，最小位移为 110 mm，结构体失稳，翻转后掉落	

序号	结构体编号	危险结构体运动形式描述		危险结构体运动关键位置图
65	34673398	第一步回采	一端下降 30 mm，另一端下降 42 mm	
		第二步回采	一端下降 30 mm，另一端下降 53 mm	
		第三步回采	一端下降 18 mm，另一端下降 55 mm	
		第四步回采	一端下降 22 mm，另一端下降 50 mm	
		第五步回采	一端下降 16 mm，另一端下降 33 mm	
		第六步回采	一端下降 12 mm，另一端下降 24 mm	
		总体描述	第四步回采后，最大位移为 200 mm，最小位移 100 mm，结构体失稳，翻转后掉落	
66	21057395	第一步回采	一端下降 29 mm，另一端下降 32 mm	
		第二步回采	一端下降 40 mm，另一端下降 44 mm	
		第三步回采	一端下降 43 mm，另一端下降 47 mm	
		第四步回采	整体下移 41 mm	
		第五步回采	整体下移 28 mm	
		第六步回采	整体下移 20 mm	
		总体描述	第三步回采后，最大位移为 123 mm，最小位移为 112 mm，结构体失稳，沿结构面滑移后掉落	

序号	结构体编号	危险结构体运动形式描述		危险结构体运动关键位置图
67	27844915	第一步回采	一端下降 22 mm，另一端下降 32 mm	
		第二步回采	一端下降 35 mm，另一端下降 44 mm	
		第三步回采	一端下降 41 mm，另一端下降 45 mm	
		第四步回采	一端下降 35 mm，另一端下降 43 mm	
		第五步回采	一端下降 23 mm，另一端下降 32 mm	
		第六步回采	整体下移 20 mm	
		总体描述	第三步回采后，最大位移为 121 mm，最小位移为 98 mm，结构体失稳，直接掉落	
68	35613378	第一步回采	一端下降 31 mm，另一端下降 36 mm	
		第二步回采	一端下降 44 mm，另一端下降 53 mm	
		第三步回采	一端下降 38 mm，另一端下降 64 mm	
		第四步回采	一端下降 40 mm，另一端下降 60 mm	
		第五步回采	一端下降 27 mm，另一端下降 45 mm	
		第六步回采	一端下降 19 mm，另一端下降 30 mm	
		总体描述	第三步回采后，最大位移为 153 mm，最小位移为 113 mm，结构体失稳，翻转掉落	

序号	结构体编号	危险结构体运动形式描述		危险结构体运动关键位置图
69	35164955	第一步回采	一端下降 29 mm，另一端下降 32 mm	
		第二步回采	一端下降 28 mm，另一端下降 48 mm	
		第三步回采	一端下降 11 mm，另一端下降 47 mm	
		第四步回采	一端下降 18 mm，另一端下降 46 mm	
		第五步回采	一端下降 14 mm，另一端下降 30 mm	
		第六步回采	一端下降 16 mm，另一端下降 22 mm	
		总体描述	第四步回采后，最大位移为 173 mm，最小位移为 86 mm，结构体失稳，翻转掉落	
70	36617756	第一步回采	一端下降 33 mm，另一端下降 37 mm	
		第二步回采	整体下移 44 mm	
		第三步回采	一端下降 37 mm，另一端下降 43 mm	
		第四步回采	一端下降 34 mm，另一端下降 46 mm	
		第五步回采	一端下降 23 mm，另一端下降 30 mm	
		第六步回采	一端下降 17 mm，另一端下降 23 mm	
		总体描述	第三步回采后，最大位移为 124 mm，最小位移为 114 mm，结构体失稳，沿结构面滑移后掉落	

序号	结构体编号	危险结构体运动形式描述		危险结构体运动关键位置图
71	37663521	第一步回采	整体下移 35 mm	
		第二步回采	一端下降 23 mm，另一端下降 44 mm	
		第三步回采	一端下降 26 mm，另一端下降 32 mm	
		第四步回采	一端下降 25 mm，另一端下降 29 mm	
		第五步回采	整体下移 20 mm	
		第六步回采	整体下移 15 mm	
		总体描述	第四步回采后，最大位移为 140 mm，最小位移为 109 mm，结构体失稳，沿结构面滑移后掉落	
72	21367576	第一步回采	一端下降 22 mm，另一端下降 26 mm	
		第二步回采	整体下移 25 mm	
		第三步回采	整体下移 21 mm	
		第四步回采	一端下降 19 mm，另一端下降 22 mm	
		第五步回采	一端下降 2 mm，另一端下降 10 mm	
		第六步回采	一端下降 – 6 mm，另一端下降 10 mm	
		总体描述	第六步回采后，最大位移为 114 mm，最小位移为 95 mm，结构体失稳，结构体位于巷道表面，有翻转掉落趋势	

由表 12 – 16 可知，巷道轴向 0 ~ 5 m，第二步回采结束后，结构体运动形式主要有直接掉块、沿结构面滑移后掉落和沿结构面滑移一段距离未失稳三种，此时巷道顶板有少量结构体掉落失稳。

巷道轴向 15 ~ 20 m，裂隙较发育，岩体较破碎，第三、四步回采结束后，结构体运动形式主要有直接掉块、翻转掉落、沿结构面滑移后掉落、沿结构面滑移的同时转动后掉落、沿结构面滑移一段距离未失稳、沿断层发生冒落失稳和下移一段距离未失稳七种模式。此范围内有大量结构体发生失稳破坏，应采取相应措施进行管理。

巷道轴向 0 ~ 15 m 内存在一断层，性质较弱，大量结构体沿结构面滑移失稳破坏导致岩体沿断层发生大量掉块现象，可能导致冒顶事故的发生。

巷道轴向 20 ~ 25 m，第三、四步回采结束后，有大量结构体失稳。结构体运动形式主要有直接掉块、翻转掉落、沿结构面滑移后掉落、沿结构面滑移的同时转动后掉落、沿结构面滑移一段距离未失稳和下移一段距离未失稳六种。此范围内大量结构体失稳可能导致冒顶事故的发生。

②2#试验区危险结构体的运动规律

根据 2#试验区危险结构体编号，将危险结构体一一单独显现在窗口中，监测其在每步回采模拟过程中的运动形式，并输出每步回采模拟结束后危险结构体 z 方向的位移云图。2#试验区危险结构体在回采模拟过程中的运动信息如表12 – 17 所示。

表 12 – 17　2#试验区危险结构体运动信息记录表

序号	结构体编号	结构体运动形式描述	失稳模式
1	7246013	沿结构面滑移一段距离未失稳	未失稳
2	8679661	沿结构面滑移一段距离未失稳	未失稳
3	7688632	沿结构面滑移一段距离未失稳	未失稳
4	7808802	第二步回采后最大位移为 106 mm，一端为 96 mm，结构体失稳	沿结构面滑移后掉落
5	7354194	第二步回采后最大位移为 108 mm，最小位移为 103 mm，结构体失稳	沿结构面滑移后掉落
6	6918564	第二步回采后位移为 106 mm，结构体失稳	沿结构面滑移后掉落
7	986201	第二步回采后最大位移为 115 mm，最小位移为 106 mm，结构体失稳	沿结构面滑移后掉落
8	6468328	第二步回采后位移为 112 mm，结构体失稳	沿结构面滑移后掉落

续表 12 –17

序号	结构体编号	结构体运动形式描述	失稳模式
9	8848894	第二步回采后最大位移为 97 mm，最小位移为 94 mm，结构体失稳	沿结构面滑移后掉落
10	7809696	第二步回采后位移为 100 mm，结构体失稳	沿结构面滑移后掉落
11	7355410	第二步回采后位移为 100 mm，结构体失稳	沿结构面滑移后掉落
12	6920093	第二步回采后位移为 106 mm，结构体失稳	沿结构面滑移后掉落
13	8256661	第二步回采后最大位移为 108 mm，最小位移为 100 mm，结构体失稳	沿结构面滑移后掉落
14	7784647	第二步回采后最大位移为 107 mm，最小位移为 103 mm，结构体失稳	沿结构面滑移后掉落
15	7331780	第二步回采后最大位移为 111 mm，最小位移为 106 mm，结构体失稳	沿结构面滑移后掉落
16	6898592	第二步回采后位移为 105 mm，结构体失稳	沿结构面滑移后掉落
17	6466763	第二步回采后位移为 109 mm，结构体失稳	沿结构面滑移后掉落
18	3693135	第二步回采后最大位移为 110 mm，最小位移为 108 mm，结构体失稳	沿结构面滑移后掉落
19	7306979	第二步回采后最大位移为 112 mm，最小位移为 108 mm，结构体失稳	沿结构面滑移后掉落
20	6870877	第二步回采后最大位移为 115 mm，最小位移为 113 mm，结构体失稳	沿结构面滑移后掉落
21	6441439	第二步回采后位移为 116 mm，结构体失稳	沿结构面滑移后掉落
22	3668259	第二步回采后最大位移为 114 mm，最小位移为 112 mm，结构体失稳	沿结构面滑移后掉落
23	4036104	第二步回采后最大位移为 110 mm，最小位移为 107 mm，结构体失稳	沿结构面滑移后掉落
24	3653700	第二步回采后位移为 116 mm，结构体失稳	沿结构面滑移后掉落
25	4052470	第二步回采后最大位移为 121 mm，最小位移为 109 mm，结构体失稳	沿结构面滑移后掉落
26	8794192	下移一端距离	未失稳
27	8772131	第二步回采后最大位移为 99 mm，最小位移为 85 mm，结构体失稳	沿结构面滑移后掉落

序号	结构体编号	结构体运动形式描述	失稳模式
28	8254930	第二步回采后最大位移为 103 mm, 最小位移为 92 mm, 结构体失稳	沿结构面滑移后掉落
29	7782804	第二步回采后最大位移为 109 mm, 最小位移为 104 mm, 结构体失稳	沿结构面滑移后掉落
30	7329811	第二步回采后位移为 108 mm, 结构体失稳	沿结构面滑移后掉落
31	8229048	第二步回采后最大位移为 111 mm, 最小位移为 99 mm, 结构体失稳	沿结构面滑移后掉落
32	7755992	第二步回采后最大位移为 113 mm, 最小位移为 107 mm, 结构体失稳	沿结构面滑移后掉落
33	6871876	第二步回采后最大位移为 114 mm, 最小位移为 110 mm, 结构体失稳	沿结构面滑移后掉落
34	8230196	第二步回采后最大位移为 101 mm, 最小位移为 92 mm, 结构体失稳	沿结构面滑移后掉落
35	7720076	第二步回采后最大位移为 106 mm, 最小位移为 100 mm, 结构体失稳	沿结构面滑移后掉落
36	7281139	第二步回采后最大位移为 116 mm, 最小位移为 113 mm, 结构体失稳	沿结构面滑移后掉落
37	6848510	第二步回采后最大位移为 123 mm, 最小位移为 120 mm, 结构体失稳	沿结构面滑移后掉落
38	6425232	第二步回采后最大位移为 125 mm, 最小位移为 116 mm, 结构体失稳	沿结构面滑移后掉落
39	8180143	第二步回采后最大位移为 121 mm, 最小位移为 78 mm, 结构体失稳	沿结构面滑移后掉落
40	7717232	下移一段距离	未失稳
41	7278344	第二步回采后最大位移为 110 mm, 最小位移为 97 mm, 结构体失稳	沿结构面滑移后掉落
42	6846357	第二步回采后最大位移为 121 mm, 最小位移为 108 mm, 结构体失稳	沿结构面滑移后掉落
43	6423896	第二步回采后最大位移为 121 mm, 最小位移为 105 mm, 结构体失稳	沿结构面滑移后掉落
44	7714598	下移一段距离	未失稳

序号	结构体编号	结构体运动形式描述	失稳模式
45	6844961	第二步回采后最大位移为 124 mm，最小位移为 105 mm，结构体失稳	沿结构面滑移后掉落
46	6422458	第二步回采后最大位移为 123 mm，最小位移为 104 mm，结构体失稳	沿结构面滑移后掉落
47	8177249	下移一段距离	未失稳
48	7712072	第二步回采后最大位移为 112 mm，最小位移为 94 mm，结构体失稳	沿结构面滑移后掉落
49	7273986	第二步回采后最大位移为 114 mm，最小位移为 91 mm，结构体失稳	沿结构面滑移后掉落
50	6421233	第二步回采后最大位移为 125 mm，最小位移为 97 mm，结构体失稳	沿结构面滑移后掉落
51	7270687	下移一段距离	未失稳
52	7707138	下移一段距离	未失稳
53	3647041	下移一段距离	未失稳
54	6419571	下移一段距离	未失稳
55	6842141	第二步回采后最大位移为 131 mm，最小位移为 92 mm，结构体失稳	沿结构面滑移后掉落
56	7272506	下移一段距离	未失稳
57	7709448	下移一段距离	未失稳
58	8608973	下移一段距离	未失稳

由表 12－17 可知，巷道轴向 0～5 m，在第二步回采结束后，结构体运动形式主要有沿结构面滑移后掉落、沿结构面滑移一段距离未失稳和下移一段距离未失稳三种。大量结构体为沿结构面滑移后掉落，此区域内发生了大规模冒顶塌方事故，在回采过程中一定采取措施避免人员伤亡事故的发生。

③3#试验区危险结构体的运动规律

根据 3#试验区危险结构体编号，将危险结构体一一单独显现在窗口中，监测其在每步回采模拟过程中的运动形式，并输出每步回采模拟结束后危险结构体 z 方向的位移云图。3#试验区危险结构体在回采模拟过程中的运动信息如表12－18 所示。

表 12 – 18　3#试验区危险结构体运动信息记录表

序号	结构体编号	结构体运动形式描述	失稳模式
1	1764401	下移一段距离	未失稳
2	327086	转动下移一段距离	未失稳
3	1771606	下移一段距离	未失稳
4	261218	第七步回采后最大位移 132 mm，最小位移 53 mm，结构体失稳	下移的同时，角度转动
5	2012516	第七步回采后最大位移 141 mm，最小位移 135 mm，结构体失稳	直接掉落
6	246298	第五步回采后最大位移 122 mm，最小位移 54 mm；第七步回采后结构体失稳	翻转掉落
7	2013707	第五步回采后最大位移为 111 mm，最小位移为 100 mm，结构体失稳	直接掉落
8	1326561	第五步回采后最大位移为 144 mm，最小位移 140 mm，结构体失稳	直接掉落
9	1778619	第五步回采后最大位移为 129 mm，最小位移 120 mm，结构体失稳	直接掉落
10	1793485	第五步回采后最大位移为 118 mm，最小位移 114 mm，结构体失稳	直接掉落
11	2030361	第七步回采后最大位移为 115 mm，最小位移 108 mm，结构体失稳	直接掉落
12	1297092	第五步回采后最大位移为 106 mm，最小位移为 100 mm，结构体失稳	直接掉落
13	1737768	第五步回采后最大位移为 113 mm，最小位移为 107 mm，结构体失稳	沿结构面滑移后掉落
14	1971616	第八步回采后最大位移为 137 mm，最小位移为 105 mm，结构体失稳	沿结构面滑移后掉落
15	282721	第五步回采后最大位移为 114 mm，最小位移为 110 mm，结构体失稳	直接掉落
16	1290103	第六步回采后最大位移为 116 mm，最小位移为 101 mm，结构体失稳	沿结构面滑移后掉落
17	1726890	第七步回采后最大位移 134 mm，最小位移99 m，结构体失稳	角度转动沿结构面滑移后掉落

序号	结构体编号	结构体运动形式描述	失稳模式
18	1961561	第八步回采后最大位移 137 mm，最小位移 95 mm，结构体失稳	角度转动沿结构面滑移后掉落
19	1341489	第七步回采后最大位移为 114 mm，最小位移为 99 mm，结构体失稳	沿结构面滑移后掉落
20	1441291	第六步回采后最大位移为 117 mm，最小位移为 114 mm，结构体失稳	直接掉落
21	1274459	第八步回采后最大位移为 121 mm，最小位移为 99 mm，结构体失稳	沿结构面滑移后掉落
22	1702947	第八步回采后最大位移 134 mm，最小位移 87 mm，结构体失稳	角度转动沿结构面滑移后掉落
23	2778116	沿结构面滑移一段距离未失稳	未失稳
24	2776321	沿结构面滑移一段距离未失稳	未失稳
25	2480527	沿结构面滑移一段距离未失稳	未失稳
26	1451385	第九步回采后最大位移 145 mm，最小位移 111 mm，结构体失稳	角度转动沿结构面滑移后掉落
27	2041144	第九步回采后最大位移 153 mm，最小位移 119 mm，结构体失稳	角度转动沿结构面滑移后掉落
28	3174736	第九步回采后最大位移为 141 mm，最小位移 115 mm，结构体失稳	直接掉落
29	3215218	第九步回采后最大位移 148 mm，最小位移 99 mm，结构体失稳	角度转动沿结构面滑移后掉落
30	3244119	第九步回采后最大位移 141 mm，最小位移 104 mm，结构体失稳	角度转动沿结构面滑移后掉落
31	3313714	第九步回采后最大位移 154 mm，最小位移 119 mm，结构体失稳	角度转动沿结构面滑移后掉落
32	1431088	第八步回采后最大位移为 139 mm，最小位移为 123 mm，结构体失稳	直接掉落
33	1282193	第八步回采后最大位移 138 mm，最小位移 113 mm，结构体失稳	角度转动沿结构面滑移后掉落
34	1715082	第八步回采后最大位移 134 mm，最小位移 112 mm，结构体失稳	沿结构面滑移翻转掉落

序号	结构体编号	结构体运动形式描述	失稳模式
35	3173391	第八步回采后最大位移为 131 mm，最小位移为 99 mm，结构体失稳	角度转动沿结构面滑移后掉落
36	3118422	第九步回采后最大位移为 144 mm，最小位移为 76 mm，结构体失稳	下移翻转掉落
37	2615757	第九步回采后最大位移 141 mm，最小位移 104 mm，结构体失稳	转动沿结构面滑移后掉落
38	2692290	第九步回采后最大位移 67 mm，最小位移为 19 mm，结构体稳定，沿结构面滑移一段距离未失稳	未失稳
39	2323406	第九步回采后最大位移 109 mm，最小位移 98 mm，结构体失稳	角度转动沿结构面滑移后掉落
40	2628902	下移一段距离	未失稳
41	2158543	第九步回采后最大位移 131 mm，最小位移 103 mm，结构体失稳	角度转动沿结构面滑移后掉落
42	1690719	第九步回采后最大位移为 131 mm，最小位移为 111 mm，结构体失稳	直接掉落
43	1267187	第九步回采后最大位移为 111 mm，最小位移为 95 mm，结构体失稳	直接掉落
44	2458470	第八步回采后最大位移为 115 mm，最小位移为 106 mm，结构体失稳	翻转掉落
45	3073814	第九步回采后最大位移为 153 mm，最小位移为 107 mm，结构体失稳	角度转动沿结构面滑移后掉落
46	2995501	第九步回采后最大位移为 137 mm，最小位移为 105 mm，结构体失稳	角度转动沿结构面滑移后掉落
47	2966406	第九步回采后最大位移为 127 mm，最小位移为 122 mm，结构体失稳	直接掉落
48	3311423	第九步回采后最大位移为 151 mm，最小位移为 128 mm，结构体失稳	角度转动沿结构面滑移后掉落
49	2455296	第九步回采后最大位移 129 mm，最小位移 97 mm，结构体失稳	角度转动沿结构面滑移后掉落
50	1461346	第九步回采后最大位移 130 mm，最小位移 112 mm，结构体失稳	角度转动沿结构面滑移后掉落

序号	结构体编号	结构体运动形式描述	失稳模式
51	2453028	第九步回采后最大位移为 117 mm，最小位移为 107 mm，结构体失稳	直接掉落
52	2406820	第九步回采后最大位移为 115 mm，最小位移为 94 mm，结构体失稳	直接掉落

由表 12 – 18 可知，巷道轴向 0 ~ 5 m 内，结构体运动形式为下移一段距离未失稳，在回采过程中，此区域相对稳定。

巷道轴向 5 ~ 10 m 内，第五步回采结束后，结构体运动形式主要有：直接掉块和沿结构面滑移的同时转动后掉落两种。该范围内结构体运动较明显，大量结构体失稳，进而导致大规模冒顶塌方事故的发生。

巷道轴向 10 ~ 15 m 内，第四步回采结束后，结构体运动形式主要有：直接掉块、沿结构面滑移后掉落和沿结构面滑移的同时转动后掉落三种。后续回采过程中该范围内不断有结构体失稳。

巷道轴向 15 ~ 20 m 内，第八步回采结束后，结构体运动形式主要有：直接掉块、沿结构面滑移后掉落、沿结构面滑移的同时转动后掉落和沿结构面滑移一段距离未失稳三种。该范围内有大量结构体失稳。

④4# 试验区危险结构体的运动规律

根据 4# 试验区危险结构体编号，将危险结构体一一单独显现在窗口中，监测其在每步回采模拟过程中的运动形式，并输出每步回采模拟结束后危险结构体 z 方向的位移云图。4# 试验区危险结构体在回采模拟过程中的运动信息如表12 – 19 所示。

表 12 – 19   4# 试验区危险结构体运动信息记录表

序号	结构体编号	结构体运动形式描述	失稳模式
1	411087	结构体稳定	稳定
2	384623	结构体稳定	稳定
3	225240	结构体稳定	稳定
4	284835	结构体稳定	稳定
5	321649	结构体稳定	稳定
6	348093	结构体稳定	稳定

序号	结构体编号	结构体运动形式描述	失稳模式
7	4238096	第四步回采后，最大位移为 48 mm，最小位移为 17 mm，结构体稳定(角度转动)	稳定
8	4283710	第四步回采后，最大位移为 51 mm，最小位移为 – 19 mm，结构体稳定(角度转动)	稳定
9	4435955	第四步回采后，最大位移为 62 mm，最小位移为 – 33 mm，角度转动	角度转动
10	3985997	第四步回采后，最大位移为 62 mm，最小位移为 – 40 mm，角度转动	角度转动
11	3324880	第四步回采后，最大位移为 60 mm，最小位移为 – 46 mm，结构体角度转动	角度转动
12	4167696	第四步回采后，最大位移为 51 mm，最小位移为 – 10 mm，角度转动	角度转动
13	5031184	第四步回采后，最大位移为 45 mm，最小位移为 37 mm，结构体稳定	稳定
14	2677447	结构体稳定	稳定
15	324063	第四步回采后，最大位移为 42 mm，最小位移为 1 mm，角度转动	角度转动
16	6058858	结构体稳定	稳定
17	1216183	结构体稳定	稳定
18	5040507	结构体稳定	稳定
19	315540	结构体稳定	稳定
20	4313516	结构体稳定	稳定
21	2591250	结构体稳定	稳定
22	353730	结构体稳定	稳定
23	3028139	第四步回采后，最大位移为 46 mm，最小位移为 – 56 mm，角度转动	角度转动
24	4504368	第四步回采后，最大位移为 43 mm，最小位移为 – 27 mm，角度转动	角度转动
25	1698232	结构体稳定	稳定
26	442320	结构体稳定	稳定

序号	结构体编号	结构体运动形式描述	失稳模式
27	1743793	结构体稳定	稳定
28	2651216	结构体稳定	稳定
29	281844	结构体稳定	稳定
30	3090017	结构体稳定	稳定
31	3161361	结构体稳定	稳定
32	1714640	结构体稳定	稳定
33	1211321	结构体稳定	稳定
34	387062	结构体稳定	稳定
35	4212422	沿结构面滑移一段距离未失稳	未失稳
36	3963528	第四步回采后，最大位移为 60 mm，最小位移为 5 mm，结构体稳定（角度转动）	角度转动
37	3608153	第四步回采后，最大位移为 59 mm，最小位移为 – 10 mm，结构体稳定（角度转动）	角度转动
38	2696941	第四步回采后，最大位移为 44 mm，最小位移为 0 mm，结构体稳定（角度转动）	角度转动
39	2848631	第四步回采后，最大位移为 48 mm，最小位移为 – 32 mm，角度转动	角度转动
40	2629181	结构体稳定	稳定
41	5577113	结构体稳定	稳定
42	3403447	第四步回采后，最大位移为 68 mm，最小位移为 – 14 mm，角度转动	角度转动
43	2920590	第四步回采后，最大位移为 48 mm，最小位移为 – 36 mm，角度转动	角度转动

由表 12 – 19 可知，4#试验区内结构面较少，岩体整体性好，稳定性高。巷道轴向 – 5 ~ 0 m 内，回采过程中岩体比较稳定。

巷道轴向 0 ~ 5 m 内，结构体运动形式主要有下移一段距离未失稳和角度转动两种模式。在回采过程中，岩体比较稳定，只有少量危险结构体发生直接掉块失稳破坏。

综合以上模拟结果可知，随着回采的进行，危险区域范围时刻在变化，危险结构体数量时刻在变化；裂隙矿岩回采巷道顶板失稳模式多样；回采巷道顶板失稳破坏的规模、区域和回采阶段。

（6）巷道顶板回采失稳机制分析

实际调查的崩落法回采巷道顶板的失稳破坏模式主要有：松动掉块、离层冒落、挂网破裂和锚杆失效等。不考虑回采巷道顶板支护后失稳，结合铜坑矿回采巷道实际失稳模式和数值模拟结果分析：崩落法回采巷道顶板失稳模式主要有直接掉块、沿结构面滑移后掉落、转动的同时沿结构面滑移后掉落、翻转掉落、关联失稳、沿断层冒落失稳和离层冒落等。

铜坑矿裂隙矿岩崩落法巷道顶板回采失稳机制表述如下：

①直接掉块

结构体位于巷道表面且形态呈上锥形或上棱台，除摩擦力和黏结力外周围结构体对此类结构体无向上作用力。在周围结构体外力和自身重力共同作用下，结构体垂直下落，如图 12 - 16 所示。

图 12 - 16（a）为上锥形结构体直接掉落情形。在外力和自身重力共同作用下初始保持平衡状态的结构体，受回采应力变化和爆破震动影响导致阻碍其向下运动的摩擦力和黏结力等外力减小，当减小到不足以支撑结构体自身重力时，结构体失去平衡状态，进而直接掉落。

图 12 - 16（b）为上棱台结构体直接掉落情形。在外力和自身重力共同作用下初始保持平衡状态的结构体，受回采应力变化和爆破震动影响，所受挤压作用减小，进而松动导致黏结力降低甚至为零。当结构体所受外力不足以支撑其自身重力时，将失去平衡状态，发生直接掉落。

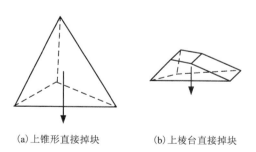

(a)上锥形直接掉块　　　　(b)上棱台直接掉块

图 12 - 16　直接掉块示意图

②沿结构面滑移掉落

结构体在周围外力和自身重力作用下沿某一结构面滑移，但当滑移至脱离母岩后，因只受自身重力作用将发生掉落，如图 12 - 17 所示。

结构体在外力和自身重力共同作用下保持初始平衡状态，但受回采应力变化和爆破震动影响，当其所受合力发生变化而不为零时，结构体将沿与合力方向平行的结构面滑移。若结构体滑移距离过大，便脱离母岩掉落。

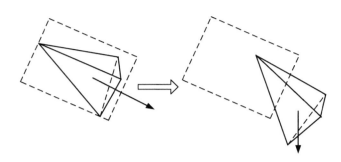

图 12 – 17   沿结构面滑移掉落示意图

③转动且沿结构面滑移掉落

结构体受水平方向动载荷影响，发生左右小角度转动，同时在周围结构体外力和自身重力共同作用下沿结构面滑移，当结构体脱离母岩后，受自身重力作用而掉落，如图 12 – 18 所示。

结构体在外力和自身重力共同作用下保持初始平衡状态，但因回采应力变化和爆破震动影响，当其受水平方向动载荷作用时，将会左右小角度转动。与此同时，结构体因所受合力变化且不为零，而沿与合力方向平行的结构面滑移，当滑移距离过大时，便脱离母岩掉落。

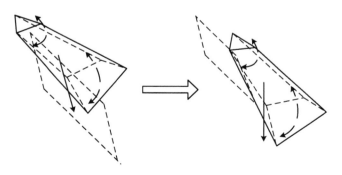

图 12 – 18   转动同时沿结构面滑移后掉落示意图

④翻转掉块

结构体因结构面性质和赋存状态不同，在受回采应力和爆破震动作用影响而产生扭矩时，将发生不同失稳机制的约束翻转掉落或无约束翻转掉落，如图 12 – 19 所示。

图 12 - 19(a) 为结构体受位于其底部结构体约束发生翻转掉落情形。结构体在外力和自身重力共同作用下保持初始平衡状态，但受回采应力变化、爆破震动和底部结构体约束影响，产生扭矩而发生翻转。当翻转距离过大时，便脱离母岩掉落。

图 12 - 19(b) 为无底部结构体约束发生翻转掉落情形。结构体受回采应力变化和爆破震动影响，在重力和固定面共同作用下，产生弯矩而发生翻转。当翻转距离较大时，固定结构面被完全破坏，结构体脱离母岩掉落。

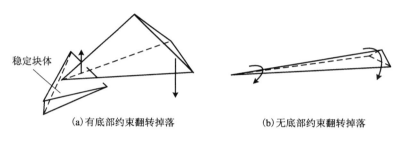

稳定块体

(a)有底部约束翻转掉落　　　　(b)无底部约束翻转掉落

图 12 - 19　翻转掉落示意图

⑤关联失稳

关联失稳是结构体发生的小规模连锁失稳现象，即因某一结构体失稳形成了临空面且解除了对其他结构体的约束而引起一系列结构体先后失稳的现象。结构体关联失稳情形，如图 12 - 20 所示。

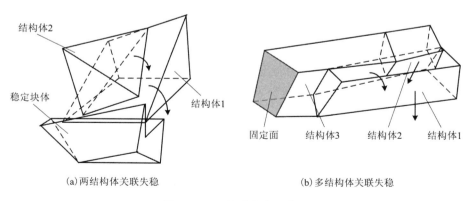

结构体2

稳定块体　　　　　　　　　结构体1

固定面　结构体3　结构体2　结构体1

(a)两结构体关联失稳　　　　(b)多结构体关联失稳

图 12 - 20　关联失稳示意图

图 12 - 20(a) 为两结构体关联失稳现象示意图。结构体 1 受回采及爆破作用影响，先发生翻转掉落失稳，并失去了对结构体 2 的约束作用。进而，导致结构

体 2 沿其与结构体 1 的接触面滑移一段距离后翻转掉落。

图 12 −20(b)为多结构体关联失稳现象示意图。受回采及爆破作用影响，结构体 1 预先发生掉落失稳，致使结构体 2 失去约束且形成临空面，进而发生失稳。结构体 1 和结构体 2 的失稳又引发了结构体 3 的翻转掉落失稳。

⑥离层冒落

离层冒落包括大量结构体规模性失稳的破碎离层冒落形式和体积较大结构体失稳的整体离层冒落形式两种，如图 12 −21 所示。

图 12 −21(a)为破碎离层冒落现象示意图。巷道顶板被多组裂隙切割形成复杂小块体，在应力变化和爆破震动的影响下，巷道顶板表面结构体预先发生不同类型的失稳。当其失稳掉落后，巷道顶板内部结构体具备了失稳的临空面，进而不断发生直接失稳或受后续扰动失稳，最终导致规模性破碎离层冒落。

图 12 −21(b)为整体离层冒落现象示意图。结构体赋存于巷道表面，且体积较大，在外力和自身重力共同作用下保持初始平衡状态。但受回采和爆破震动作用影响，稳定性逐渐降低，最终失去平衡状态而发生离层失稳。

 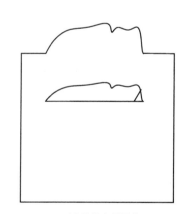

(a)破碎离层冒落　　　　　　　　　(b)整体离层冒落

图 12 −21　离层冒落示意图

⑦沿断层冒落

巷道顶板内赋存有断层时，处于断层内且出露于巷道表面的结构体，因回采作用及爆破震动影响，将沿断层弱面滑移，发生冒落，如图 12 −22 所示。

赋存于巷道顶板内的断层，其内部结构体在外力和自身重力共同作用下保持初始平衡状态。但受回采应力变化和爆破震动影响，处于巷道顶板表面的结构体预先失稳，致使断层内部结构体具备了失稳的临空面，进而沿断层不断向巷道内滑移，最终规模性掉落。

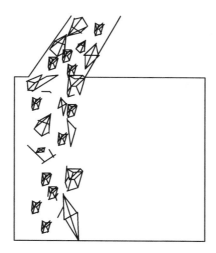

图 12 - 22　沿断层冒落失稳示意图

12.7　解构法与数值模拟法分析结果比较

利用岩体结构解构理论对崩落法回采过程中的结构体移动性进行分析时，仅从矢量角度分析每步回采后位于回采工作面附近结构体的移动性变化，不能较好分析赋存于未回采巷道围岩的结构体因卸荷和爆破作用影响的移动性变化，可能导致回采过程中增加的可移动性结构体较少的现象。以巷道围岩结构解构结果为基础，通过 3DEC 软件以静力和动力结合方式模拟崩落法回采，可以确立受不同回采步骤的卸荷与爆破等作用影响，结构体移动状态的改变情况，从而确定危险性结构体。对围岩结构解构结果与数值模拟结果进行对比，确立两者间的差异性，并通过各自结果的合理性论证分析，综合确定裂隙矿岩崩落法回采巷道围岩的失稳形式与危险区域。

12.7.1　回采过程中危险结构体及分布范围比较

对裂隙岩体崩落法开采巷道围岩结构解构结果与巷道顶板失稳机制分析结果分别进行分析，对比危险结构体数量、危险区域分布范围等。各试验区回采过程中危险结构体分析结果对比如表 12 - 21 所示。各试验区内危险区域的分布对比分别如图 12 - 23 ~ 图 12 - 26 所示。

表 12 – 20　各试验区回采过程中危险结构体分析结果对比表

试验区编号	巷道围岩结构解构结果		巷道顶板失稳机制分析结果	
	危险结构体规模	分布范围/m	危险结构体规模	分布范围/m
1#试验区	分布范围广，数量多，体积规模小	y 轴方向 0 ~ 3 m 和 12 ~ 20 m	分布范围较集中，数量多，体积规模小	y 轴方向 2.5 ~ 5 m 和 15 ~ 20 m
2#试验区	分布范围集中，数量较多，体积规模小	y 轴方向 2 ~ 6 m	分布范围集中，数量较多，体积不均匀	y 轴方向 0 ~ 5.5 m
3#试验区	分布范围广，数量多，体积规模小	y 轴方向 0 ~ 5 m 和 15 ~ 20 m	分布范围广，数量较少，体积规模大	y 轴方向 0 ~ 20 m
4#试验区	分布范围集中，数量少，体积规模大	y 轴方向 7 ~ 8 m	分布范围集中，数量少，体积规模大	y 轴方向 0 ~ 5 m

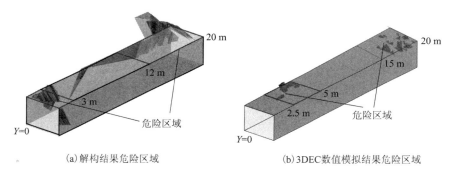

(a)解构结果危险区域　　　　　　　(b)3DEC数值模拟结果危险区域

图 12 – 23　1#试验区危险区域

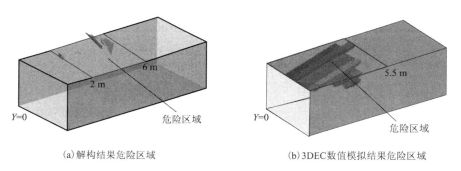

(a)解构结果危险区域　　　　　　　(b)3DEC数值模拟结果危险区域

图 12 – 24　2#试验区危险区域

　　由表 12 – 20 可知，利用巷道围岩结构解构出崩落法回采过程中，1#试验区危险结构体数量最多，但体积较小，分布范围较广；3#试验区危险结构体数量次之，但存在体积规模较大的结构体，且分布范围较广；2#试验区危险结构体数量较少，体积较小，分布范围集中；4#试验区危险结构体数量最少，体积较大，分布较集

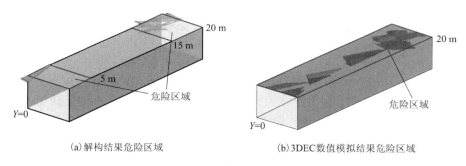

(a)解构结果危险区域　　　　　　　(b)3DEC数值模拟结果危险区域

图 12 - 25　3#试验区危险区域

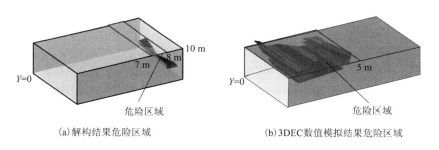

(a)解构结果危险区域　　　　　　　(b)3DEC数值模拟结果危险区域

图 12 - 26　4#试验区危险区域

中。根据危险结构数量和分布范围可判断出,1#试验区和3#试验区巷道顶板最易失稳,2#试验区巷道顶板稳定性较好,4#试验区巷道顶板稳定性最好。

利用数值模拟手段对巷道顶板失稳机制分析得出崩落法回采过程中,1#试验区危险结构体数量最多,但体积较小,巷道顶板较破碎。3#试验区危险结构体数量次之,但结构体体积较大,且分布范围遍布整个回采巷道顶板;2#试验区危险结构体数量较多,体积大小不均,分布范围较集中;4#试验区危险结构体数量较少,分布范围集中,但存在较大体积的结构体。根据危险结构数量和分布范围可判断出,3#试验区巷道顶板稳定性最差,1#试验区顶板稳定性次之,2#试验区巷道顶板稳定性较好,4#试验区巷道顶板稳定性最好。

对表 12 - 19 及图 12 - 23 ~ 图 12 - 26 中的 4 个试验区回采过程中危险结构体对比结果深入分析可知,应用解构理论对结构体移动性分析的危险结构体数量与考虑卸荷与爆破作用的巷道顶板失稳机制数值模拟方法分析结果有所差异,但两种方法对危险结构体分布范围的分析总体相近,且大部分范围重合。通过现场实际调查发现,1#试验区总体上岩体较为破碎,常出现浮石,采动来压后易出现规模较大的掉块现象;3#试验区有较多较大结构体历史上曾发生了冒落现象;4#试验区稳定性较好,局部出现了掉大块现象。故根据工程现场调查判断出 1#试区、3#试验区稳定性较差，4#试验区稳定性较好。因此，巷道围岩结构解构结果与数值模拟分析结果均得到了与实际情况较符合的相同结论。

12.7.2 分析结果的差异性比较

对两种方法分析结果的差异原因进行研究发现，造成其对危险结构体数量及危险区域分布结果存在差异的原因有两种：第一，进行巷道顶板失稳机制分析时，采用虚拟裂隙的方法只能控制各组结构面的最大延展范围，但结构面在各组内部仍呈贯穿状态。该原因导致了构建的巷道围岩 3DEC 结构体模型中结构体数量大于巷道围岩 GeneralBlock 结构体模型中的结构体数目，即 3DEC 模型较 GeneralBlock 模型更破碎。第二，进行巷道顶板失稳机制分析时，同时考虑了静力载荷与爆破动载荷，使得位于未回采巷道围岩内的结构体受回采扰动作用而发生移动。

利用巷道围岩结构解构方法分析结构体回采可移动性时，完全采用结构调查数据构建结构体模型，因而对岩体内部结构的解构结果较准确。但因未考虑卸荷及爆破作用，导致解构出的结构体数量与分布范围与真实情况相比略小，确立的巷道稳定性结果偏高。

数值模拟手段分析结构体回采可移动性时，为减少 3DEC 软件对结构面贯穿处理的不良影响，构建的 3DEC 模型采用虚拟裂隙面控制结构面发育范围，但该方法也只能控制结构面在巷道走向方向的发育范围，仍会造成结构面发育范围与实际的差别，导致构建的巷道围岩 3DEC 结构体模型内结构体数目过多，致使围岩稳定性比真实稳定性略低。故利用巷道顶板失稳机制分析确定的巷道稳定性结果偏保守。但由于巷道顶板失稳机制分析时考虑了回采作用引起的力学环境变化，使得该方法在回采过程中对结构体失稳状态的分析比较准确。

因此，两种方法各具优缺点，不能单一根据某一种结果确立巷道顶板失稳形式及失稳区域。在实际工程应用中，应以巷道围岩结构解构结果为主，以崩落法回采巷道顶板失稳机制模拟结果为辅，综合确定巷道内危险结构体的失稳形式及危险区域分布范围。

假设用集合 1 表示崩落法开采巷道围岩

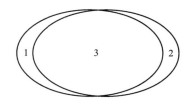

图 12 – 27 危险区域相交示意图

结构解构方法分析的巷道危险区域分布结果，集合 2 表示崩落法回采巷道顶板失稳机制对巷道危险区域分布的分析结果。则实际工程中，1、2 集合的交集 3 为最易发生失稳的区域，应重点采取安全措施。为确保回采巷道的稳定性，可选取 1、2 集合的并集作为采取安全支护措施的范围。

参考文献

[1] 钱鸣高, 刘听成. 矿山压力及其控制[M]. 北京: 煤炭工业出版社, 1991.

[2] 蔡路军, 彭胜, 马建军, 等. 大冶铁矿尖林山采场稳定性浅析[J]. 工程建设与设计, 2015, 63(2): 41 – 43.

[3] 明建, 胡乃联. 无底柱分段崩落法采场巷道变形破坏规律研究[J]. 金属矿山, 2010, 35 (5): 25 – 28.

[4] 谷德振. 岩体工程地质力学基础[M]. 北京: 科学出版社, 1979.

[5] 夏露, 刘晓非, 于青春. 基于块体化程度确定裂隙岩体表征单元体[J]. 岩土力学, 2010, 31(12): 3991 – 3996.

[6] 刘晓非. 裂隙岩体块体化程度研究[D]. 北京: 中国地质大学, 2010.

[7] 于青春, 薛果夫, 陈德基. 裂隙岩体一般块体理论[M]. 北京: 中国水利水电出版社, 2007.

[8] 钱鸣高, 石平五, 许家林. 矿山压力与岩层控制[M]. 徐州: 中国矿业大学出版社, 2011.

[9] 钱鸣高. 采场矿山压力与控制[M]. 北京: 煤炭工业出版社, 1983.

[10] Kulatilake P H S W, Ucpirti H, Wang S, et al. Use of the distinct element method to perform stress analysis in rock with non – persistent joints and to study the effect of joint geometry parameters on the strength and deformability of rockmasses[J]. Rockmechanics and Rock Engineering. 1992, 25(4): 253 – 274.

[11] Itasca. 3 Dimensional Distinct Element Code Theory and Background[M]. Itasca Consulting Group Inc, minneapolis, 2013.

[12] Itasca. 3 Dimensional Distinct Element Code Optional Features[M]. Itasca Consulting Group Inc, minneapolis, 2013.

[13] 王洋, 叶海旺, 李延真. 裂隙岩体爆破数值模拟研究[J]. 爆破, 2012, 29(3): 21 – 22.

[14] 王洋. 节理裂隙岩体爆破数值模拟研究[D]. 武汉: 武汉理工大学, 2011.

[15] 许红涛, 卢文波, 周小恒. 爆破震动场动力有限元模拟中爆破荷载的等效施加方法[J]. 武汉大学学报(工学版), 2008, 41(1): 67 – 72.

[16] 刘明荣. 采空区顶板破坏模式判别方法及应用[D]. 赣州: 江西理工大学, 2012.

[17] 郑颖人, 赵尚毅. 有限元强度折减法在土坡与岩坡中的应用[J]. 岩土力学与工程学报, 2004, 23(19): 3381 – 3388.

[18] 陈国庆, 黄润秋, 石豫川, 等. 基于动态和整体强度折减法的边坡稳定性分析[J]. 岩石力学与工程学报, 2014, 33(2): 243 – 255.

第 13 章 裂隙岩体环境下巷道轴向优化方法

复杂裂隙岩体环境下，结构面的交互切割形成了大量的岩石块体，巷道开挖破坏了块体系统原有的平衡，形成了块体运动的条件，部分块体将发生掉落、滑动或倾倒等失稳破坏，甚至发生连锁反应造成大量块体失稳破坏，引发重大安全事故[1, 2]。

现有矿山岩石力学教材简要探讨了巷道轴线走向与单个结构面（主要是断层）的空间摆放关系[3]，并未深入探讨复杂裂隙岩体环境下巷道轴线的合理选取问题。对于现代重要巷道工程来说，复杂裂隙岩体环境下巷道轴向选择是战略性的，影响着巷道安全开挖和长期使用，备受工程界关注，因此，有必要深入研究确定出最优的巷道轴向。

巷道轴向优化确定的一般原则是应尽量将结构面带来的不良影响降至最低，尽力保障巷道工程的稳定性。常规巷道工程设计，主要是通过工程类比法、经验法或试算法进行。近年来一些学者对裂隙岩体环境下巷道轴向优化做了一些有益探讨，如：杨文军等[4]运用关键块体理论和赤平投影解析法模拟和分析了三组典型节理结构面下隧道在不同走向时关键块体的位置、大小及稳定性的变化，运用改进的遗传算法编程，推算出节理结构面在特征区间内隧道轴线的最优走向；刘彬和高正夏[5]运用 Unwedge 软件考虑不同区段不同结构面组合在不同洞室走向条件下围岩关键块体的大小，评价隧洞围岩稳定性，提出了输水隧洞的合理走向。这些研究是以块体重量作为评价工程稳定性指标的，然而，实际上块体重量最大并不等于块体不稳定或达不到要求的安全系数，且这些文献均未对复杂裂隙岩体环境下如何从大量的结构面数据中筛选出代表性结构面组问题进行详细阐述。

13.1 巷道轴向优化思路

处于裂隙岩体中的巷道，其稳定性主要受结构面自然禀赋产状、力学性质及岩石质量、地应力、地下水条件等因素的影响，其中与巷道轴向选择最为密切的是结构面自然禀赋产状[6]。结构面交互切割形成了大量岩石块体，巷道轴线走向不同，大量岩块的稳定性不同；反过来，从控制岩石块体稳定性角度可以对巷道轴线走向进行优化选择，使巷道在某一走向时围岩块体集合整体上保持最稳定状态。

利用一般块体理论 GeneralBlock 软件[7]和关键块体理论 Unwedge 软件[8]各自优点，解决代表性结构面组的选择问题，弥补关键块体理论的裂隙无限延伸理论的缺陷，以更符合工程实际的直接掉落块体数目和最小安全系数为块体稳定性评价指标，对复杂裂隙岩体环境下的巷道轴线走向进行优化。优化思路如图13－1所示。

（1）选定复杂裂隙岩体工程试验区，开展试验区内工程地质调查，对结构面调查数据进行统计分组。

（2）根据巷道几何参数利用 GeneralBlock 软件建立巷道模型，输入结构面调查数据，输出结构面在巷道表面的迹线图。

（3）运用代表性结构组选取方法分析结构面迹线图，通过一次或多次筛选，最终确定对巷道安全威胁最大的 3 组结构面。

（4）利用 Unwedge 软件再次建立巷道模型，输入代表性结构面组数据，设定本构模型和力学参数，对块体进行计算分析。

（5）根据 Unwedge 块体分析结果，从生产安全、整体稳定性的角度出发，或根据巷道实际工程需要，输出指定块体信息分析图。

（6）利用 Unwedge 内输出巷道走向在 0°～180°变化时直接掉落块体的数目和块体最小安全系数信息图，比较分析块体信息，确定出最优的巷道轴线走向。

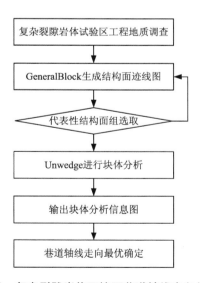

图 13－1　复杂裂隙岩体环境下巷道轴线走向优化流程

13.2 代表性结构面组选择方法

同一地质背景条件下，结构面产状具有一定分散性，大量、复杂的结构面给问题的分析解决带来了较大的困难。工程技术人员对这些结构面数据进行现场调查时，尽管对结构面进行了一些取舍，但往往测得的结构面还是有成百上千条，数据处理繁琐，统计时间长且易出错。在进行复杂裂隙岩体环境下结构面分析和评价工程稳定性时，必须选取具有代表性的结构面或结构面组。

根据关键块体理论，具有平行界面的裂隙块体更容易形成可移动块体，而界面数较少的裂隙块体比界面数多的裂隙块体形成可移动块体的机会少，因此无需分析界面数少于结构面数、不具有平行界面或者平行界面数目较小的裂隙锥。

利用 GeneralBlock 软件的裂隙有限迹线生成功能，可以非常直观地观察到结构面交切情况。借助结构面在巷道表面的迹线图，删除在工程实际中并不相交的结构面或相交次数少于 3 次的结构面数据，此为初步筛选。Unwedge 对结构面数据严格要求为 3 组，利用关键块体理论之界面数与结构面数对块体可动性影响关系论述再次删除不符合条件的结构面数据，最终直至删除至 3 组为止，达到代表性结构面组选择目的。理论上存在可能同时选择出多个 3 组结构面组合为代表性结构面组的情况，对于这种特殊的情形，利用 GeneralBlock 软件的块体分析功能，分别对这些结构面形成的块体进行分析，筛选出结构面组合形成的总可动块体的体积最大的一组作为代表性结构面组。

13.2.1 基于 GeneralBlock 软件的巷道模型

GeneralBlock 软件处理的结构面数据为有限平面，一次可输入大量结构面数据并进行计算分析。利用软件自定义模型形状和尺寸文件构建巷道模型。将调查裂隙以确定性裂隙输入到 GeneralBlock 巷道模型中，得到 GeneralBlock 巷道模型，如图 13 – 2 所示。

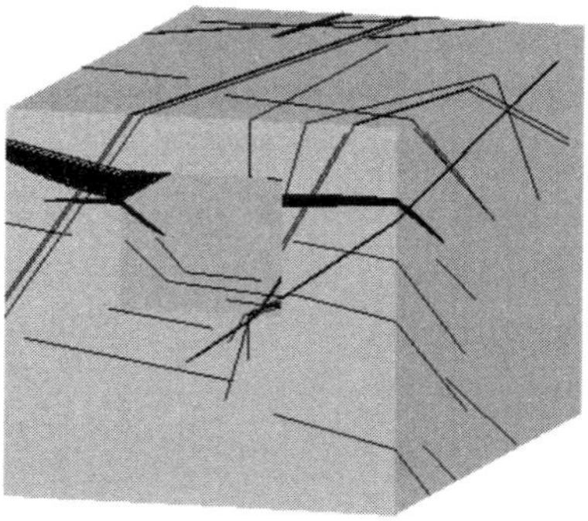

13.2.2 代表性结构面筛选方法

根据软件迹线显现功能将未相交的

图 13 – 2 GeneralBlock 巷道模型

结构面删除，此为初次筛选。将互相切割的结构面按照每三组结构面重新划分为一组的原则分组，利用 GeneralBlock 软件输出块体编号、类型、稳定性系数、下滑面和体积等信息，删除危险结构体较少的结构面组，为第二次筛选。将筛选后的结构面重新按照每三组结构面重新划分为一组的原则分组，然后将筛选后结构面输入 GeneralBlock 巷道模型中，根据每组危险结构体数量和体积等进一步筛选，筛选直至结构面组符合 Unwedge 软件规则。结构面筛选前巷道模型如图 13 - 3(a)所示，筛选后巷道模型如图 13 - 3(b)所示。

　　运用该方法寻找复杂裂隙岩体环境下代表性结构面组，克服了关键块体理论假设结构面无限延展平面缺陷，使其更为接近工程实际，同时减少了结构面数据的繁杂，方便使用 Unwedge 软件对这些结构面数据进行进一步分析。

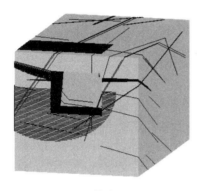

(a)筛选前　　　　　　　　　　　　　　(b)筛选后

图 13 - 3　结构面筛选模型对比图

13.3　Unwedge 软件适用性分析

　　Unwedge 软件继承了关键块体理论结构面无限延伸的理论缺陷，该缺陷放大了结构面对工程的影响，且该软件一次性只能对三组裂隙组进行块体分析，去掉不相交结构面数据筛选出对工程威胁最大的结构面数据显得尤为重要。Unwedge 软件虽存在上述缺陷，但其块体分析功能较强，可分析出块体在不同走向、不同倾向等对于工程威胁大的结构面信息。

　　巷道模型形状与尺寸沿用 GeneralBlock 巷道模型数据，利用 Unwedge 软件重新构建巷道模型，将筛选出的代表性结构面数据输入 Unwedge 软件中。通过改变巷道轴线走向，输出巷道走向在0°～180°变化时直接掉落块体和块体最小安全系数信息。巷道掉落块体如图 13 - 4 所示，巷道最小安全系数如图 13 - 5 所示。巷道走向与代表性结构面赤平投影图如图 13 - 6 所示。根据直接掉落块体数目和块体最小安全系数可以确定出巷道最优走向。

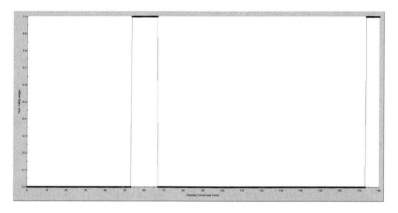

图 13 - 4　巷道掉落块体图

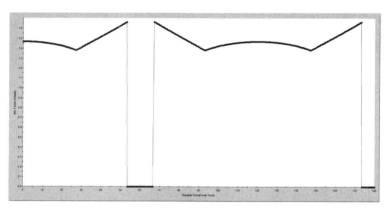

图 13 - 5　巷道最小安全系数图

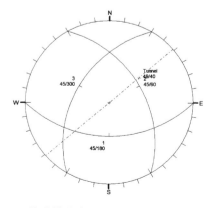

图 13 - 6　巷道轴线走向与代表性结构面赤平投影图

13.4　崩落法试验区巷道轴向优化

（1）1#试验区巷道轴线走向优化

①1#试验区基本情况如表 13 – 1 所示。

表 13 – 1　1#试验区基本情况表

试验区位置	断面形状	走向/倾向/(°)	高度/m	测网长度/m	测网宽度/m
494 水平 T214 采场 14#出矿川	三心拱	15/0	2.8	20	3.7

②由表 13 – 1 利用 GeneralBlock 软件建立 1#试验区裂隙岩体巷道模型，输入试验区结构面数据，输出结构面在巷道上的迹线图，如图 13 – 7 所示。

运用代表性结构面组选取方法分析结构面迹线图，找出 1#试验区的 3 组代表性结构面组，其产状基本情况如表 13 – 2 所示。1#试验区代表性结构面组在巷道表面的迹线如图 13 – 8 所示，代表性结构面组和当前巷道走向的赤平投影关系如图 13 – 9 所示。

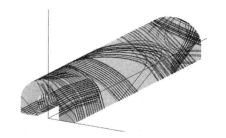

图 13 – 7　1#试验区结构面在巷道上的迹线图

图 13 – 8　1#试验区代表性结构面组在巷道表面的迹线图

表 13 – 2　1#试验区代表性结构面产状表

结构面	倾角 α/(°)	倾向 β/(°)	摩擦角/(°)
P1	36	30	30
P2	40	220	30
P3	35	32	30

③Unwedge 软件再次建立巷道模型，将找出的三组威胁性最大的结构面组作为 1#试验区的代表性结构面组输入 Unwedge 软件，输出巷道走向在 0°~180°变化

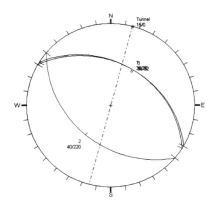

图 13 - 9　1[#]试验区代表性结构面组和当前巷道走向的赤平投影关系图

时直接掉落块体和块体最小安全系数信息图，分别如图 13 - 10 和图 13 - 11 所示。

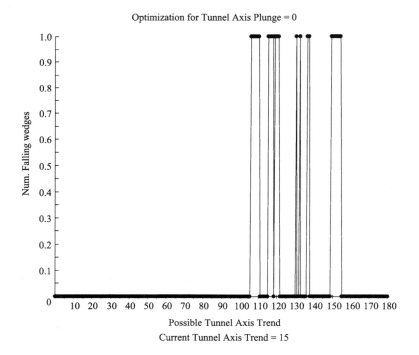

图 13 - 10　1[#]试验区直接掉落块体情况图

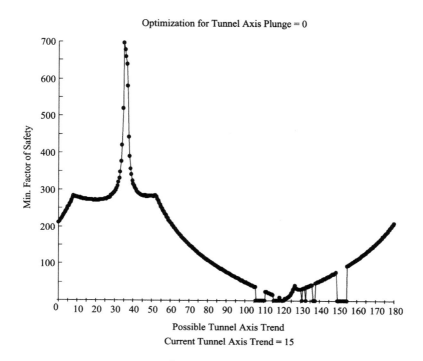

图 13 – 11　1#试验区最小安全系数情况图

由图 13 – 11 可知，在大部分走向角度时巷道是没有直接掉落块体的，安全性隐患较小，但在 106°~110°、115.5°~120.5°、130.5°~132.5°、137°~137.5° 和 149.5°~154°这 5 个角度范围内直接掉落的块体数目为 1，危险性较大。在布置巷道轴向时应该避免这些角度范围。当前试验区的巷道走向时 15°，对应的直接掉落块体数目为 0。单以直接掉落块体的数目来看，无需加以优化。

由图 13 – 12 可知，块体的最小安全系数为 0，对应图 13 – 5 中直接掉落的块体。很明显可以看出巷道走向在 0°~180°变化时，在 35°时块体的最小安全系数最大(697.094)，是最安全(最优)的巷道轴向。

④根据上述找出的 1#试验区的最优巷道轴线走向，绘制其与代表性结构面组的赤平投影关系如图 13 – 12 所示。

(2)2#试验区巷道轴线走向优化

①2#试验区基本情况如表 13 – 3 所示。

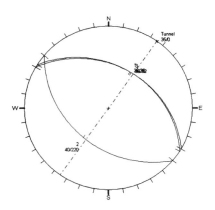

图 13 - 12   1# 试验区最佳巷道轴线走向与代表性结构面的赤平投影关系图

表 13 - 3   2# 试验区基本情况表

试验区位置	断面形状	走向/倾向/(°)	高度/m	测网长度/m	测网宽度/m
434 水平 T201 采场拉槽区	三心拱	180/0	3.2	10	4.5

②由表 13 - 3 利用 GeneralBlock 软件建立 2# 试验区裂隙岩体巷道模型，输入试验区结构面数据，输出结构面在巷道上的迹线图，如图 13 - 13 所示。运用代表性结构面组选取方法分析结构面迹线图，找出 2# 试验区的 3 组代表性结构面组，其产状基本情况如表 13 -4 所示。2# 试验区代表性结构面组在巷道表面的迹线如图 13 - 14 所示，代表性结构面组和当前巷道走向的赤平投影关系如图 13 - 15 所示。

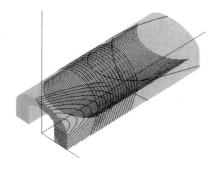

**图 13 -13   2# 试验区结构面
在巷道上的迹线图**

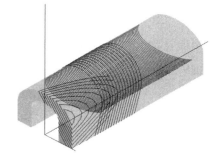

**图 13 -14   2# 试验区代表性结构面组
在巷道表面的迹线图**

表 13 – 4　2#试验区代表性结构面产状表

结构面	倾角 α/(°)	倾向 β/(°)	摩擦角/(°)
P1	78	190	30
P2	65	110	30
P3	42	20	30

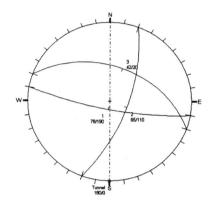

图 13 – 15　2#试验区代表性结构面组和当前巷道轴线走向的赤平投影关系图

③Unwedge 软件再次建立巷道模型，将找出的三组威胁性最大的结构面组作为 3#试验区的代表性结构面组输入 Unwedge 软件，输出巷道走向在 0°～180°变化时直接掉落块体和块体最小安全系数信息图，分别如图 13 – 16 和图 13 – 17 所示。

由图 13 – 16 可知，巷道在大部分走向角度时都有直接掉落块体的，安全性隐患较大，但在 98.5°～110.5°这个角度范围内直接掉落的块体数目为 0，是相对安全的。在布置巷道走向时，应该选择该角度范围。当前试验区的巷道走向是 180°，对应的直接掉落块体数目为 1，应进一步优化。

由图 13 – 17 可知，块体的最小安全系数为 0，对应图 13 – 16 中直接掉落的块体。很明显可以看出巷道走向在 0°～180°变化时，在 108.5°时块体的最小安全系数最大(1.150)，是最安全(最优)的巷道轴线走向。

④根据上述找出的 2#试验区的最优巷道轴线走向，绘制其与代表性结构面的赤平投影如图 13 – 18 所示。

(3)3#试验区巷道轴线走向优化

①3#试验区基本情况如表 13 – 5 所示。

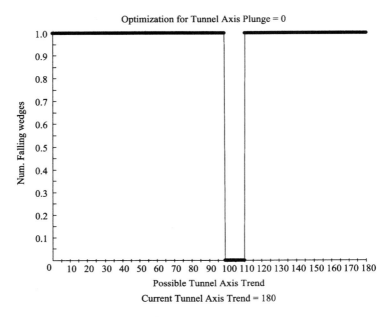

图 13 - 16　2#试验区直接掉落块体情况图

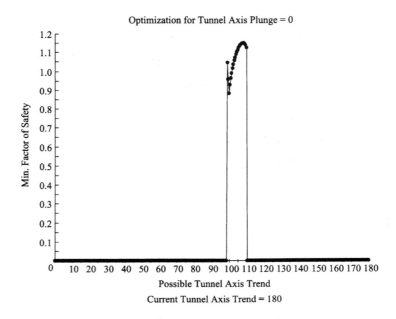

图 13 - 17　2#试验区最小安全系数情况图

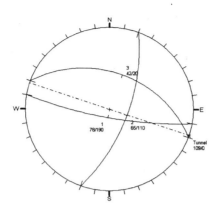

图 13 - 18　2#试验区最佳巷道轴线走向与代表性结构面赤平投影关系图

表 13 - 5　3#试验区基本情况

试验区位置	断面形状	走向/倾向/(°)	高度/m	测网长度/m	测网宽度/m
405 水平 2#盘区 3#凿岩道	三心拱	20/0	5	20	5

②由表 13 - 5 利用 GeneralBlock 软件建立 3#试验区裂隙岩体巷道模型，输入试验区结构面数据，输出结构面在巷道上的迹线图，如图 13 - 19 所示。运用代表性结构面组选取方法分析结构面迹线图，找出 3#试验区的 3 组代表性结构面组，其产状基本情况如表 13 - 6 所示。3#试验区代表性结构面组在巷道表面的迹线如图 13 - 20 所示，代表性结构面组和当前巷道走向的赤平投影关系如图 13 - 21 所示。

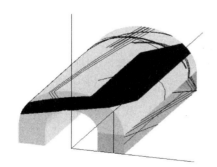

**图 13 - 19　3#试验区结构面
在巷道上的迹线图**

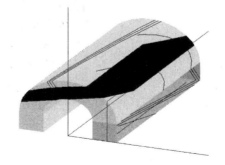

**图 13 - 20　3#试验区代表性结构面组
在巷道表面的迹线图**

表 13-6　3#试验区代表性结构面

结构面	倾角 α/(°)	倾向 β/(°)	摩擦角/(°)
P1	20	335	30
P2	61	118	30
P3	76	120	30

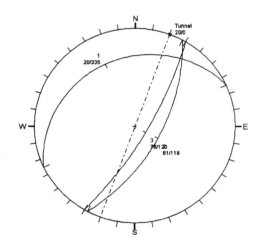

图 13-21　3#试验区代表性结构面组和当前巷道走向的赤平投影关系图

③Unwedge 软件再次建立巷道模型,将找出的三组威胁性最大的结构面组作为 3#试验区的代表性结构面组输入 Unwedge 软件,输出巷道走向在 0°~180°变化时直接掉落块体和块体最小安全系数信息图,分别如图 13-22 和图 13-23 所示。

由图 13-22 可知,巷道在大部分走向角度时是没有直接掉落块体的,安全性隐患较小,但在 5°~7°、14.5°~16°、20°~21°、23.5°~24.5°、26°~28.5°、85.5°~86.5°和 159.5°~162.5°这 7 个角度范围内直接掉落的块体数目为 1,危险性较大。在布置巷道走向时,应该避免这些角度范围。当前试验区的巷道走向是 20°,对应的直接掉落块体数目为 1,应进一步优化。

由图 13-23 可知,块体的最小安全系数为 0,对应图 3-22 中直接掉落的块体。很明显可以看出巷道走向在 0°~180°变化时,在 37°时块体的最小安全系数最大(57.529),是最安全(最优)的巷道轴线走向。

④根据上述找出的 3#试验区的最优巷道轴线走向,绘制其与代表性结构面的赤平投影如图 13-24 所示。

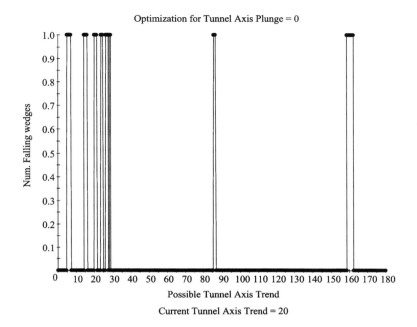

图 13 – 22　3#试验区直接掉落块体情况图

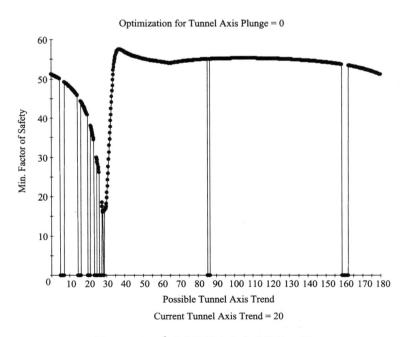

图 13 – 23　3#试验区最小安全系数情况图

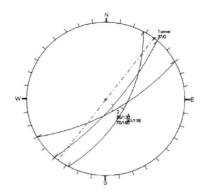

图 13 - 24   3#试验区最佳巷道走向与代表性结构面的赤平投影关系图

（4）4#试验区巷道轴线走向优化

①4#试验区基本情况如表 13 - 7 所示。

表 13 - 7   4#试验区基本情况

试验区位置	断面形状	走向/倾向/(°)	高度/m	测网长度/m	测网宽度/m
355 水平 T106 采场 1#出拉底硐室	三心拱	265/0	3.5	10	7

②由表 13 - 7 利用 GeneralBlock 软件建立 1#试验区裂隙岩体巷道模型，输入试验区结构面数据，输出结构面在巷道上的迹线图，如图 13 - 25 所示。运用本书开发的代表性结构面组选取方法分析结构面迹线图，找出 4#试验区的 3 组代表性结构面组，其产状基本情况如表 13 - 8 所示。4#试验区代表性结构面组在巷道表面的迹线如图 13 - 26 所示，代表性结构面组和当前巷道走向的赤平投影关系如图 13 -27 所示。

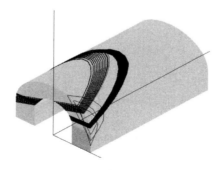

**图 13 - 25   4#试验区结构面
在巷道上的迹线图**

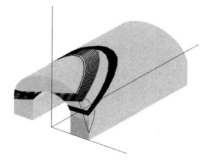

**图 13 - 26   4#试验区代表性结构面组
在巷道表面的迹线图**

表 13-8　4#试验区代表性结构面

结构面	倾角 α/(°)	倾向 β/(°)	摩擦角/(°)
P1	25	190	30
P2	32	220	30
P3	77	125	30

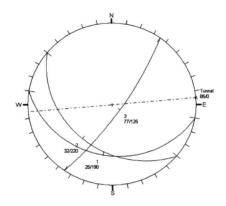

图 13-27　4#试验区代表性结构面组和当前巷道走向的赤平投影关系图

③Unwedge 软件再次建立巷道模型，将找出的三组威胁性最大的结构面组作为 3#试验区的代表性结构面组输入 Unwedge 软件，输出巷道走向在 0°~180°变化时直接掉落块体和块体最小安全系数信息图，分别如图 13-28 和图 13-29 所示。

由图 13-28 可知，巷道在 0°~36°、38°~125°和 130°~180°这 3 个走向范围时是没有直接掉落块体的，安全性隐患较小，但在 37°~120°和 126°~129°这 2 个角度范围内直接掉落的块体数目为 1，危险性较大。在布置巷道走向时，应该避免这些角度范围。当前试验区的巷道走向是 265°，对应的直接掉落块体数目为 1，应进一步优化。

由图 13-29 可知，块体的最小安全系数为 0，对应图 5-23 中直接掉落的块体。很明显可以看出巷道走向在 0°~180°变化时，在 32°时块体的最小安全系数最大(18.073)，是最安全(最优)的巷道轴线走向。

④根据上述找出的 4#试验区的最优巷道轴线走向，绘制其与代表性结构面的赤平投影如图 13-30 所示。

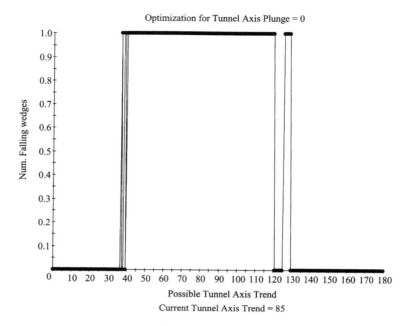

图 13 – 28   4#试验区直接掉落块体情况图

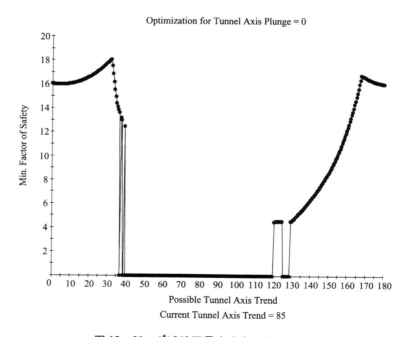

图 13 – 29   4#试验区最小安全系数情况图

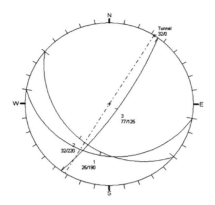

图 13 - 30　4#试验区最佳巷道走向与代表性结构面的赤平投影关系图

参考文献

[1] 田永军. 基于 ANSYS 优化的巷道断面设计研究[D]. 天津：天津大学, 2007.

[2] 李长权. 井巷设计与施工[M]. 北京：冶金工业出版社, 2008.

[3] 李通林. 矿山岩石力学[M]. 重庆：重庆大学出版社, 1991.

[4] 杨文军, 洪宝宁, 孙少锐, 等. 基于块体理论进行隧道轴线走向优化的研究[J]. 公路交通科技, 2010, 27(7)：88 - 90.

[5] 刘彬, 高正夏. 惠州抽水蓄能电站输水隧洞洞轴线走向优化研究[J]. 勘察科学技术, 2012, 30(3)：6 - 8.

[6] 周建民, 金丰年, 王斌, 等. 不同破裂面条件下洞室轴线走向的计算方法[J]. 地下空间与工程学报, 2006, 1(3)：367 - 369.

图书在版编目(CIP)数据

地下矿山岩体结构解构理论方法及应用/陈庆发,古德生著.
—长沙:中南大学出版社,2016.1
ISBN 978 - 7 - 5487 - 2267 - 0

Ⅰ.地... Ⅱ.①陈...②古... Ⅲ.矿山－地下开采－裂缝(岩石)－
岩体结构面－研究 Ⅳ.TD31

中国版本图书馆 CIP 数据核字(2016)第 104880 号

地下矿山岩体结构解构理论方法及应用
DIXIA KUANGSHAN YANTI JIEGOU JIEGOU LILUN FANGFA JI YINGYONG

陈庆发 古德生 著

□责任编辑	史海燕 胡业民
□责任印制	易红卫
□出版发行	中南大学出版社
	社址:长沙市麓山南路 邮编:410083
	发行科电话:0731-88876770 传真:0731-88710482
□印 装	长沙超峰印刷有限公司

□开 本	720×1000 1/16	□印张 20.25 □字数 403 千字
□版 次	2016 年 1 月第 1 版	□印次 2016 年 1 月第 1 次印刷
□书 号	ISBN 978 - 7 - 5487 - 2267 - 0	
□定 价	100.00 元	

图书出现印装问题,请与经销商调换